i&i 아이앤아이

꾸레미 과학대회

과학토론대회
과학탐구산출물대회
발명품대회

중/고등

무한상상

대회를 나가볼까?

이 책은

최신 과학이슈를 중심으로 과학논술/서술 연습에 최적화되었습니다.

01

각종 과학대회를 해부하였습니다.

1. 과학 토론 대회를 해부하였습니다.
2. 과학탐구 산출물 관련 대회를 해부하였습니다.
3. 발명품 대회를 해부하였습니다.

02

최신 과학 이슈를 모두 담았습니다.

기존에 다루었던 이슈에서부터
앞으로 이슈가 될만한 것들을 통틀어서
주제로 삼아 분석하였습니다.

03

이슈에 대한 심화 학습과 실전 연습을 담았습니다.

각종 이슈를 분석하여 문제를 푸는 심화 학습과 그로부터 창의적으로 연상되는 주제를 실전처럼 연습할 수 있도록 하였습니다

04

실전 산출물 대회 출품-입상작을 예시로 제시하였습니다.

실전 과학대회에 출품/입상했던 탐구보고서, 산출물을 통해서 스스로의 작품에 완성도를 높이도록 하였습니다.

05

창의적인 해설과 평가표 제시

실전 과학대회 출품/입상작을 실었습니다.
해설 및 예시 답안을 통해 스스로의 작품에 창의성을 더하도록 하였고, 평가표를 통해 스스로 평가할 수 있도록 하였습니다.

이 책의 구성과 특징

PART Ⅰ
각종 과학대회 해부

과학 대회 소개

각종 탐구토론대회, 과학탐구산출물대회, 발명품대회를 소개하고 있습니다.
자신이 참가하고 싶은 대회를 선별해 보세요

PART Ⅱ
과학토론대회

과학 토론 대회 예비 논제 찾기
실전처럼 토론 준비하기

1. 신문보도 제목
   전체 주제 카툰

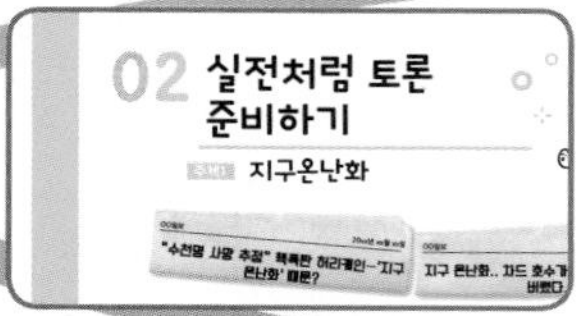

2. 토론주제
   자세히 알아보기 및 서술

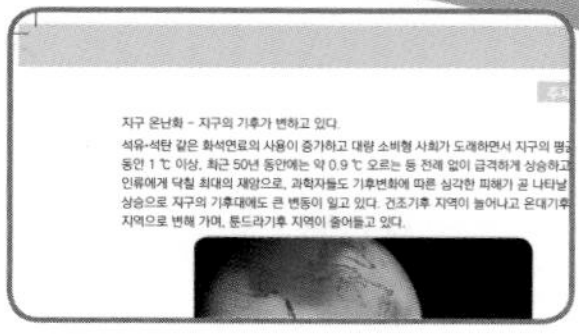

3. 용어 및 이론 정리
   및 서술

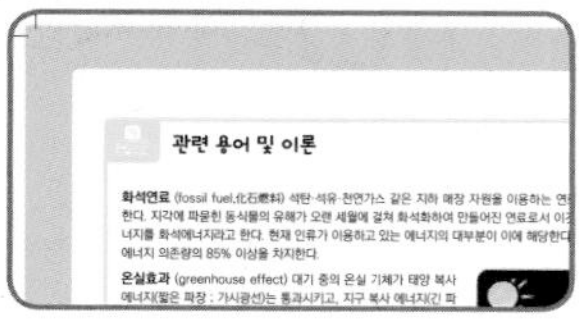

4. 관련 도서, 동영상,
   인터넷 사이트

5. 주제 깊이 알기
   -서술형 문제

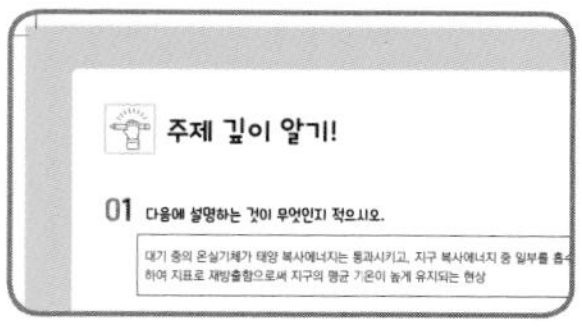

6. 토론개요서 작성하기
   -마인드맵

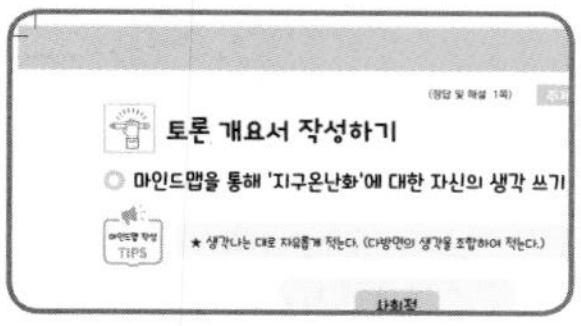

7. 발표 및 토론하기
   -서술 형식

8. 평가하기
   - 활동에 대한 평가

PART Ⅲ
과학탐구 산출물 대회

대회 준비 Tip
주제 집중 탐구
탐구계획서 작성하기

1. 대회 준비
-탐구주제 찾기,
탐구하기, 발표하기

2. 주제 집중탐구
- 배경 지식(카툰)
- 서술형 질문

3. 관련 용어 및 이론,
영상, 도서

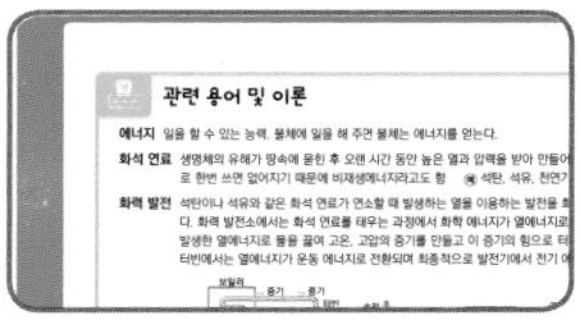

4. 주제 깊이 알기
-서술형 문제

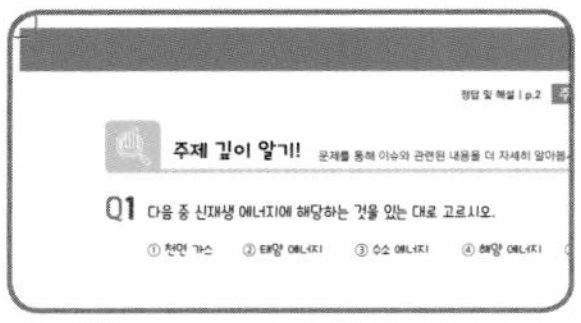

5. 탐구계획서 작성
/평가하기
-서술형 질문

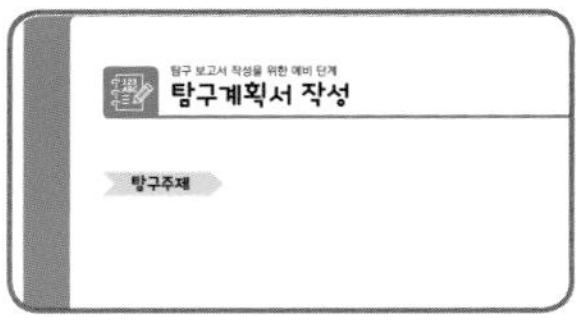

PART Ⅳ
발명품대회

창의력 개발 훈련
발명품대회 주제 찾기 / 주제 집중 탐구

1. 창의력 향상 기법
-서술형 질문

2. 창의력 개발 훈련
-서술형 문제

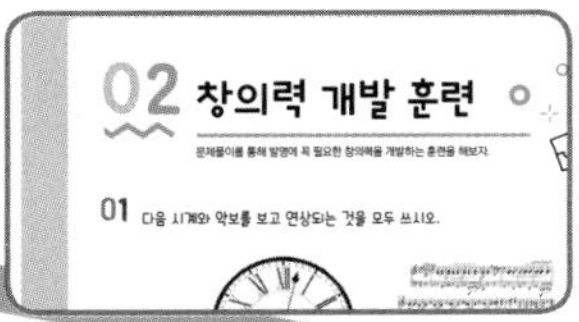

3. 발명품대회 주제찾기
-서술형 질문

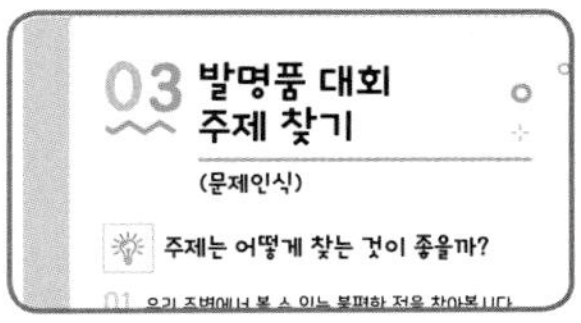

4. 발명 아이디어 연습하기
- 서술/논술형 질문

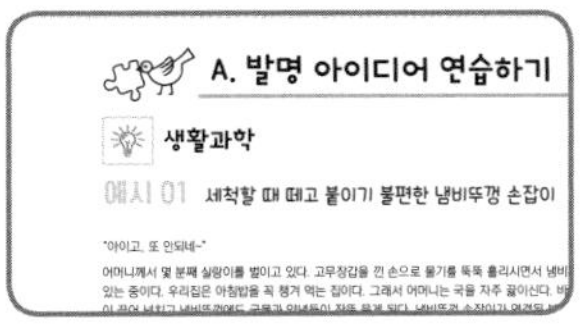

5. 주제 집중 탐구
- 배경이론/관련도서/
발명계획서/평가하기

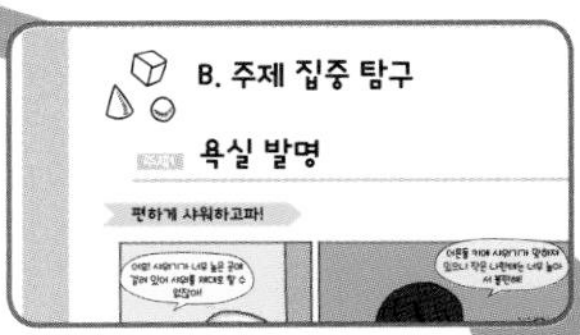

별책
해설 / 예시 답안

실전 과학대회 출품/입상작, 다양한 예시 답안과 비교하여 스스로 서술한 답안을 평가하고 또 다른 창의력의 가능성을 발견하고 개발할 수 있도록 합니다.

다양한 해설 / 예시 답안

또래 친구의 출품/입상작

목차

PART Ⅰ
각종 과학대회 해부

PART Ⅱ
과학토론대회

PART Ⅲ
과학탐구 산출물 대회

PART Ⅳ
발명품대회

별책
해설 및 예시 답안

과학대회 출품 / 입상작이 포함되어 있습니다.

PART I

각종 과학대회 해부

다양한 과학대회에 대해 알아봅시다.

단원 살짝 엿보기

01 과학토론대회 소개

과학 토론 대회의 일정, 준비 방법, 단계별 활동 등 대회에 대한 전반적인 사항을 소개하고 있다.

참가 자격 및 구성

초등/ 중학/ 고교 재학 중인 2 ~ 3인 1팀

대회 방식

1. 단위학교 예선 대회 또는 서류 심사 : 각 학교별 대표 선발 대회
2. 예선 대회 : 지역 예선 또는 조별 리그
3. 본선 대회 : 도 대회 또는 토너먼트

(대회 절차 및 방식은 대회마다 다를 수 있으므로 해당 홈페이지를 참고해야 한다.)

문제 발표 및 발표 순서

- 대회에 따라 현장에서 주제를 공개하는 경우, 학교급별 사전에 토론 주제를 알려주는 경우가 있다.
- 발표 순서는 보통 대회 당일 현장에서 추첨을 통해 결정된다.

대회 방식 및 진행

- 토론 방식 : 아카데미식 토론(찬반 대립 토론)

* 아카데미식 토론 : 칼 포퍼가 주장한 토론 방법으로 하나의 논제에 대해 찬성과 반대 팀으로 나누어 미리 설정된 순서와 시간의 원칙을 지켜가며 서로의 의견을 개진하고 상대의 주장에 증거를 들어 반박하고 자신의 주장이 더 타당함을 증거를 들어 청중과 심사위원에게 설득력있게 보여주는 과정이다.

- 토론 진행 순서 : 시간 및 진행 순서는 대회에 따라 다르므로 해당 홈페이지를 참고해야 한다.

과학토론대회 개요서

- (문제 상황) : 논제 설정을 위한 문제인식
- 토론 논제

* 논제 : 논하고나 하는 것의 제목이나 주제로서 토론을 할 때 의견을 나눌 거리를 말한다. 자기 생각이나 주장을 내세우거나 찬성이나 반대 의견을 세울 수 있는 것이어야 한다.

- 주장
- 문제 원인의 과학적 분석
- 창의적 문제해결 방안
- 예상 질문 및 응답 전략
- 최종 변론

토론개요서 작성 방법

- 토론 논제에 대한 문제 원인을 다양한 측면에서 과학적으로 분석한다.
- 직접 수기로 간단 명료하게 작성한다.
- 주장은 문제 상황과 해결 방안이 포함되게 짧고 명료하게 하나의 문장으로 서술한다.
- 과학적 근거와 이를 뒷받침할 수 있는 근거 자료(표, 통계자료, 관련 실험연구결과 통계 등 과학적 탐구방법)를 인용하여 해결할 수 있는 방안을 제시한다.
- 문제해결 방안은 문제 원인에서 출발하여 과학적이며 구체적인 방안을 제시한다. 또한 방안의 구체적 사례를 조사하고, 과학적 지식과 연관시켜 창의적인 해결 방안이 되도록 한다.
- 예상 질문 및 응답 전략은 우리 팀 주장과 발표의 논리적 · 과학적 허점을 드러내기 위한 상대팀의 질문을 미리 예상하고, 이를 어떻게 방어할 것인지 전략을 세워두는 것이다.
- 약점을 최소화하되, 드러난 약점을 어떻게 보완할 것인지에 대한 전략을 갖고 방어할 수 있도록 준비한다.

[토론 논제 접근 tip]
토론 논제를 설정할 때에는 실생활 및 미래과학의 문제 상황을 창의적으로 해석해 본다. 토론 현장에서 제시되는 어떤 토론 논제든 접근에 어려움이 없도록 평소에 책을 읽거나 대회에 참가하는 등 과학적 소양을 갖추는 준비를 한다.

과학 토론 예시

(예시 주제) 미세먼지

- 토론 논제 – 건강을 위협하는 미세먼지의 주요 원인은 주변국가에서 유입된 결과인지, 국내에서 발생된 것이 주요 원인인지 과학적으로 분석하고, 이러한 미세먼지를 해결할 수 있는 방안을 과학적이고 창의적으로 제시하시오.

- 문제 원인 분석

– 대외적 측면 : 중국의 대기오염과 계절풍의 영향(한반도에 PM2.5 분포)
– 대내적 측면 : 국내 화력발전소 및 자동차 수의 증가
– 원인 분석에 따른 쟁점 : 노후화된 경유차와 고등어구이 등의 생물성 연소, 미세먼지 2차 발생의 심각성

- 문제 해결 방안 과학적 접근

– (외교적 방안) : 중국 등 주변국과의 환경 협력을 통해 미세먼지 저감을 위한 국제 공조 → 대기질 모니터링 공유 도시 확대 및 측정망 구축
– (기술적 방안) : 국내 배출원의 과학적 저감 및 예보, 경보 체계 혁신 → 비도로 오염원의 저감 기술, 미세먼지와 이산화 탄소 동시 저감 기술, 미세먼지 측정 기술 및 장비 보강을 통해 정확한 측정 및 예보 시스템 구축, 수소나 천연가스 버스 보급, 전기나 수소 및 하이브리드차 보급
– (정책적 방안) : 초미세먼지 배출 허용 기준 강화, 총량 관계에 포함되지 않는 소규모 사업장 관리 강화, 화석연료 발전소의 합리적 관리 방안, 차량부제를 포함한 차량 이용 제한 정책 등

* https://blog.naver.com/minki0070/220980158150 (출처)

과학토론대회(예시)
(전국청소년과학탐구대회)

대회명

한국과학창의재단(https://www.kofac.re.kr/) 주최 '전국 청소년 과학탐구대회' 중 과학토론대회이다.

참가 자격 및 구성

초등/ 중학/ 고교 학생 2인 1팀 + 현직 지도교사 1인

대회 참가 절차

1. 예선대회(시·도 교육청 주관) : 각 학교 → 시, 군, 구 교육지원청 → 시 · 도 교육청
   (예선대회 절차는 시·도별로 다를 수 있으므로 각 홈페이지를 참고해야 한다.)
2. 본선대회(한국과학창의재단 주관)

문제 발표 및 발표 순서

대회 당일 현장에서 문제(주제)가 공개되며, 발표 순서 역시 대회 당일 현장에서 추첨을 통해 결정된다.

대회 단계별 활동

	진행 순서	소요 시간(분)	진행 내용
1	토론 논제 발표 및 안내	20	초 · 중 · 고 학급별로 각각 토론 논제 발표 및 요강, 주의사항 안내
2	본선 토론 순서 추첨	20	토론 순서는 참가자가 직접 추첨하며, 동일 시 · 도 소속 참가 팀이 같은 조에 편성될 경우, 재추첨을 통해 결정
3	본선 토론 준비	240	토론 개요서 작성, 발표 및 토론 연습 (점심 포함)
4	본선	5팀일 경우 155 4팀일 경우 128	주장 발표하기, 작전타임, 질의응답, 주장다지기 등
5	결선 토론 준비	85	결선 진출팀 발표, 결선 토론 위한 작전타임 (저녁포함)
6	결선	128	주장발표하기, 작전타임, 질의응답, 주장다지기 등

* 과학토론대회1 에 대한 일정 및 요강 안내 : 한국과학창의재단(https : //www.kofac.re.kr)의 공지사항에서 확인할 수 있다.

3 본선 토론 준비 (240분)

- 주최 측에서 팀별로 제공하는 노트북 컴퓨터를 활용하여 주어진 자료 범위(도서, 논문, 기사 등)에서 토론 논제에 관한 자료를 찾는다. (단, 인터넷을 사용할 수 없다.)
- 주최 측에서 제공한 개요서 양식을 활용하여 토론 논제에 대한 개요서를 작성한다.

→ 토론 개요서의 분량은 4매 이내로 제한된다.

→ 주최 측에서 제공하는 프로그램(예 : 아래아한글)을 활용하여 작성해야 한다. (글씨 폰트 크기, 자간, 줄 간격 등 제한 사항은 현장에서 안내)

→ 그림을 삽입할 때에는 주어진 자료에서 활용해야하며, 그에 따른 출처는 토론 개요서 마지막 장에 표기한다.

- 작성한 토론 개요서는 지정된 위치에 PDF 파일로 변환 · 저장한다.
- 각 팀은 토론 개요서를 중심으로 발표 및 토론 연습을 한다.
  (종료 5분 전 1회 타종, 종료 시 2최 타종이 울린다.)

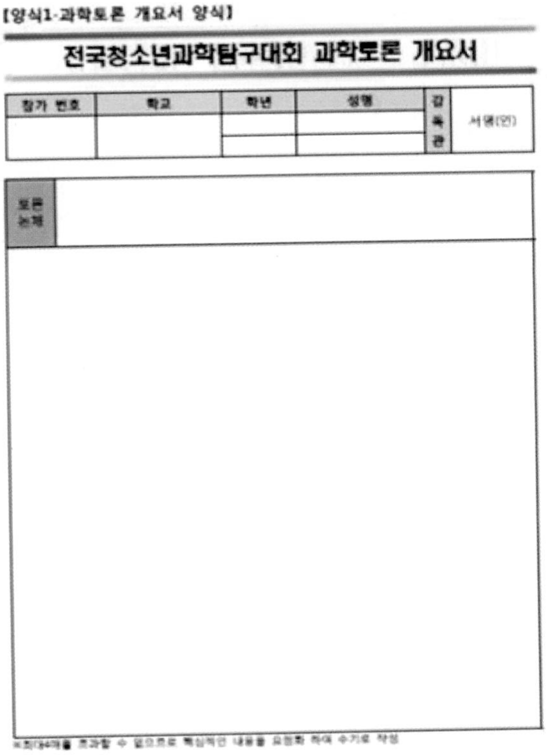
[양식1-과학토론 개요서 양식]

전국청소년과학탐구대회 과학토론 개요서

참가 번호	학교	학년	성명	감독관	서명(인)

토론 논제	

※최대4매를 초과할 수 없으므로 핵심적인 내용을 요점화 하여 수기로 작성

4 본선 (5팀일 경우 155분, 4팀일 경우 128분)

[본선 : 발표(팀당 5분)]

- 각 팀당 5분씩 A팀 → B팀 → C팀 · · · 순서로 발표하며, 그 기준은 토론 순서 추첨과 같다.
  (종료 30초 전 1회 타종, 종료 시 2회 타종이 울린다.)

[본선 : 작전타임(15분)]

- 자기 팀을 제외한 나머지 각 팀들의 발표에 대해 논리적 · 과학적 허점을 찾아 간략하고 예리한 질문을 정리한다.
- 자기 팀이 받을 질의를 예상하여 팀원 간 상호 협력적으로 방어할 수 있는 답변을 미리 준비한다.
  (종료 30초 전 1회 타종, 종료 시 2회 타종이 울린다.)

[본선 : 질의 · 응답하기(팀당 20분)]

- 발표와 동일하게 A팀 → B팀 → C팀 · · · 순서로 질의를 받는다.
- 질의의 기회는 응답자의 오른쪽에서 반시계 방향 순서로 5분씩 질의권을 갖는다.
  (종료 30초 전 1회 타종, 종료 시 2회 타종이 울린다.)

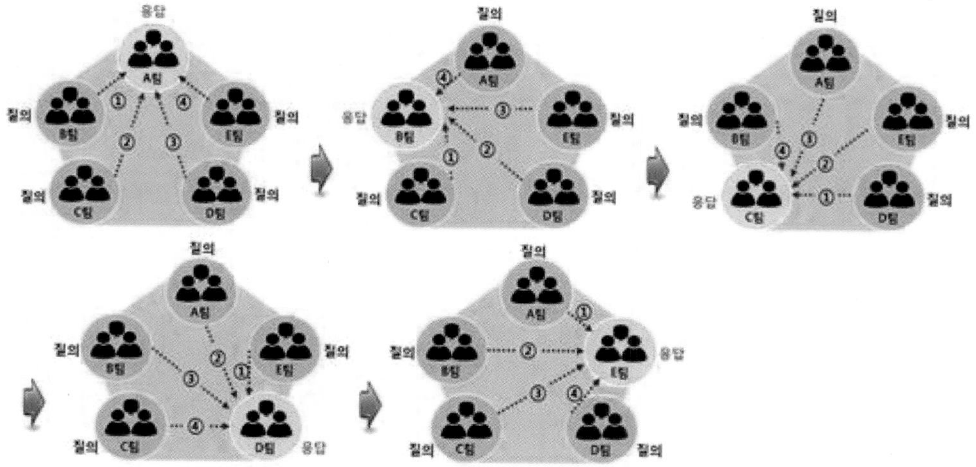

- 질의가 더 이상 없을 경우 조별 심사위원장(사회자)이 다음 팀에서 순서를 넘긴다.
- 질의 · 응답이 토론 쟁점에서 벗어나지 않도록 주의하며, 질의 · 응답하기에서 우선권은 질의팀에 있다.
- 상대팀의 질의나 답변이 쟁점에서 벗어나거나 논지가 흐린 답변으로 시간이 지연될 경우, 질의팀이 답변을 끊고 추가 질의를 통해 시간을 전략적으로 조절한다.

질의 · 응답 TIPS

★ 질의 시 상대방 주장의 허점을 찾아 간략하고 예리하게 질의한다.

★ 응답(답변) 시 상대방 질의의 요지를 파악하고 논리적으로 답변하여 우리 팀의 주장을 확실하게 한다.

[본선 : 작전 타임(15분)]

- 질의 · 응답을 통해 발견된 팀의 논리적 허점을 보완하여 자기 팀의 주장이 보다 설득력을 가질 수 있도록 논점을 요약하여 준비한다.
  (종료 30초 전 1회 타종, 종료 시 2회 타종이 울린다.)

[본선 : 주장 다지기(팀당 2분)]

- E팀 → D팀 → C팀 · · · 순서로 발표한다.
- 앞서 언급하지 않았던 새로운 논쟁거리는 제시하지 않는다.
  (종료 30초 전 1회 타종, 종료 시 2회 타종이 울린다.)

5 6 결선 토론 준비 및 결선

각 조 상위 1팀으로 구성하여 본선 절차와 동일하게 진행한다.

심사 규정

[심사 점수]

- 총 점수는 100점 만점으로 한다.
- 동점일 경우 심사 기준 항목에서 질의 · 응답 > 주장 발표 > 주장 다지기 > 역할 분담>토론 개요서 순으로 우선순위를 정한다.
- 항목별 점수 배분

[유의사항]

- 참가자는 각 단계별 시간 제한을 엄격히 준수한다.
- 사회 및 운영은 조별 심사위원장이 진행한다.
- 기타 규정되지 아니한 사항은 심사위원회의 결정에 따른다.

감점 및 실격 사항

<table>
<tr><th>구분</th><th colspan="2">세부 내용</th><th colspan="2">감점 및 실격 여부</th></tr>
<tr><td rowspan="12">단계별 과정</td><td rowspan="7">토론 개요서</td><td>4페이지 분량 초과</td><td colspan="2">-2점</td></tr>
<tr><td rowspan="6">제출 마감 시간 초과</td><td>2분 이하</td><td>-1점</td></tr>
<tr><td>2분 초과~4분 이하</td><td>-2점</td></tr>
<tr><td>4분 초과~6분 이하</td><td>-3점</td></tr>
<tr><td>6분 초과~8분 이하</td><td>-4점</td></tr>
<tr><td>8분 초과~10분 이하</td><td>-5점</td></tr>
<tr><td>10분 초과</td><td>실격</td></tr>
<tr><td>주장 발표하기</td><td rowspan="6">제한 시간 초과</td><td>10초 이하</td><td>-1점</td></tr>
<tr><td>작전 타임</td><td>10초 초과~20초 이하</td><td>-2점</td></tr>
<tr><td rowspan="2">주장 다지기</td><td>20초 초과~30초 이하</td><td>-3점</td></tr>
<tr><td>30초 초과~40초 이하</td><td>-4점</td></tr>
<tr><td rowspan="2">질의 응답</td><td>40초 초과~50초 이하</td><td>-5점</td></tr>
<tr><td></td><td>50초 초과</td><td>실격</td></tr>
<tr><td>작품 모방</td><td colspan="2">타인의 작품을 모방했을 경우</td><td colspan="2">실격</td></tr>
<tr><td>정보 이용 윤리 규정 위반</td><td colspan="2">주최 측에서 제공하지 않는 자료를 사전에 지참하여 사용한 경우</td><td colspan="2">실격</td></tr>
<tr><td>전자 기기 소지</td><td colspan="2">주최측에서 제공하지 않는 IT 기기 소지, 외부 연락 또는 도움을 받은 경우</td><td colspan="2">실격</td></tr>
<tr><td>외부 유출</td><td colspan="2">대회 참가 중 토론 논제, 토론 개요서 등 대회에서 진행했던 일체의 제반 관련 사항을 외부로 유출한 경우</td><td colspan="2">실격</td></tr>
<tr><td>기타</td><td colspan="2">참가자가 부적절한 행동을 할 경우</td><td colspan="2">심사위원 합의 후 감점 혹은 실격</td></tr>
</table>

본선 대회 시상 내역

- 대상 1팀
- 금상(초, 중, 고 각 1팀씩)
- 은상, 동상, 장려상은 참가 팀의 수에 비례하여 수여

<table>
<tr><th>상 격</th><th>수상팀 수</th><th>상 명</th><th>비 고</th></tr>
<tr><td>대 상</td><td>10팀</td><td rowspan="2">과학기술정보통신부장관상</td><td>10개 부문별 각 1팀</td></tr>
<tr><td>최우수 지도교사상</td><td>10인</td><td>대상 수상팀 지도교사</td></tr>
<tr><td rowspan="4">금 상</td><td rowspan="4">23팀</td><td>한국과학기술연구원장상</td><td>융합과학 초 · 중 · 고 각 2팀</td></tr>
<tr><td>한국기계연구원장상</td><td>기계공학 초 · 중 각 2팀</td></tr>
<tr><td>한국항공우주연구원장상</td><td>항공우주 초 · 중 각 2팀</td></tr>
<tr><td>한국과학기술원장상</td><td>과학토론 초 · 중 · 고 각 3팀</td></tr>
<tr><td>우수 지도교사상</td><td>23인</td><td>종목별 후원기관장 상</td><td>금상 수상팀 지도교사</td></tr>
<tr><td>은 상</td><td rowspan="3">종목별 참가 팀 수 비례하여 수여</td><td rowspan="3">한국과학창의재단이사장상</td><td rowspan="3">종목별 참가 팀 수 비례하여 수여</td></tr>
<tr><td>동 상</td></tr>
<tr><td>장려상</td></tr>
</table>

02 과학탐구 산출물대회 소개

탐구 보고서 대회는 어떤 것이 있나요?

탐구 보고서 대회는 크게 주최 측에서 제공한 자료를 이용하여 탐구한 후, 이를 토대로 보고서를 작성하는 대회와 자유 주제로 탐구 과정을 스스로 설계하여 작성하는 대회로 나눌 수 있다.

01 자연관찰탐구대회

대회 목적

- 자연 현상에 대한 호기심을 관찰과 탐구를 통하여 과학적인 기초 개념을 체득하여 문제를 자기 주도적으로 해결할 수 있는 탐구 능력을 키운다.
- 과학적 문제해결을 위한 탐구 과정을 통해 미래세대가 필요로 하는 창의적인 문제해결력을 키운다.

대회 개요

- 초등학교부와 중학교부로 나누어 개최한다.
- 참가대상은 초등학교 5학년과 중학교 1학년이며, 학생 2명이 한 팀이며 지도교사 1인이 포함된다.
- 시.도 예선대회(4~7월)에서 선발된 팀이 전국대회(8월)에 참가한다.
- 관찰 계획부터 보고서 및 발표까지의 전 과정을 평가하며, 사전 지식에 의한 보고서를 작성하지 않도록 한다.
- 문의 : http://www.kofses.or.kr/index.php

더 알아보기 예선대회 예시 문제

주최 측 제공 도구 : 핀셋, 가위, 자, 돋보기, 루페, 모눈종이, 약숫가락, 삽, 페트리접시, 설탕, 스카치테이프, 배추흰나비 애벌레

문제 ① 여러가지 곤충들을 채집하여 기준을 정해서 분류를 하시오.

문제 ② {배추흰나비 애벌레 제공} 개미를 잡아서 개미와 배추흰나비 애벌레의 기능적인 부분에 대하여 공통점과 차이점을 비교하시오.

문제 ③ 개미의 생김새가 자연환경에서 살아가는데 유리한 점이 무엇일까요?

문제 ④ 여러 가지 곤충들을 관찰하고, 2가지 이상의 이동 방식을 조사한 뒤 이동 방식별 특징을 쓰시오.

더 알아보기 전국대회 예시 문제

초등/중등 동일 문제

- 지정된 장소에서 수생식물을 탐구하여, 다음 탐구과제를 해결하시오.

준비물 : 뜰채, 지퍼 백, 아크릴판, 루페, 칼(개인 지참물 제외). 그 외 식물도감이나 스마트 기기 사용은 불가함.

〈과제 1〉 A 지역(중등은 B 지역)에서 8종의 수생식물을 선택해서 직접 관찰하여 각각의 생김새를 그림으로 그리고, 그 특징을 설명하시오. 단, 식물의 이름을 모를 경우 쓰지 않아도 됩니다. (20점)

〈과제 2〉 〈과제 1〉에서 관찰한 수생식물을 대상으로 다양한 분류기준을 세워 분류하시오. (10점)

〈과제 3〉 〈과제 1〉에서 관찰한 수생식물 중 두 종류를 선택하여 다음 내용에 대해 탐구해 봅시다. (30점)

3-1) 두 식물을 선택한 이유와 두 식물에 대해 이미 알고 있는 점을 각각 쓰시오.

3-2) 선택한 두 수생식물의 구조와 기능을 각각 탐구하고, 비교하여 설명하시오.

3-3) 위에서 탐구한 두 수생식물의 특징을 근거로 하여, 그 식물이 살아가는데 유리한 점은 무엇인지 각각 설명하시오.

3-4) 위와 같이 수생식물을 탐구한 후, 더 탐구하고 싶은 내용을 모두 쓰시오.

02 과학탐구실험대회

대회 개요

- 중학교 1, 2학년 학생이 대상이며, 동일 학교 학생 2명을 한 모둠으로 지도교사 1인이 포함된다.
- 시·도 예선대회에서 선발된 모둠이 전국대회에 참가한다.
- 주어진 탐구주제에 대하여 창의적인 탐구실험을 수행(120~180분)하고 탐구의 전 과정과 실험결과를 실험보고서로 제출한다.
- 시.도 과교총 주관으로 4~7월경 예선대회를 실시하여 선발된 모둠은 한국과교총 주관으로 8월경에 전국대회에 참가하며, 개최 장소는 서울특별시교육청 과학전시관이다.
- 상위 수상 학생과 교사는 학생해외탐방 행사에 참가 자격을 얻는다.
- 문의 : http://www.kofses.or.kr/index.php

03 고등학교과학탐구대회

대회 개요

- 일반계 고등학교, 과학고등학교, 과학영재학교로 나누어 2학년 학생 2명이 한 모둠으로 지도교사 1인이 포함된다.
- 과학고등학교와 과학영재학교는 교내 예선대회에서 선발된 모둠이, 일반계 고등학교는 시·도 예선대회(4~6월)에서 선발된 모둠이 전국대회에 참가한다.
- 과학탐구 문제는 고등학교 2학년 교육과정 내용 범위 내에서 출제하고, 과학의 기본 개념(20% 내외), 과학적 탐구방법(60% 내외), 과학적 태도(20% 내외)를 평가한다.
- 탐구 평가 시간은 120~180분이며, 탐구주제에 따라 조정한다.
- 평가는 일반계 고등학교, 과학고등학교 및 과학영재학교로 구분하여 실시한다.
- 전국대회는 한국과교총 주관으로 7~8월경에 열리며, 개최장소는 서울특별시교육청 과학전시관이다.
- 상위 수상 학생과 교사는 학생해외탐방 행사에 참가 자격을 얻는다.
- 문의 : http://www.kofses.or.kr/index.php

03 각종 대회 요약

과학토론대회 / 과학탐구대회 / 발명품대회 / 창의력대회

01 한국학생과학탐구올림픽(과학의 달 행사)

대회 종목		대회 시기	참가 대상	대회 방침	심사 규정
자연관찰 탐구대회	각 시도 예선	4 ~ 7월	초등 5,6/ 중등1,2 (2인 1팀)	초등 5 : 시,도 예선 (49팀 : 98명) 중 1 : 시,도 예선 (49팀 : 98명)	- 관찰 계획부터 보고서 및 발표까지 전 과정을 평가
	전국대회 본선	9월			
과학탐구 실험대회	각 시도 예선	4 ~ 7월	초등 6 중등 2 (2인1팀)	초등 6 : 시,도 예선(35팀 : 70명) 중 2 : 시,도 예선(35팀 : 70명) ※ 실험 평가 시간 : 120분~180분	- 실험설계부터 실험하는 과정, 보고서 제출까지의 전 과정을 평가
	전국대회 본선	8월			
고등학교 과학탐구 대회	각 시도 예선	4 ~ 6월	일반고/ 과학고 및 과학영재학교 고2 대상 (동일학교 학생 2명)	[일반 고등학교] 35팀 [과학/영재고등학교] 28팀	- 2018년부터 지필평가 폐지 - 탐구평가 : 고등학교 2학년 범위 이내 기본개념(20%), 과학적 탐구(60%) 과학적 태도(20%)
	전국대회 본선	7월			
과학 동아리 활동 발표 대회	각 시도 예선	3 ~ 9월	초등 5,6/ 중,고등	[초,중] 각 25팀 [고] 43팀 ※ A4 용지 20쪽 이내 탐구활동 내용과 결과물에 대해 10분간 발표하고, 5분간 질의 응답	17개 시,도 과교총에서는 초,중,고등학교에서 학교 급별로 배정한 동아리 수만큼 선발하여 전국대회에 참가시킨다. ※ 과학전람회 성격의 내용보다는 순수한 동아리 활동 내용 위주
	전국대회 본선	10월			

*자세한 내용 과교총 홈페이지 참고 http://www.kofses.or.kr/index.php

02 청소년과학탐구대회

대회 종목	대회 시기	참가 대상	대회 방침	심사 규정
융합 과학	5 ~ 6월경	-초.중.고 2인 1팀 (타학교 가능) -학년 제한 없음	-1단계(30분) -2단계(60분) 작품 설계도 -3단계(120분)작품 제작 및 설명서 작성 -발표(5분)	100점 만점 -작품 설계도 -최종 산출물 -작품 설명서 -발표
과학 토론			예선(조별 2인) 본선(조별 4팀) -16개 결선(조별 4팀)	100점 만점 - 예선(토론 개요서) - 본선, 결선 (주장발표 → 질의응답 → 주장다지기)

*자세한 내용 한국과학창의재단 홈페이지 참고 https://www.kofac.re.kr/

03 학생탐구발표대회(예선)/전국과학전람회(본선)

대회 종목	대회 시기	참가 대상	출품 분야	심사 규정
예선	3 ~ 4월경	초,중,고 학생 분야 과학고 학생 분야 교원 분야	물리/화학/동물/식물/지구과학/농림수산/산업 및 에너지/환경 ※ 1인, 단체 출품 가능	예선 : 부문별 면담 심사 본선 : 100점 만점 1차 서류(30) + 2차 면담(70) 창의탐구성, 이론적 타당성, 실용성, 노력도
본선	5 ~ 6월경			
전국 대회	8 ~ 9월경			

*자세한 내용 국립중앙과학관 홈페이지 참고 https://www.science.go.kr

04 발명품대회

대회명	참여 대상	진행기간	주최기관 및 문의
학생 발명 전시회	초·중·고 학생 청소년	3~4월 신청, 접수 6월 작품 심사 7월 시상식 및 전시회	주최/주관 : 특허청, 조선일보사/한국발명 진흥회 https://www.ip-edu.net/kosie
대한민국 청소년 발명 아이디어 경진대회 (KYIC)	초·중·고 학생 청소년	4~5월 신청, 접수 8월 전시회	주최 : (사)한국대학발명협회, 한양대학교 후원 : 교육부, 과학기술정보통신부 http://www.invent21.com (02-533-9665)
세계 발명창의 올림픽 (WICO)	초·중·고 대학생 일반인	6월 신청, 접수 8월 전시회	주최 : 고려대학교 발명협회(KUIA), 세계 발명창의력 올림픽 조직위원회(WICO) 후원 : 한양대, 공주대, 한국산업기술진흥원 http://www.invent21.com (02-533-9665)
전국학생 과학발명품 경진대회	초·중·고 학생	3~5월 지역 대회 7~8월 작품 전시 9월 시상식	주최/주관 : 과학기술정보통신부, 동아일보사/국립중앙과학관 http://www.science.go.kr

05 한국과학창의력대회

대회 종목	대회 시기	참가 대상	대회 방침	심사 규정
1차 전국대회	7월	초등 4~6 중등 1~3 고등 1~3 과학고, 과학영재학교 ※학년별 4명 이내	창의적 문제해결 능력(지필 평가)	학교급별 및 학년별 시상
2차 전국대회	7 ~ 8월경		융합과학 창의적 산출물 제작 활동	1차 예선에서 선발된 각 학년별 10명 내외

*자세한 내용 과교총 홈페이지 참고 http://www.kofses.or.kr/index.php

※ 자세한 일정은 아래의 홈페이지를 참고한다.

01. 한국학생과학탐구올림픽/05. 한국과학창의력대회 - 한국과학교육단체총연합회 http://www.kofses.or.kr/index.php

02. 청소년과학탐구대회 - 한국과학창의재단 https://www.kofac.re.kr/

03. 전국과학전람회/04. 전국학생과학발명품경진대회 - 국립중앙과학관 https://www.science.go.kr

PART II

과학 토론 대회

토론 대회는
어떻게 준비할까?

단원 살짝 엿보기

01 과학 토론 대회 예비 논제 찾기

(문제인식)

이슈가 되고 있는 예시 글(기사, 뉴스, 발췌 글 등)을 읽고 토론 대회 논제 뽑기

논제예상 TIPS

★ 과학토론대회의 논제는 사전에 정해지지 않으므로 책이나 인터넷 등 주변에서 찾아보자.

예비 논제 자료 1

드론은 하늘을 나는 소방관일까, 흉기일까?

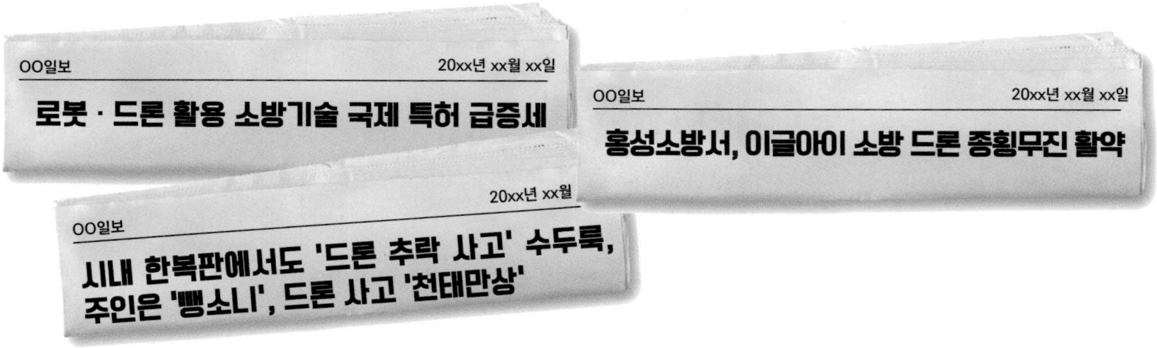

OO일보 20xx년 xx월 xx일

로봇 · 드론 활용 소방기술 국제 특허 급증세

OO일보 20xx년 xx월 xx일

홍성소방서, 이글아이 소방 드론 종횡무진 활약

OO일보 20xx년 xx월

시내 한복판에서도 '드론 추락 사고' 수두룩, 주인은 '뺑소니', 드론 사고 '천태만상'

· 홍성소방서는 소방드론을 통해 화재·구조·구급 현장에서의 영상정보 활용은 물론, 접근이 어려운 소방 대상물에 대한 입체 작전도 제작 등 다양한 분야에 활용도를 높이고 있다. 이처럼 소방정보 수집 및 작전에 드론이 투입되면 육안의 한계를 극복하여 다양한 영상정보를 확보해 신속성과 정확성이 크게 높아질 것이다.

· 로봇이나 드론을 이용한 무인형 화재안전관리기술 관련 국제특허출원이 크게 증가하고 있다. 특허청에 따르면, 하나의 특허출원으로 세계 152개국에 동시 출원되는 PCT 국제특허출원 공개 건수를 기준으로 무인형 화재관리기술 관련 출원 건수는 2013년 대비 2배 이상 증가했다고 한다. 이처럼 드론이나 로봇 관련 소방 기술이 급증세를 보이고 있다.

· 드론은 우리의 안전을 지키지만, 자칫하면 흉기로 돌아올 수 있다. 그 예는 다음과 같다.

- 2017년 5월 5일 경북 봉화군에서 기체 결함으로 드론이 추락하는 사고가 일어났다. 어린이날을 기념하는 행사 중 드론으로 사탕을 뿌리는 과정에서 발생한 드론의 추락으로 인해 사탕을 줍던 아이 3명과 어른 1명이 부상을 입었다.
- 2017년 7월 27일 전남 장흥군에서는 정부 산하기관이 연구 중이던 대형 드론이 추락하여 건물 일부를 훼손하는 사고가 발생하였다. 날개폭 22m에 달하는 대형 드론이었기 때문에 자칫 인명피해로 이어질 번한 아찔한 사고였다.

▲ 소방 드론의 활약

- 2015년 세계적인 라틴 팝스타 엔리케 이글레시아스는 멕시코에서 열린 콘서트 도중 자신을 촬영하기 위해 날아온 드론에 손을 뻗었다가 드론의 프로펠러에 손을 베이는 사고를 당했다.

(해설 및 예시답안 2쪽)

[서술 1] 글을 읽고 느낀점, 궁금한 점 등을 자유롭게 쓰시오.

[논제 뽑아보기 1] '드론'과 관련된 토론 주제를 뽑아 보자.

예비 논제 자료 2

윗층의 소리가 들린다.

OO일보 20xx년 xx월 xx일

"층간소음 때문에"… 위층 올라가 흉기 위협한 20대 구속

OO일보 20xx년 xx월 xx일

한국소음진동 시험검사에서 층간소음감소 효과 인증받은 층간소음매트

가장 참기 힘든 층간소음(복수응답)

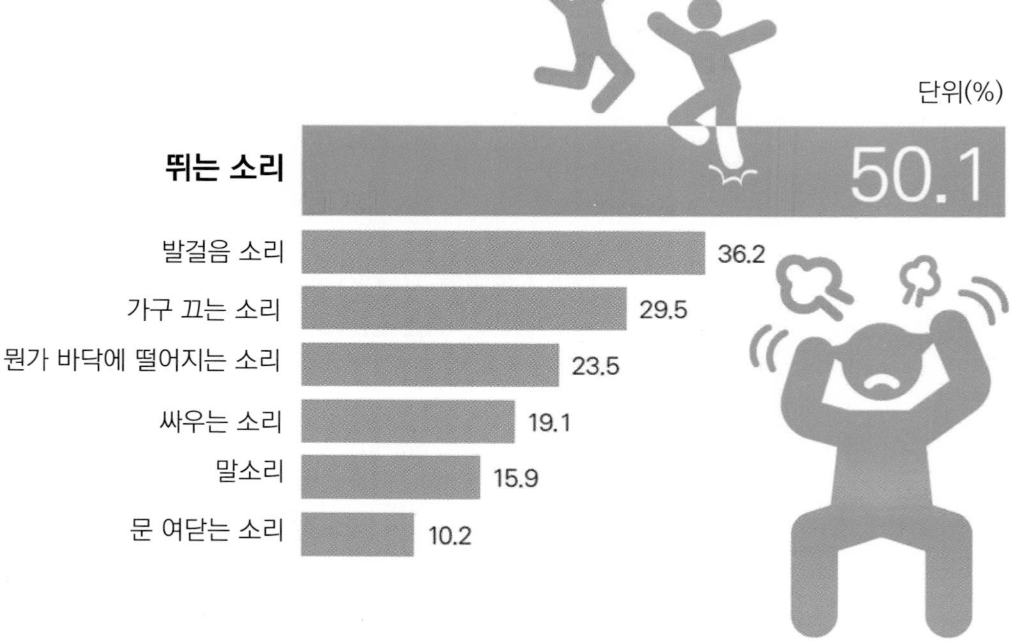

'아파트에 거주하고 있는 한 주부는 위층으로 새로 이사를 온 거주자가 매일 저녁 런닝머신을 달려대는 통에 집 천장과 벽이 쾅쾅대고 울려대고 있어 곤욕을 치르고 있다. 하루가 멀다고 울리는 시끄러운 소리와 울림 때문에 이제 막 3개월 된 아기는 수시로 깨서 보채기 일쑤다. 그렇지 않아도 아기가 잠에 잘 들지 않아 애를 먹고 있는 터라 항의도 하고 관리실에도 이야기했지만 그때만 잠시 뜸할 뿐 위층의 소음은 또다시 계속된다.'

이와 같은 층간소음은 어제오늘의 문제가 아니다. 전국 인구의 절반 이상이 아파트, 연립주택 등 공동주택에 거주하고 있는 만큼 공동주택에서 층간에 발생하는 소음은 더 이상 간과할 수 없는 사회문제가 된 지 오래다. 최근 층간소음을 호소하는 민원이 갈수록 늘어나고 있는 실정이고 정부 역시 층간소음에 대한 기준을 마련해놓고 있지만 여전히 미흡하다.

층간소음을 줄이기 위해서는 건축을 할 때부터 층간소음 방지를 위한 사용 재료와 시공법을 시용하는 것이 먼저겠지만 실제로 신축되는 아파트 등을 보면 건축 시에 이런 것이 잘 적용되지 않는다. 이에 거주자가 최대한 층간소음을 막기 위한 노력이 필요하다.

층간소음의 피해자들은 각자의 방식대로 문제를 해결하고 있는 데 이는 오히려 문제를 키워 더 큰 갈등을 일으키고 있다. 피해자들에 따르면 이들은 주로 '우퍼'라고 불리는 저음용 스피커를 통해 또 다른 소음을 만들어 천장 가까이에 설치해 소음과 진동을 일으키고 있다. 또 다른 피해자들은 선풍기를 천장 가까이 대고 틀거나 계란 반죽기 손잡이를 천장에 닿게 하는 방식으로 윗집에 소음과 진동을 전달했다. 그뿐만 아니라 화장실에서 담배를 태워 윗집에 연기를 올려보내거나 윗윗집으로 이사가는 특이한 경우도 발생하고 있다.

문제는 이런 방식들이 오히려 이웃 간 갈등을 키울 수 있다는 것이다. 층간소음을 항의한다는 이유로 세입자가 아랫집에 사는 건물주를 흉기로 찔러 숨지게 하거나, 층간소음 문제를 해결해주지 않는다는 이유로 경비원을 폭행해 숨지게 한 사건이 종종 벌어지는 것이다. 층간소음 피해자들이 이렇게까지 할 수밖에 없는 이유는 층간소음을 방지할 수 있는 법적 장치가 미비하기 때문이라고 할 수 있는데, 법적 기준이 마련되지 않은 상황에서 피해자들이 잘못된 방법으로 문제를 해결하려고 해 오히려 더 큰 갈등을 일으키고 있는 것이다. 실제 피해자들은 재판을 통해 피해를 구제받기가 어렵다. 소송을 제기한 원고가 소음 피해를 공식적으로 입증해야 하기 때문이다.

(해설 및 예시답안 2쪽)

[서술 2] 글을 읽고 느낀점, 궁금한 점 등을 자유롭게 쓰시오.

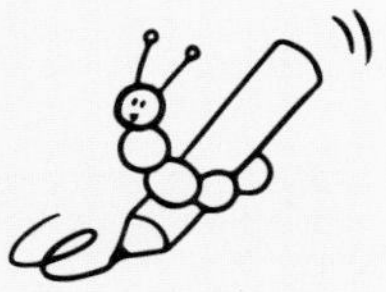

[논제 뽑아보기 2] '층간소음'과 관련된 토론 주제를 뽑아 보자.

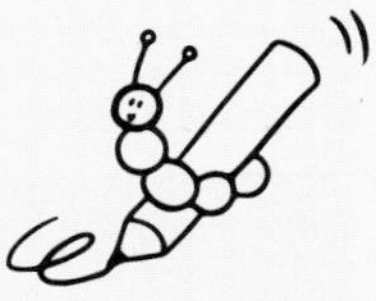

예비 논제 자료 3

라돈(Rn)은 얼마나 위험한가요?

OO일보 20xx년 xx월 xx일

라돈 피해 발생 정부의 책임 크다

OO일보 20xx년 xx월 xx일

노인 일자리 사업 '라돈 피해 저감' 앞장선다

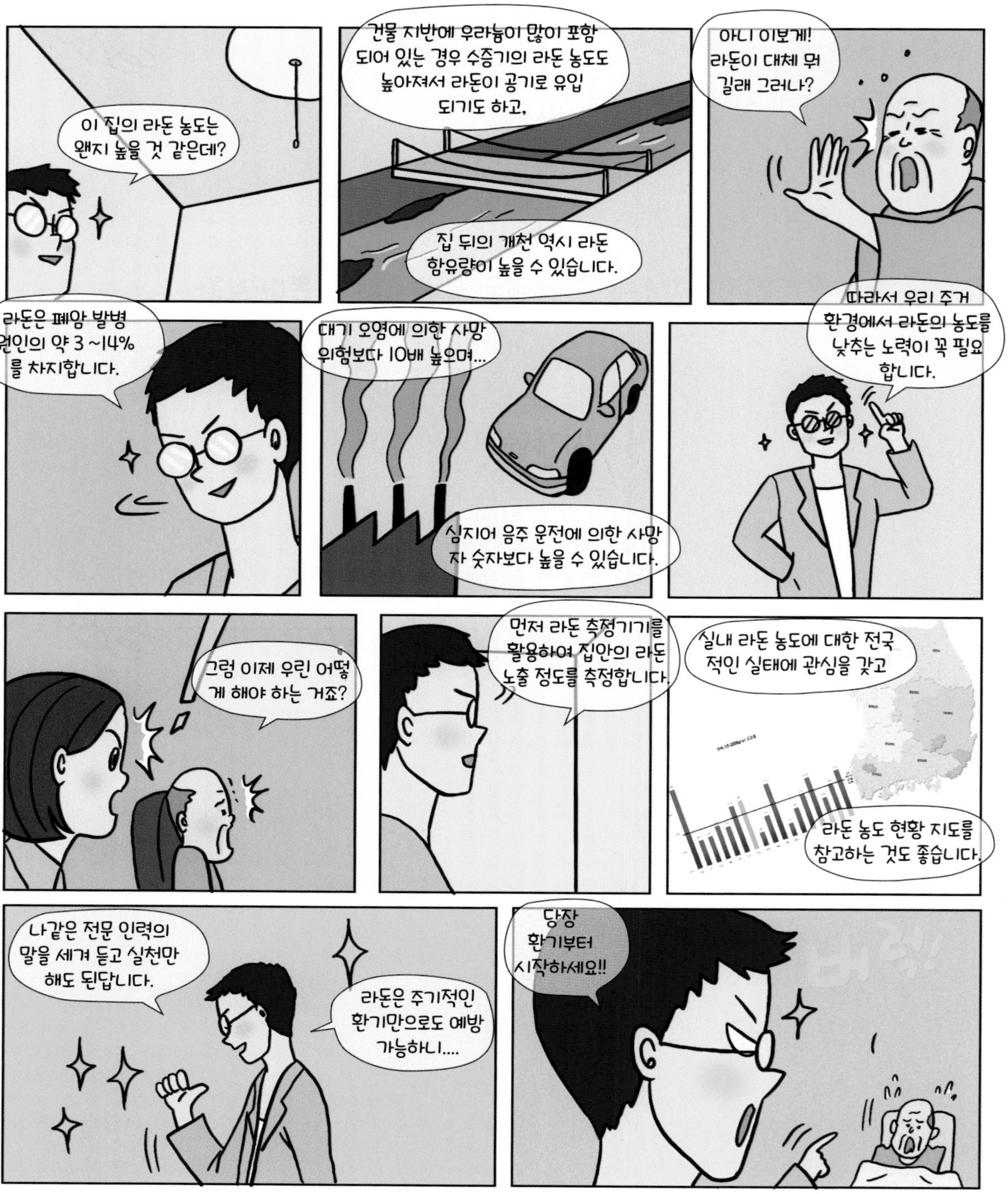

2011년 3월 후쿠시마 원전 폭발 사고를 겪으면서 방사능 오염에 대한 우려가 높아졌고, 최근 한 국내 회사가 만든 침대에서 '라돈'이 검출되면서 방사선 노출에 대한 시민들의 불안감이 더욱 증폭되고 있다.

뿐만 아니라 라텍스 제품을 판매하는 9개 해외기업의 물품에서 라돈이 기준치 이상으로 검출되었고, 조사 결과 모든 제품에서 피폭 허용선량 기준치(1mSv/년)를 초과한 3mSv~25mSv로 나타났다.

정밀 검사한 제품은 중국과 태국, 인도네시아, 말레이시아 등에서 구매한 것으로 라텍스 제품 구매 시 음이온 발생, 게르마늄 등으로 홍보했던 베개, 매트리스, 라부인, 아기범퍼 매트 등도 포함됐다.

▲ 천연라텍스 라부인

제품 제조사를 공개한 환경연합은 정부 차원의 폐기 안내 등 후속 조치가 필요하다고 발표하였는데, 그 이유는 해외에서 구매한 제품들의 경우 기준치를 초과하더라도 현행 생활주변 방사선안전법에 따라 제조·판매사에 원자력안전위원회가 수거 명령을 내릴 수 없는 문제가 있기 때문이다.

환경연합 관계자는 "원자력안전위원회가 제품을 특정하기 어렵다는 이유로 정밀조사 결과를 직접 발표하지 않고 이번처럼 개별 통보하는 방식은 이해할 수 없다"며 "위험이 확인된 만큼, 원자력안전위원회는 방문 측정 서비스만이 아닌 조사 결과를 공개하고 사용 중단 권고, 폐기물 처리 안내 등 적극적인 조치를 내놓아야 한다"고 강조하였다.

<방사선 노출량>

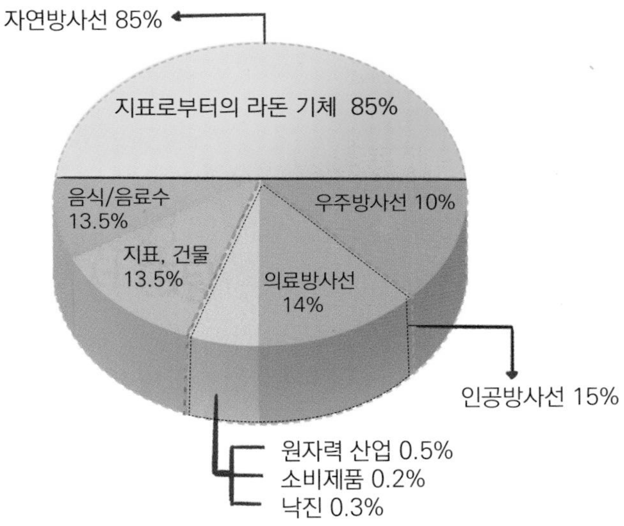

라돈은 지구상 어디에나 존재하는 자연방사성 물질이다. 자연에 존재하는 라돈은 대부분 질량수가 222 인 ^{222}Rn 으로 반감기는 3.82 일이다.

사람에게 노출되는 방사선은 자연방사선과 인공방사선이 있다. 자연방사선은 지각으로부터 오는 방사선, 우주로부터 오는 방사선, 음식물로 섭취되는 방사선으로 전체 노출량의 85% 정도를 차지한다. 라돈은 인간이 피폭되는 총 방사선 중에 단일 피폭원으로는 가장 큰 비율을 차지한다. 인간은 우주방사선, 지각 또는 인체 내에서 방출되는 자연방사선에 항상 노출되어 있다. 한 사람 당 연간 자연 방사선 피폭량은 우주선으로부터 0.36 mSv, 음식으로부터 0.33 mSv, 대지로부터 0.41 mSv, 공기 중의 라돈으로부터 1.3 mSv 로 합계 2.4 mSv 가 된다. 이 중에서 라돈의 비율은 50% 이상인 1.3 mSv 수준으로 추정된다. 이처럼 천연에 존재하는 방사능 피폭 중에서 라돈에 의한 것이 가장 크다. 그렇다면 인공방사선과 자연방사선에 따라 인체에 미치는 영향에 어떤 차이가 있을까? 인공방사선이든 자연방사선이든 인체에 미치는 영향은 같다. 우리 몸은 흙에서 자연방사선 0.1 mSv 와 원전에서 나오는 0.1mSv 를 모두 똑같은 방사선으로 인식한다. 중요한 것은 노출되는 방사선의 종류가 아닌 양이다.

방사선은 방사 거리가 문제가 된다. 방사성 물질에 가까이 있을수록 피해는 커진다. 라돈은 약한 알파선을 내놓고 방사 거리도 짧아 조금 떨어져 있으면 피해가 없다. 하지만 침대와 생리대의 경우는 피부에 맞닿아 있고 기체로 발산되면 호흡기로 흡입되기 때문에 위험하다.

라돈은 라듐이 붕괴하면서 나오는 기체이다. 암석이나 토양, 건축자재 등에 광범위하게 존재하기 때문에 우

(해설 및 예시답안 3쪽)

리는 자연스럽게 라돈에 노출되어 있다. 우리가 일상에서 받는 자연방사선량의 절반 정도가 라돈에 의한 것이라 한다. 대기 상태에서는 라돈의 피폭을 걱정할 필요가 없다. 피폭량이 그렇게 많지 않기 때문이다.

▲ 중국 충화에 있는 라돈 온천

라돈에 대한 긍정의 역사도 있다. 한때 국내 목욕탕 중에 라돈 탕이라는 것이 유행했다. 목욕탕에 라돈가스를 발생시키는 장치를 장착해 건강에 좋다고 선전한 것이다. 이는 일본에서 시작됐다. 물론 라돈의 농도가 낮으면 인체에 무해하긴 하다. 아니 저농도에서는 인체에 오히려 이롭다는 설도 있다. 미량의 방사선은 신체 방어시스템을 활성화해 건강에 도움이 된다는 것이다. 이른바 '호르메시스' 이론이다. 양이 많으면 독이 되나 적으면 오히려 약이 된다는 논리다. 돈을 주고 방사선을 쬔다는 얘기이다. 이 또한 사이비라는 유사과학이 부른 또 하나의 버전에 해당하긴 하지만 온전히 부정할 수 없는 부분도 있다.

[서술 3] 글을 읽고 느낀점, 궁금한 점 등을 자유롭게 쓰시오.

[논제 뽑아보기 3] '라돈'과 관련된 토론 주제를 뽑아 보자.

예비 논제 자료 4

화학 제품은 살생 물질?!

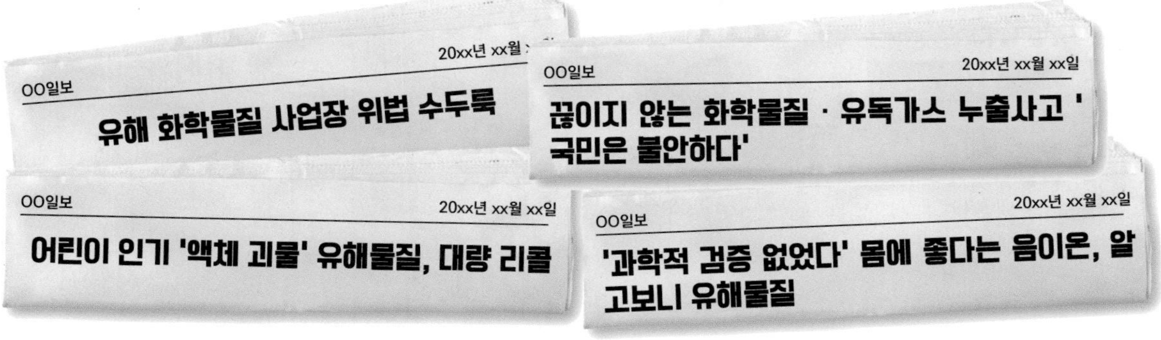
OO일보 20xx년 xx월 xx일
유해 화학물질 사업장 위법 수두룩

OO일보 20xx년 xx월 xx일
끊이지 않는 화학물질 · 유독가스 누출사고 '국민은 불안하다'

OO일보 20xx년 xx월 xx일
어린이 인기 '액체 괴물' 유해물질, 대량 리콜

OO일보 20xx년 xx월 xx일
'과학적 검증 없었다' 몸에 좋다는 음이온, 알고보니 유해물질

생활용품에 일반적으로 사용되는 주요 화학물질

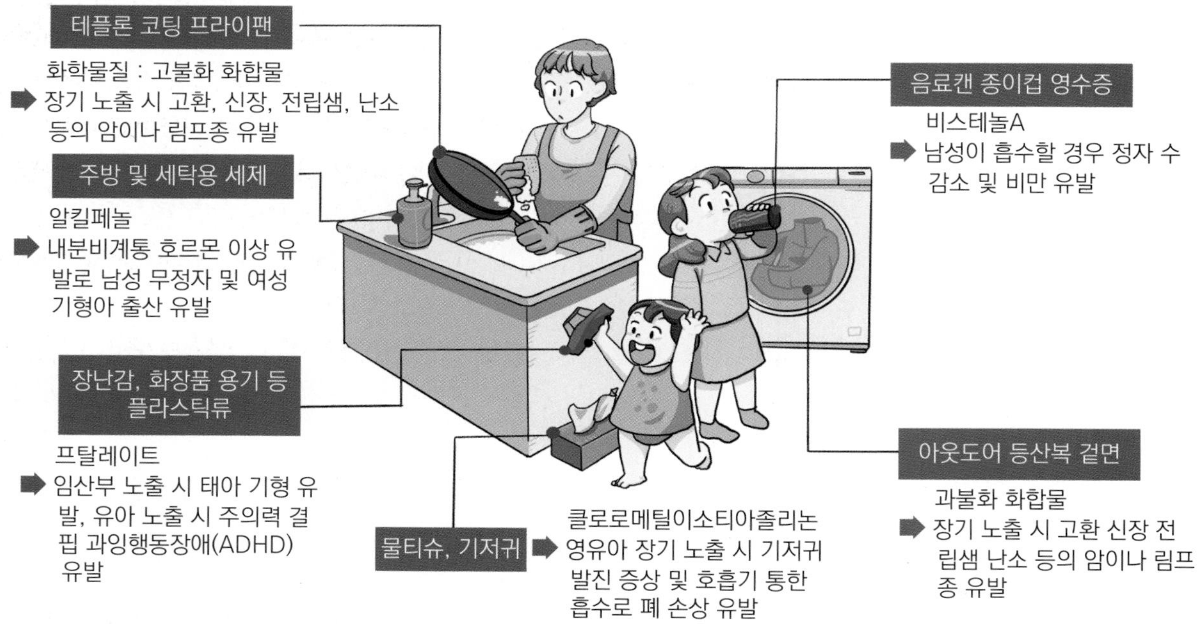

흡입 시 신체에 영향을 주는 화학 물질 · 가스 누출 사고가 빈번하게 발생하면서 국민이 불안에 떨고 있다. 최근 화학물질 관련 사고로 숨진 사람만 100명에 달하는 것으로 알려져 사고 불안감은 더욱 증폭되고 있다.

가스 누출에 따른 사상자 발생도 속출하고 있다. 황화 수소는 공기보다 무거운 무색의 유독 기체로서 사망에 이를 수 있는 화학물질인데, 얼마 전 폐수처리 작업 중 화학반응이 일어나 황화 수소가 누출되어 작업자들이 숨지거나 중상, 경상을 입는 사고가 발생하였다. 그 외에도 암모니아, 사염화 규소, 질소 가스 등 가스 누출 사고가 빈번하게 발생하고 있다. 이처럼 유해 화학물질을 취급하는 업체들의 관리가 부실하다는 의견이 제기되면서 불안감은 더욱 커지고 있다. 낙동강 유역 환경청은 지난 8월부터 10월까지 화학물질 관리법 자진신고 미이행 의심업체 97곳에 대해 특별점검을 한 결과, 17곳을 적발 조치했다고 밝혔다.

화학물질의 피해는 공사 현장에서만이 아니라는 것이 더욱 큰 문제이다. 탄소와 불소가 결합하여 물과 기름에 저항하는 특성 때문에 코팅 및 의류 방수처리에도 쓰이는 '과불화 화합물(PFCs)'은 가정에서 사용하는 코팅 프라이팬에 사용되어 논란이 되고 있다. 또한, 아이들의 장난감에서도 유해 화학물질이 검출되었는데, 정작 사용하고 있는 사람들은 이를 모르고 있다는 것이다. 만지는 대로 모양이 달라져 어린이들뿐만 아니라 어른들에게도 큰 인기를 얻고 있는 '액체 괴물'이 이 중 한 예이다. 시중에서 판매 중인 액체 괴물에서는 인체에 유해한 여러 화학물질이 검출된다. 호흡기 질환과 피부 알레르기를 유발할 수 있는 물질인 CMIT 즉,

(해설 및 예시답안 3쪽)

과거 가습기 살균제에 쓰였던 물질이 검출되었고 안전기준 미달 제품에 대한 리콜 명령이 내려졌다.

화학물질이 몸 안으로 들어오는 통로에는 입, 코, 피부 3가지가 있다. 첫째, 식품첨가물, 방부제, 착색염료 등이 입을 통해 몸 안으로 들어오는 경구 흡수가 있다. 둘째, 배기가스, 농약, 담배 연기 등 코를 통해 몸 안으로 들어오는 경기도 흡수가 있다. 셋째 화장품, 일상생활용품 등 피부를 통해 몸 안으로 들어오는 경피 흡수이다.

환경산업기술원은 유해 화학물질 대체 기술 모색을 위해 교류회를 개최하는 등 국민건강의 안전성을 확보하고 화학 산업 경쟁력을 향상시키고자 정책을 추진하고 있으며, 환경부 주관 하에 가습기 살균제와 같은 유해 화학물질로 인한 사고의 재발 방지를 위해 기획재정부, 산업통상자원부, 중소기업벤처부 등 관계 부처가 공동으로 나서고 있다.

[서술 4] 글을 읽고 느낀점, 궁금한 점 등을 자유롭게 쓰시오.

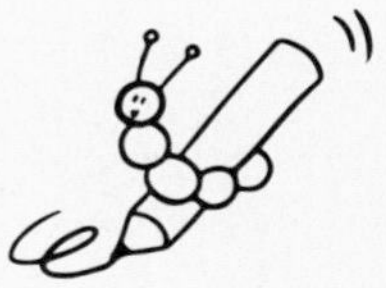

[논제 뽑아보기 4] '화학 물질'과 관련된 토론 주제를 뽑아 보자.

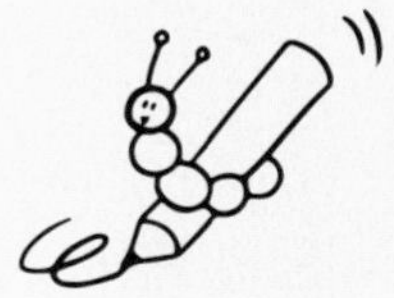

논제가 될 만한 다음 예시 주제를 통해 다양한 논제 뽑아보기

① GMO(Genetically Modified Organism : 유전자 변형 농산물)

GMO는 처음 미국의 몬산토라는 회사가 유전자를 조작하여 만들었다. 주로 미국산 밀, 옥수수, 콩, 토마토 등이 GMO가 많다. 우리나라에는 GMO가 옥수수를 비롯하여 많은 양이 수입되고 있는데, 주로 가공식품에 이용된다고 한다. GMO는 전세계적인 식량 문제를 해결할 수 있다. 하지만 GMO를 먹은 쥐에 탁구공만한 종양이 생겼다는 사례가 있고, 인도에서 GMO 사료를 먹인 수천 마리의 소들이 이름모를 병을 앓다가 결국 떼죽음을 당했다고도 한다. 또한 GMO는 생태계 교란의 우려도 있다.

(GMO 식품 인류에게 축복이다. / 재앙이다.)

▲ GMO 옥수수 먹어도 될까?

② 원자력발전

정부의 탈핵(탈원전) 논쟁이 다시 뜨거워지고 있다. 그러나 원전 폐기물 관련 대책은 잘 마련되고 있지 않다. 원전 운영에 있어 최근 10년간 매년 평균 1,000억 원이 넘는 적자가 난 만큼 가능한 한 빨리 문을 닫는 게 합리적이라는 폐기 찬성론과 폐기로 인해 에너지가 부족해질 수 있다는 폐기 반대론이 있다. 원전의 가동 중단 여부도 중요하지만 원전이 가동 중단된 이후는 어떻게 할 것인가? 폐기물 문제, 에너지 문제는 어떻게 해결할 것인가?

(정부의 탈원전 정책은 바람직하다. / 아니다.)

▲ 원자력 발전의 대체는 가능한가?

③ AI(조류독감)

AI는 주로 닭, 오리 등의 조류에 발병하는 전염성 호흡기 질환이다. 인간에게 옮을 가능성은 낮지만 일단 옮으면 치사율이 매우 높다. 구제역과 함께 가축전염병의 양대산맥을 이룬다.

조류 인플루엔자의 주요 전파 요인인 철새 등의 야생 조류는 오리와 같이 감염되어도 임상증상이 미약하고 쉽게 죽지 않기 때문에 전염 속도와 범위가 더욱 빠르고 넓다. 때문에 조류 인플루엔자가 유행하기 시작하면 주요 철새 도래지 인근은 방역 작업으로 비상이 걸린다. 현재까진 백신은 없다. 타미플루 같은 항바이러스제를 쓰면 낫긴 낫지만 100% 장담할 순 없다. 고병원성 AI로는 H5N1 과 2013년 중국 안후이 성에서 최초 발견된 H7N9 가 있다. 2016년 기준 국내에서 지금도 돌고있는 H5N8 은 인체 감염 여부가 불확실하다.

▲ AI 극복 가능할까?

(조류독감은 인간에게 감염될 수 있고 매우 위험하다./조류독감은 인간에게 감염될지는 모르나 극복이 가능하다.)

④ 임상시험의 폐해

신약이나 식품, 의료기기, 새로운 시술법 등의 안전성과 유효성을 증명할 목적으로 사람을 대상으로 실시하는 시험 또는 연구를 임상시험이라 한다. 예를 들어 의약품 임상시험의 경우 해당 약물의 인체적 효과를 확인하고 이상반응을 조사하기 위해 실시된다. 그러나 임상시험

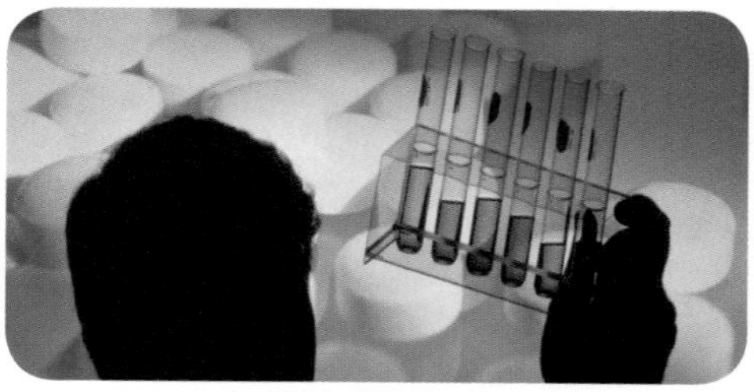
▲ 임상시험 문제는 없는가?

의 참가자들에게는 뇌졸중 등 원치 않는 질병을 앓거나 심각한 부작용이 종종 나타나며, 회사에서는 본인이 원한 것이었다고 하며 그에 대한 책임을 회피한다.
(임상 실험은 사회적 도의적으로 문제가 된다./효과적인 의료 약물을 만들기 위해 불가피하다.)

⑤ 범죄예측 시스템

AI(인공지능) 와 빅데이터로 범죄를 예측하는 시스템이 도입된다고 한다. 범죄 예방이라는 긍정적인 측면도 있지만 개인 정보의 누출의 위험, 개인을 잠재적인 범죄자로 낙인찍을 우려가 있다.
(범죄예측 시스템은 도입이 필요하다. / 부작용 때문에 도입을 지연시켜야 한다.)

▲ 범죄예측은 가능한가?

⑥ 로봇에 의한 일자리 감소

바야흐로 로봇의 시대가 다가오고 있다. 위험한 산업 현장에서 사람 대신 투입하는 산업용 로봇, 가정용 로봇, 가사 지원용 로봇, 의료 분야에 활용되어 진단과 문진, 수술까지 가능한 생명과학 로봇, 원자력 시설의 점검 및 수리, 해저탐사 및 개발, 화재 현장에서의 소화, 인명 구조, 우주 공간에서의 작업이 가능한 극한용 로봇 등이 있다. 하지만 로봇이 각 분야에 널리 활용될 때마다 사람이 할 수 있는 일이 줄어들어 일자리가 감소된다. 과연 어느 쪽을 선택하는 것이 옳은가?
(로봇에 의한 일자리 감소는 일시적인 현상이다. / 아니다.)

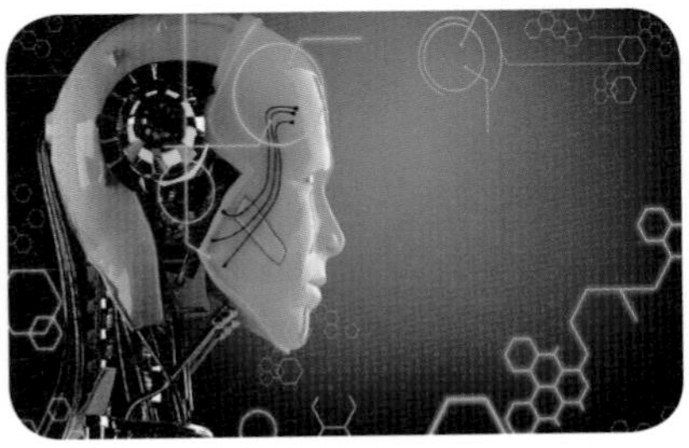
▲ 로봇은 일자리를 감소시키는가?

⑦ 소음과 건강

우리는 소음 시대에 살고 있다. 자동차 소음, 건설 현장 소음, 층간 소음, 비행기 소음, 도로의 진동 소음, 확성기 소음, 유흥기 심야 소음, 공장 소음 등이 그 예이다. 산업사회에 살면서 항상 듣는 것이어서 익숙하게 생각이 들 수도 있지만 심하면 인체에 생리적-심리적 영향(대화 방해,수면 방해) 및 작업 능률을 저하시키고 각종 내분비샘과 소화기 계통에 영향을 줄 수 있다는 연구 결과가 있다.
(소음을 줄이는 것이 우선 순위다. / 과학적인 방법으로 소음극복은 가능하다.)

▲ 소음은 줄일 수 있는가?

⑧ 플라스틱에 의한 해양오염

냉커피, 요구르트, 음료수 등을 먹을 때 1회용 빨대를 사용하는데 이것은 석유제품이지만 여러 플라스틱 성분을 가지므로 재생이 불가하다. 지금도 엄청난 양의 플라스틱 제품들이 소각, 매립, 혹은 바다로 투기되고 있다. 년간 약 800만톤의 플라스틱 폐기물들이 바다로 투기되어 2050년경에는 고기 숫자보다 플라스틱 숫자가 많을 것이라고 한다. 지금 세계 어느 곳에서나 바닷물에는 평방미터당 평균 20,000개의 플라스틱 조각이 포함되어 있다고 한다. 플라스틱에 오염된 물고기도 큰 문제이다. 인도네시아와 캘리포니아 어시장에서 판매되는 고기의 1/4 에 플라스틱이 함유되어 있다는 조사 결과도 있다.
(폐플라스틱에 의한 해양오염은 줄일 수 있다. / 플라스틱 생산을 금지해야 한다.)

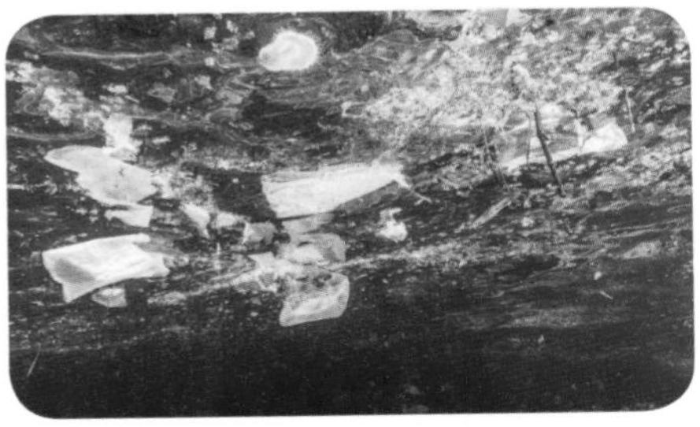
▲ 플라스틱에 의한 해양 오염 줄일 수 있는가?

⑨ 빛공해

셀 수 없이 많은 네온사인 간판, 길 가의 가로수, 건물이나 아파트의 실내조명, 자동차들의 헤드 라이트 등 빛공해를 가속화시키는 요인들은 날이 갈수록 증가하고 있다. 적당한 빛은 인간의 활동에 도움을 주고 있지만, 필요 이상의 과도한 빛은 철새들의 생리적 반응을 변화시키고 천체관측 방해, 사생활 침해 등의 심각한 사회 문제가 되고 있다. 이에 우리나라를 포함한 선진 각국은 각종 규제 방안을 마련하고 있다.
(빛공해 방지법을 전국적으로 확대 시행해야 한다. / 빛공해 방지법이 산업활동에 지장을 주므로 부분적으로 시행해야 한다.)

▲ 빛공해 방지법 시행이 바람직한가?

⑩ 맞춤아기

중국에서 유전자 가위로 DNA를 교정한 아이가 출생했다고 알려지면서 세계 과학계가 충격에 빠졌다. 유전자 가위를 실제 사람에게 적용한 것은 윤리적 위반이라는 주장이다. 중국 선전 남방과기대의 허젠쿠이 박사는 크리스퍼 기술(CRISP-Cas9 ; 유전자가위 기술)을 적용하여 HIV(후천성 면역결핍증 '에이즈'를 일으키는 바이러스)에 감염에 관여하는 CCR5 유전자를 제거한 쌍둥이(루루와 나나)가 태어났다고 발표하였다. 이에 크리스퍼 연구의 선두주자 제니퍼 두드나는 이 사건을 소름끼치도록 두려운 일이라고 비난하였으며, 노벨상 수상자인 데이비드 볼티모아 박사는 "과학계가 자기 검증에 실패한 사건"이라고 평하였다.
(맞춤아기는 개인의 선택이다. / 인간 생명에 관한 것이므로 시술하면 안된다.)

▲ 맞춤아기를 갖는 것은 온당할까?

⑪ 미세먼지

1990년대까지만 해도 봄철 중국으로부터 황사가 오면 눈이 조금 따가운 정도였다. 하지만 2000년대 들어서는 비교가 안될 정도의 '슈퍼급 황사'가 한반도를 강타하고 있다. 미세먼지는 석탄 · 석유 등 화석연료를 태울 때 생기는 매연, 자동차 배기가스, 건설 현장에서 발생하는 날림먼지, 공장 내 분말 형태의 원자재·부자재 취급 공정에서 생기는 가루성분 등이다. 주로 사람들의 활동으로 발생하며, 중금속 · 유해 화학물질 등이 들어있다. 미세먼지 입자의 성분이 인체의 독성에 중요한 역할을 하는데, 주로 연소 입자인 탄소, 유기탄화 수소, 질산염, 황산염, 유해 금속 성분 등으로 구성되어 있다. 이들은 크기가 매우 작아서 코와 기도를 거쳐 기도 깊숙히 폐포에 도달할 수 있으며, 크기가 작을수록 폐포를 직접 통과해서 혈액을 통해 온몸 순환을 할 수 있다.

▲ 미세먼지 규제법안을 강화하는 것이 바람직한가?

(미세먼지는 과학적 방법으로 줄일 수 있다. / 규제법안을 강화하는 것이 효과적이다.)

⑫ 사물인터넷 (IOT ; Internet of Things)

스마트폰, PC를 넘어 자동차, 냉장고, 세탁기, 시계 등 모든 사물이 인터넷에 연결되는 것을 사물인터넷(Internet of Things)이라고 한다. 이 기술을 이용하면 각종 기기에 통신, 센서 기능을 장착해 스스로 데이터를 주고 받고 이를 처리해 자동으로 구동하는 것이 가능해진다. 교통상황, 주변 상황을 실시간으로 확인해 무인 주행이 가능한 자동차나 집 밖에서 스마트폰으로 조정할 수 있는 가전제품이 대표적이다. 사물인터넷의 핵심은 '어떻게 제어하는가?'이다. 현재는 사람들이 가장 많이 쓰는 스마트폰을 이용해 기기들을 주로 통제한다. 사물인터넷 시장에 가장 큰 위협은 보안 문제이다. 기존에는 PC, 스마트폰 정도만 해킹의 대상이 됐지만, 이제는 모든 제품이 각각 해킹의 공격 대상이 되기 때문이다.
(사물인터넷은 생활을 편리하게 한다. / 반드시 그렇지만은 않다.)

▲ 사물인터넷 시대가 도래하는가?

논제가 될 만한 예시 주제 더 찾아보고, 논제 뽑아보기

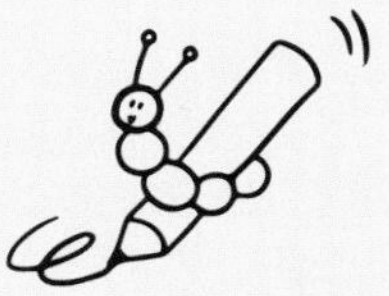

토론 논제 접근 TIPS

★ 토론 논제를 설정할 때에는 실생활 및 미래과학의 문제 상황을 창의적으로 해석해 본다. 토론 현장에서 제시되는 어떤 토론 논제든 접근에 어려움이 없도록 평소에 책을 읽거나 대회에 참가하는 등 과학적 소양을 갖추는 준비를 한다.

02 실전처럼 토론 준비하기

주제1 지구온난화

OO일보

20xx년 xx월 xx일

"수천명 사망 추정" 핵폭탄 허리케인…'지구 온난화' 때문?

OO일보

20xx년 xx월 xx일

지구 온난화.. 차드 호수가 40년 만에 증발해 버렸다.

지구 온난화 - 지구의 기후가 변하고 있다.

석유•석탄 같은 화석연료의 사용이 증가하고 대량 소비형 사회가 도래하면서 지구의 평균 기온은 지난 200년 동안 1 ℃ 이상, 최근 50년 동안에는 약 0.9 ℃ 오르는 등 전례 없이 급격하게 상승하고 있다. 지구온난화는 인류에게 닥칠 최대의 재앙으로, 과학자들도 기후 변화에 따른 심각한 피해가 곧 나타날 것이라고 한다. 기온 상승으로 지구의 기후대에도 큰 변동이 일고 있다. 건조기후 지역이 늘어나고 온대기후 지역이 점차 아열대 지역으로 변해 가며, 툰드라기후 지역이 줄어들고 있다.

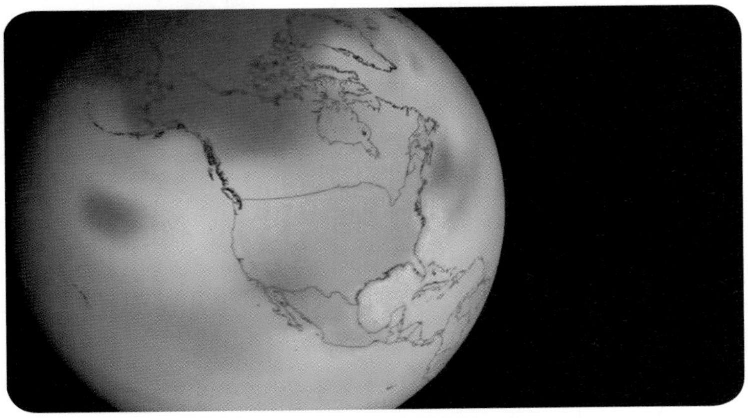

◀ 지구의 기후가 변하고 있다.

지구 곳곳에서 감지되는 이러한 기후 변화의 조짐은 상호의존하며 유지되어 온 생태계에까지 영향을 미치고 있다. 서식지가 사라지거나 먹이가 없어져 감에 따라 일부 동식물이 이미 지구에서 사라졌으며, 더 많은 종이 멸종 위기에 처하게 되었다. 세계적으로 유명한 인도의 벵골호랑이는 절반 정도로 개체수가 줄었으며, 중국의 대표 동물 판다는 겨우 수백 마리만이 남아 있는 실정이다. 세계자연보존연맹의 보고에 따르면, 현재 지구상 2만 5,000여 종의 식물과 1,000여 종의 동물이 멸종 위기에 놓여 있으며, 지금과 같은 추세로 생물종이 사라진다면 20년 후에는 100만 여 종에 달하는 생물이 사라지게 될 것이라고 한다.

지구온난화로 인한 피해는 인간의 필수 자원인 물에도 많은 영향을 준다. 급속히 증가한 인구 때문에 식량을 재배하기 위한 농업용수와 산업화에 필요한 공업용수가 증가한 탓에 많은 나라에서 물 부족 문제를 겪고 있는데, 기후 변화는 이러한 상황을 더욱 악화시킨다. 기온이 올라감에 따라 지표를 흐르는 물이 증발하는 양과 속도가 증가하여 물의 공급은 감소하는 반면, 수요는 계속 증가하기 때문에 많은 지역에서 물이 심각하게 부족한 사태가 발생한다. 또한 비가 내리는 시기가 변하고 지역에 따른 강수량의 변화가 커지면서 가뭄이나 홍수로 인한 피해도 점점 더 늘고 있다.

지구의 기온 상승 때문에 해수면이 상승하고 극 지방의 빙하가 녹으면서 인류는 또 다른 큰 문제에 직면하였다. 지구 평균해수면의 높이는 지난 20세기 동안 약 15㎝ 상승하였는데, 1990년과 비교하여 2100년까지 20~90㎝ 정도 더 상승할 것이라 예측하고 있다. 온실가스 배출량이 앞으로 수십년에 걸쳐 급격하게 감소된다고 하더라도 그간 배출된 온실가스의 잔류량와 이미 달구어진 온도 때문에 지구의 기온 상승은 상당 기간 지속되고 해수면도 계속 높아질 것이다. 세계 인구의 약 40% 는 해안으로부터 100 ㎞ 이내에 살고 있으며, 1억 명에 달하는 사람들이 해발고도 1m 이내 지역에서 살고 있음을 고려하였을 때, 이러한 기후변화는 인간의 거주 환경을 크게 바꿀 엄청난 비극이 될 가능성이 높다.

▲ 남태평양의 작은 섬 투발루는 해수면 상승으로 물이 차올라 2001년 국토 포기를 선언했다.

이 밖에도 기온 상승은 해충과 질병의 발생률을 높이기 때문에 농작물의 수확량이 줄어들 것이며, 더 많은 사람이 질병으로 고통받을 수 있다. 이러한 인류의 재앙으로 국제사회의 이해관계와 갈등은 더 복잡해지고 심각해질 것이다.

미국의 전 부통령이자 환경운동가인 앨 고어가 만든 다큐멘터리 영화 '불편한 진실'은 지구 온난화 때문에 일어나는 일들과 그 원인에 대해서 알려주는 영화이다. 진실인데 왜 불편할까? 그 이유는 지구 온난화의 원인은 대부분 사람들이 돈을 벌기 위해서 하는 일들에서 나오기 때문이다. 이 다큐멘터리를 본 사람들은 모두 지구 온난화의 심각성에 깜짝 놀란다. 만약 이 상태로 계속 간다면 겨우 몇십 년 안에 지구가 멸망할지도 모른다. 진실이 아무리 불편하다고 해서 더 이상 외면할 수는 없는 때가 된 것이다.

▲ 지구 온난화로 남극 빙하가 녹고 있다.

지구가 따뜻해지는 원인을 여러 가지로 생각하고 있지만, 가장 큰 요인은 산업의 발달로 화석연료를 많이 사용하기 때문이다. 화석연료를 사용할 때 나오는 이산화 탄소가 지구를 감싸면서 지구 온도를 점점 높이고 있는 것이다. 이것을 온실효과라고 한다. 온실은 유리로 되어 있어 태양빛이 잘 들어오는데, 온실 안의 물체가 내뿜는 열은 유리에 막혀 밖으로 나가지 못하므로 온실 안이 점점 따뜻해지는 것이다. 지구를 거대한 온실이라고 생각했을 때 태양에서 오는 에너지는 우리가 보는 빛인 가시광선 형태이므로 대기를 잘 통과하여 지구의 여러 물체에 흡수되지만 지구가 주로 내보내는 파장이 긴 적외선 형태의 빛은 이산화 탄소 등 대기 중 온실가스에 흡수되어 지구 대기의 온도를 올리게 된다.

전 지구적으로 이산화 탄소를 줄이기 위해 노력하고 있다. 이산화 탄소(CO_2), 메테인(CH_4), 아산화 질소(N_2O), 불화 탄소(PFC), 수소화불화탄소(HFC), 불화 유황(SF_6) 등 6가지 온실가스 배출량을 줄이기 위한 국제협약인 교토의정서가 1997년 채택되었다.

탄소발자국은 탄소라벨이라고도 하는데, 사람이나 동물이 걸을 때 발자국을 남기는 것처럼 상품을 생산, 소비하고 폐기하는 데까지 걸리는 전 과정에서 발생하는 이산화 탄소의 총량을 제품에 라벨 형태로 표시해 소비자가 쉽게 인식하도록 하는 제도를 말한다. 표시의 단위는 무게 단위인 kg 혹은 탄소 제거를 위해 심어야 하는 나무 수로 나타내며, 2009년부터 시행되어 오고 있다.

[서술] 글을 읽고 느낀 점을 자유롭게 써 보시오.

[논제 뽑아보기] '지구온난화' 에 대한 토론 논제를 뽑아 보자.

Q1 다음 5가지 논제 중 지구온난화에 대한 적절한 논제(토론 주제)를 골라보고, 그 이유를 설명하시오.

1. 지구온난화는 과학적인 방법으로 막을 수 있는가?
2. 이산화 탄소 등 온실가스 만 지구 온난화에 책임이 있는가?
3. 화석연료 사용을 금지하면 지구온난화를 막을 수 있는가?
4. 교토의정서 협약에 미국이 가입하지 않는 이유는 무엇인가?
5. 이산화 탄소를 줄이기 위해 나무를 심는다는 것이 논리적인가?

Q2 위 5가지 논제 중 자신이 생각한 논제가 있는가? 있다면, 그 논제를 고르고 그것을 설명해 보시오. 없다면, 자신이 생각한 논제를 쓰고, 그것을 설명해 보시오.

논제:

논제로 선정한 이유 :

관련 용어 및 이론

화석연료 (fossil fuel,化石燃料) 석탄·석유·천연가스 같은 지하 매장 자원을 이용하는 연료. 화석에너지라고도 한다. 지각에 파묻힌 동식물의 유해가 오랜 세월에 걸쳐 화석화하여 만들어진 연료로서 이것에 의해서 얻어진 에너지를 화석에너지라고 한다. 현재 인류가 이용하고 있는 에너지의 대부분이 이에 해당한다. 현재 세계적으로 총 에너지 의존량의 85% 이상을 차지한다.

온실효과 (greenhouse effect) 대기 중의 온실 기체가 태양 복사 에너지(짧은 파장 ; 가시광선)는 통과시키고, 지구 복사 에너지(긴 파장 ; 적외선) 중 일부를 흡수하여 지표로 재방출함으로써 지구의 평균 기온이 높게 유지되는 현상. 현재 지구의 평균 기온은 약 15 ℃ 로 유지되고 있으며, 지구 대기가 없다면 지구의 평균 기온은 −18 ℃ 가 될 것으로 예상된다.

▲ 온실효과

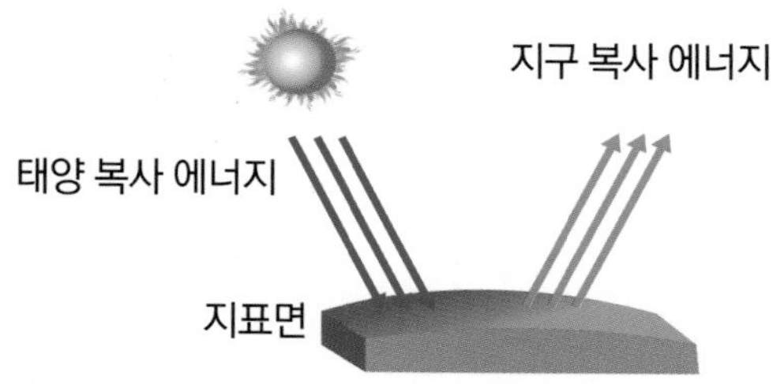

▲ 대기가 없다고 가정할 경우

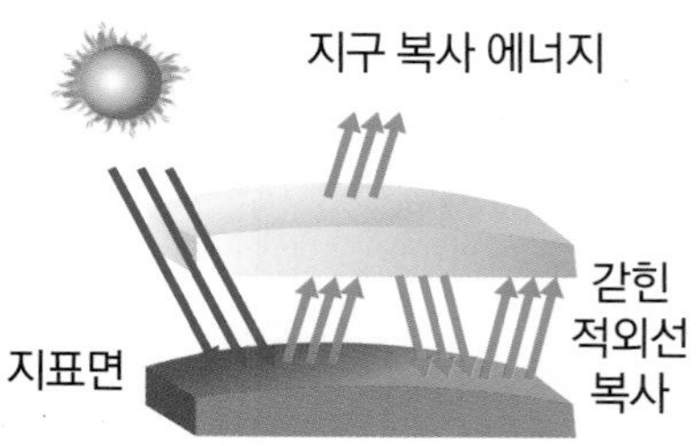

▲ 대기가 있을 때

온실가스 온실가스는 지구 대기를 포함되어 온실 효과를 일으키는 기체이다. 대표적인 온실가스로는 이산화탄소(CO_2), 메테인(CH_4), 아산화질소(N_2O), 프레온(CFC), 오존(O_3) 등이 있다. 석유, 석탄 등 화석 연료의 사용이 많아지면서 온실가스의 배출이 증가하게 되었다.

▲ 6대 온실가스

교토의정서 선진국의 온실가스 감축 의무를 구체적으로 정한 협약이다. 1997년 일본 교토에서 열린 제3차 기후 변화 협약 당사국 총회에서는 2008년부터 2012년까지 온실가스 배출량을 1990년보다 약 5.2% 정도 줄이기로 했다. 미국은 아직 가입하고 있지 않다.

온실가스의 배출량을 줄이는 방법

① 에너지를 절약하고 환경친화적인 상품을 이용한다.
② 이산화 탄소가 배출되는 화석 연료 대신 태양, 수력, 풍력, 수소, 지열 및 해양에너지 등의 신재생 에너지를 사용한다.
③ 온실가스를 대량 배출하는 에너지 사용 기기나 산업구조를 고에너지효율, 저탄소 배출기기로 대체한다.
④ 자가용보다는 대중교통 이용하기, 물 아껴 쓰기, 사용하지 않는 콘센트 빼놓기, 불필요한 불끄기 등을 실천하여 이산화 탄소를 적게 배출할 수 있도록 한다.

대기 중 이산화 탄소 농도와 기온의 연관 관계

1880년 이후 현재까지 기온이 점차 증가하였는데, 이것은 대기 중 이산화 탄소 농도의 증가량과 같은 추세를 보인다.

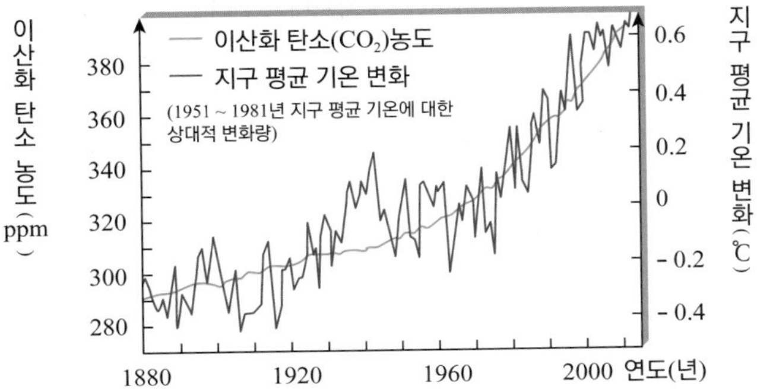

이산화 탄소 감축을 위한 연구와 노력

① 인공광합성 개발 : 이산화 탄소를 이용해 산소와 고부가가치 화합물을 생산하는 방법이 연구되고 있다.

② 효소 이용 연구 : 효소를 이용해 이산화 탄소를 유용한 물질로 바꾸는 기술이 연구되고 있다.

③ 미생물을 이용한 탄소 고정 연구 : 미생물을 이용해 이산화 탄소를 전환해서 석회석으로 바꾸는 방법이 연구되고 있다.

④ 이산화 탄소 포집 및 저장 방법 연구 : CCS(Carbon Capture & Storage) 는 지상에 구멍을 뚫고 반 액체 상태인 이산화 탄소를 지하 1000~3000 m 깊이로 압축해서 내리는 기술이다.

지구온난화 허구설

첫번째가 완전한 지구온난화 허구설인데 이러한 입장을 가진 대표적인 사람은 미국 대통령인 도널드 트럼프(Donald Trump)이며, 지구온난화 자체가 허구라고 주장한다.

두 번째로 부분적 회의론자들은 지구 온난화의 원인이 인간의 활동 때문이 아니라는 것, 이산화 탄소의 온실효과의 비중이 작다는 것, 온난해진 기후가 위기는 아니라는 것 등을 주장한다.

▲ 미국의 도널도 트럼프 대통령은 지구온난화는 허구라고 주장한다.

지구 온난화 허구설은 2001년 덴마크의 통계학자 비외른 롬보르(Bjørn Lomborg)가 펴낸 책 '회의적 환경주의자(The Skeptical Environmentalist)'이다. 롬보르는 지구온난화 자체를 부정하지는 않았지만, 지구온난화 연구 방법에 문제가 있으며 세계 곳곳에서 추진되고 있는 급진적인 정책이 지나치게 높은 비용이 든다고 한다.

이산화 탄소 증가가 지구온난화를 가져오는 것이 아니라 거꾸로 상승된 온도로 인해 이산화 탄소가 증가하는 것이며, 지구온난화는 활발한 태양 활동 때문이라는 주장을 담은 영국의 다큐멘터리 〈지구온난화 대사기극(The Great Global Warming Swindle)〉을 본 많은 사람들이 지구온난화 허구설을 추종하게 되었다. 지구온난화 허구설의 추종자들은 1970년부터 지난 50년간 지구의 평균기온이 겨우 0.9 ℃ 상승하였고, 최근 50년 동안 1 ℃ 도 되지 않는 상승폭은 별로 심각하지

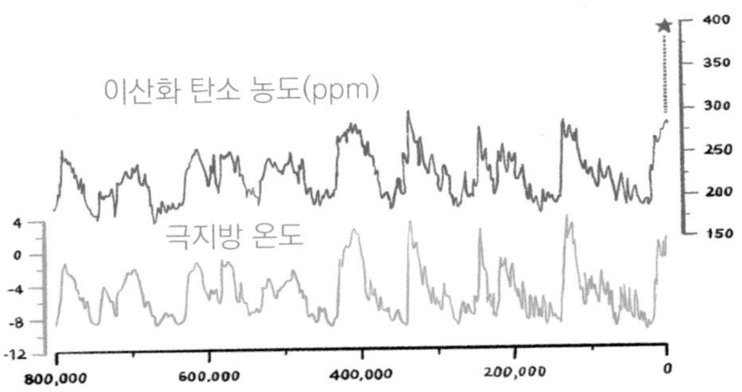

▲ 과거 80만년 동안의 극지방 온도와 이산화 탄소 농도

않다는 것이다. 북극곰의 개체수는 오히려 지난 수십년 간 꾸준히 증가하고 있으며, 빙하가 녹아서 나타나는 해수면의 상승도 1년에 겨우 수 mm 정도로 심각하지 않다고 주장한다. 이산화 탄소가 온실가스라는 사실은 분명하지만, "다른 요인들을 제외했을 때, 과연 지난 50년간의 기온 상승에 이산화 탄소 증가량이 기여한 바는 얼마나 되는가?"라고 질문한다. 이산화 탄소 농도의 증가량이 가져오는 지구 온도 상승량을 예측하기 위해 그동안 수없이 많은 실험과 시뮬레이션이 수행되었지만, 모든 연구가 실제 관측값보다 터무니없이 높거나 낮게 예측하고 있고, 일관성도 없었다. 그럼에도 불구하고 지구 온난화의 지지자들은 이산화 탄소에 의한 지구온난화를 단순히 참과 거짓의 문제로 몰고 가려고만 하고 양적인 분석을 외면한다는 것이다. 지구 온난화 허구설을 주장하는 사람들은 지구 온난화를 지지하는 과학자들이 연구비를 더 타내기 위해 위험성을 부풀리고 있다고 본다.

관련 사이트

기상청 기후정보포털 http://www.climate.go.kr/home/

국립수산과학원 https://www.nifs.go.kr/

https://skepticalscience.com/ : (지구온난화 부정론자들에 대한 반박)

관련 도서

책이름	출판사	저자	책소개
하얀 고래 미갈루 (초등학생용)	도토리숲	마크 윌슨 저	하얀 고래 미갈루는 세상에서 첫 번째로 태어난 하얀 고래이다. 미갈루는 엄마 고래와 남극으로 가는 여행길에서 아름다운 자연과 신비로운 다른 생명체들을 만나고, 위험에 빠지기도 한다. 여러 고래들은 고래잡이(포경)와 온난화 그리고 환경 파괴로 점점 사라져 가고 있다. 어린이들은 미갈루의 여정과 신비로운 이야기를 읽으며, 생명의 신비함과 소중함을 경험할 것이다.
세계 시민 수업 ? 환경 정의 (초등학생용)	풀빛	장성익 저 이광익 그림	이 책에서는 세계 곳곳에서 벌어지는 환경 문제가 나와 어떤 관계를 맺는지, 정의의 관점에서 살펴봅니다.
왜 기후변화가 문제일까? (중고등학생용)	반니	공우석 저	과학자들은 인류가 지금이라도 온실기체를 줄이려고 노력하지 않는다면 머지않아 여섯 번째 지구 대멸종을 피하기 어려울 거라고 경고한다. 기후변화의 심각성을 청소년에게 다시금 알리고 이를 위해 청소년이 무엇을 할 수 있을지 일깨운다.
플랑크톤도 궁금해하는 바다상식(중고등학생용)	지성사	김용서 저	이 책은 위기에 직면한 인류가 바다를 제대로 이해하고 활용하기 위해 반드시 알아야 할 과학 상식과 사회 이슈를 엄선해 담았다.
지구온난화를 둘러싼 대논쟁 (일반)	동녘사이언스	스펜서 위어트 저 김준수 역	과학자들이 예상치 못한 우여곡절을 거치면서 지구가 유래없이 온난해 지고 있다는 결론에 이르게 되었는지를 고찰한다.
만화로 보는 기후변화의 거의 모든 것 (공통)	다른	필리프 스콰르조니 저 / 해바라기 프로젝트 역	자연의 주기를 바꾼 것은 우리이므로, 희망의 가능성 또한 우리에게 있지 않을까? 이 책은 개인적·정치적·경제적·기술적으로 우리가 할 수 있는, 해야 하는 일들을 하나하나 검토한다.

관련 영화 및 영상

영화이름	장르	감독	영화/영상 소개
투모로우(2004)	액션, 모험, SF	롤랜드 에머리히	기후학자인 잭 홀박사는 남극에서 빙하 코어를 탐사하던 중 지구에 이상 기후 변화가 일어날 것을 감지하고 얼마 후 국제회의에서 지구의 기온 하락에 관한 연구발표를 하게 된다. 급격한 지구 온난화로 인해 남극, 북극의 빙하가 녹고 바닷물이 차가워지면서 해류의 흐름이 바뀌게 되어 결국 지구 전체가 빙하로 뒤덮이는 거대한 재앙이 올 것이라고 경고한다.
불편한 진실(2006)	다큐멘터리	데이비스 구겐하임	지구온난화! 美 전 부통령이자 환경운동가인 '앨 고어'는 지구온난화가 불러온 심각한 환경위기를 전 인류에게 알리고자 모든 지식과 정보가 축약된 슬라이드 쇼를 만들어 강연을 시작했다. 그가 이야기하는 지구온난화의 진행 속도와 영향력은 심각하다.
kbs보도특집 "지구온난화의 역습" 1.5도씨의 비밀 목조건축 (2019)	다큐멘터리 (52분)	KBS	목조 건축을 하는 비밀은 무엇인가? 콘크리트 건물은 지구 온난화에 얼마나 취약한가?
지구 온난화-슈퍼태풍이 온다.(2015) (궁금한 일요일 장영실쇼)	다큐멘터리 (3분 16초)	KBS	슈퍼태풍이 발생하는 이유는 무엇일까? 슈퍼태풍의 위력은 어느 정도일까? 지구온난화로 인해 슈퍼태풍의 위협은 갈수록 커지고 있다.

[선정하기] 관련 도서와 영화 중 보고 싶거나 읽고 싶은 것을 선정해 보자.

[서술하기] 논제와 관련된 책을 읽거나, 영화를 감상하고 이후 느낀 점을 써 보자.

활동 TIPS

★ 혼자서 하고 있다면, 3일 내 마무리 한다.

★ 교사와 그룹 활동을 하고 있다면 과제를 내준다.

(해설 및 예시답안 5쪽)

주제 깊이 알기!

01 다음에 설명하는 것이 무엇인지 적으시오.

대기 중의 온실기체가 태양 복사에너지는 통과시키고, 지구 복사에너지 중 일부를 흡수하여 지표로 재방출함으로써 지구의 평균 기온이 높게 유지되는 현상

02 다음에 설명하는 것이 무엇인지 적으시오.

탄소라벨이라고도 하며, 사람이나 동물이 걸을 때 발자국을 남기는 것처럼 상품을 생산, 소비하고 폐기하는 데까지 걸리는 전 과정에서 발생하는 이산화 탄소의 총량을 제품에 라벨 형태로 표시해 소비자가 쉽게 인식하도록 하는 제도

03 다음 중 온실기체에 해당되는 것을 모두 적으시오.

① 오존(O_3) ② 메테인(CH_4) ③ 질소(N_2) ④ 수소(H_2) ⑤ 이산화 질소(NO_2)

04 다음 중 지구온난화의 원인 또는 지구온난화에 의해 나타나는 현상을 모두 고르시오.

① 태풍이 빈번해지고 위력이 강해진다.
② 지구온난화는 활발한 태양 활동 때문이다.
③ 바다에 떠다니는 빙산이 녹아 해수면이 높아진다.
④ 많은 지역에서 물이 심각하게 부족한 사태가 발생한다.
⑤ 해충과 질병의 발생률을 높이기 때문에 농작물의 수확량이 줄어든다.

05 지구온난화 허구설을 논리적으로 서술하시오.

토론 개요서 작성하기

마인드맵을 통해 '지구온난화'에 대한 자신의 생각 쓰기

마인드맵 작성 TIPS

★ 생각나는 대로 자유롭게 적는다. (다방면의 생각을 조합하여 적는다.)

사회적

개인적

지구 온난화

윤리적

경제적

기타

논제 '이산화 탄소 배출을 줄이기 위해 산업활동을 억제해야 한다' 에 대한 찬성, 반대 입장 쓰기

찬성입장

논제에 대한 입장 쓰기 TIPS

★ 논제에 대해 찬성과 반대 입장을 모두 써 본다. 그 중 하나의 압장만 있다면 하나에만 자신의 입장을 자세하게 쓰도록 한다.

(해설 및 예시답안 8쪽)

반대입장

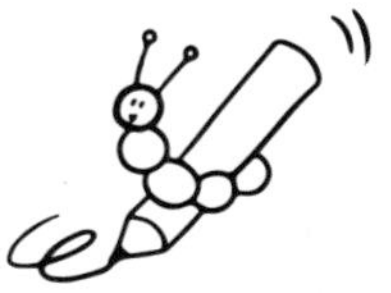

토론 개요서 작성 순서 및 방법(요령)

- 직접 수기로 간단 명료하게 작성한다.
- 과학적 근거를 들어 명료하게 제시하고, 이를 뒷받침할 수 있는 근거 자료(표, 통계자료, 관련 실험연구 결과 통계 등 과학적 탐구방법)를 인용하여 실제적으로 해결할 수 있는 방안을 제시한다.
- 문제해결 방안을 위주로 작성하되 문제 원인을 바탕으로 다양하고 구체적인 방안을 제시한다. 그러기 위해 방안의 구체적 사례를 조사하거나 관련 과학적 지식을 참고한다.
- 예상 질문 및 응답에 대해서는 우리 팀 주장/발표의 논리적 · 과학적 허점에 대해 토의하고 이를 어떻게 방어할 것인지 전략을 세워둔다.

토론 개요서 (예시 1)

▶ 토론 개요서 서식 (예시)

<table>
<tr><td>대회명</td><td colspan="6">고등학교 토론대회</td></tr>
<tr><td rowspan="4">모둠명</td><td colspan="2" rowspan="4">활빈당</td><td rowspan="4">팀원</td><td>학번</td><td>성명</td><td>h.p.</td></tr>
<tr><td>30101</td><td>홍길동</td><td>010-0000-0000</td></tr>
<tr><td>30102</td><td>홍길서</td><td>010-0000-0000</td></tr>
<tr><td>30103</td><td>홍길남</td><td>010-0000-0000</td></tr>
<tr><td>논제</td><td colspan="6">동물을 대상으로 한 실험을 금지해야 한다.</td></tr>
<tr><td>정의해야 할 용어</td><td colspan="6">- '동물 실험':
- '금지': 입법활동을 통한 법적 규제</td></tr>
<tr><td>예상쟁점</td><td colspan="6">•쟁점 1 : 동물 실험의 윤리적 측면
•쟁점 2 : 동물 실험의 실효성
•쟁점 3 : 동물 실험 법적 금지의 현실성</td></tr>
<tr><td>쟁점</td><td colspan="4">찬성 측</td><td colspan="2">반대 측</td></tr>
<tr><td rowspan="2">쟁점1</td><td>주장</td><td colspan="3">동물 실험은 윤리적으로 옳지 않다.</td><td colspan="2">동물 실험이 결여점을 보충할 수 있다.</td></tr>
<tr><td>근거</td><td colspan="3">•동물도 인간과 동등한 생명이며 고통을 느낄 수 있는 존재
•'동물권 침해'의 문제
•'드레이즈 실험' 등 잔인함을 수반하는 것은 적절치 않음</td><td colspan="2">• 3R(Replacement, Refinement, Reduction)을 통한 동물의 고통 최소화
• AAALAC(국제실험동물관리평가인증협회)를 통해 옴부즈맨 제도 활성화</td></tr>
<tr><td rowspan="2">쟁점2</td><td>주장</td><td colspan="3">동물 실험은 실효성이 없다.</td><td colspan="2">동물 실험은 실효성이 있다.</td></tr>
<tr><td>근거</td><td colspan="3">•'탈리도마이드', '클리오퀴 놀'등 동물 실험을 거쳤음에도 부작용이 생긴 사례
•실제 인간과 동물 사이에 생물학적 차이가 존재함</td><td colspan="2">• 암과 난치병의 치료를 위한 의학, 약학 분야에서의 동물 실험
• 소아마비, 결핵, 풍진, 홍역 등 치명적 질병들에 대한 예방 백신 개발
• 현재 인간을 비롯한 동물을 이해하기 위한 동물 실험도 진행 중.</td></tr>
<tr><td rowspan="2">쟁점3</td><td>주장</td><td colspan="3">동물 실험을 하지 않는 대안이 존재한다.</td><td colspan="2">현실적으로 동물 실험을 대체하기 어렵다.</td></tr>
<tr><td>근거</td><td colspan="3">• 컴퓨터 시뮬레이션, 동물 세포, 인공피부 등을 통해 대체할 수 있음
• 동물실험 없이 매출을 내는'Lush' '더바디샵'등의 화장품 기업</td><td colspan="2">• 학생들과 연구자들의 해부 실습도 모두 금지하기는 어려움
• 줄기 세포/동물세포를 이용한 대안도 동물 실험을 기반으로 하는 것.
• 어떤 대안도 동물 실험 자체를 완벽하게 대체하기 어려움.</td></tr>
</table>

토론 개요서 (예시 2)

토론 개요서

❑ 토론요약서

<table>
<tr><td>팀명</td><td colspan="2"></td><td>팀원 성명</td><td></td><td></td><td></td></tr>
<tr><td>논제</td><td colspan="6">문제아 보고서는 현실에 적용하기에 적합한 방법인가?</td></tr>
<tr><td>용어 정의</td><td colspan="6">문제아 보고서: 특정한 아이를 괴롭히는 문제아를 교화하기 위하여 만든 프로그램. 이 책에서는 기민이와 현섭이의 사이를 좋게 회복 시키기 위해 사용함.
현실에 적용하다: 학교에서 친구 사이의 갈등이 있는 현실에 사용할 수 있게 하다.
적합하다: 무언가를 사용함에 있어서 결함이나 문제가 없다.</td></tr>
<tr><td></td><td colspan="3">찬성 측</td><td colspan="3">반대 측</td></tr>
<tr><td>쟁점</td><td colspan="3">발 전</td><td colspan="3">역 효 과</td></tr>
<tr><td rowspan="2">주장1</td><td>주장</td><td colspan="2">친구의 새로운 모습을 볼 수 있다.</td><td colspan="3">친구사이가 오히려 악화될 수 있다.</td></tr>
<tr><td>근거</td><td colspan="2">-보고서를 쓰면서 서로의 새로운 점을 발견할 수 있었다. 현섭이의 아빠가 기타리스트이고 현섭이가 기타를 잘 친다는 것과, 기민이의 엄마는 새엄마이고 기민이가 공부 뿐 아니라 게임도 잘한다는 것 등을 서로 알게 된다. 그래서 상대의 좋은 점을 볼 수 있었다.
-태백이라니 녀석 좀 센스가 있었다.(127쪽)
-조현섭, 무식하고 개념 없고 다른 사람 기분 따위는 생각하지 않고 장난을 잘 치며 반 분위기를 흐리는 아이입니다. 그런데 은근히 똑똑한 면이 있고 다른 사람의 기분을 생각할 줄 알며 배려심이 많습니다. (149,151쪽)
-김기민은 알고 보니 괜찮은 녀석이었습니다. 보고서를 쓰는 것은 참 좋은 일이었습니다.(P150~151)</td><td colspan="3">-서로 싫어하는데 억지로 함께 있으면 오히려 좋지 않은 감정이 생겨서 사이가 악화 될 수 있다.
-자존심을 짓밟힌 나는 그 녀석과 일분일초도 같이 있을 수 없었다.(35쪽)
-"짜증 나 죽겠다니까. 그 자식이랑 같이 있는 것 자체가 치욕이다. 치욕. 담임은 왜 그딴 걸 시켜 가지고. 짜증나게."(37쪽)
-그놈의 보고서 때문에 나는 어쩔 수 없이 기민이의 집에 또 와야 했다. 선생님도 원망스러웠고 문제아 보고서를 만든 사람도 싫었다.(37쪽)
-이름 김기민. 성격 괴팍, 잘난 체, 왕재수. 사람 무시하기를 좋아하며 자기가 제일 잘난 줄 앎. 키도 작고 힘도 없는 게 엄청 나댐. 이상 끝.(38쪽)</td></tr>
<tr><td rowspan="2">주장2</td><td>주장</td><td colspan="2">친구와 친해지는 계기가 된다.</td><td colspan="3">성실히 하지 않을 수 있다.</td></tr>
<tr><td>근거</td><td colspan="2">-서로의 집을 방문하고, 억지로라도 일주일에 두 번 두 시간씩 함께 있으면 정이 들고 친해지는 계기가 된다.
-동혁이의 열등감은 이해하지만 이제는 동혁이의 편만 들어줄 수도 없었다. 나도 모르게 내 마음이 변하고 있었고, 그럴수록 동혁이에게 죄를 짓는 기분이 들었다.(136쪽)
-전화를 받고 나서야 알았다. 내게도 친구가 생겼다는 걸.(153쪽).
-기민이와 나는 앙숙이었지만 보고서를 계기로 아주 가까워졌고 속사정도 알게 되었</td><td colspan="3">-시간 약속을 어길 수도 있고, 따로 있다 사진만 시간에 맞춰 찍는 속임수를 쓰는 등 성실히 하지 않을 수 있다.
-"모자란 시간은 다음에 채워"(36쪽)
-점심시간이 되어 기민이에게 갈까 말까 고민을 했지만 전날 혼자 밥 먹은 일이 생각나서 기민이가 불어올 때 문 밖으로 먼저 나가 버렸다. 우리는 또다시 밥을 따로 먹었다.(61쪽)</td></tr>
</table>

https://blog.naver.com/kumyong68/221392486904

토론 개요서 작성
TIPS

★ 직접 수기로 작성하되, 글자의 크기가 적당해야 한다.
★ 띄어쓰기를 정확하게 하며, 어려운 용어는 자제한다.
★ 개요서 양식의 분량을 지킨다.

토론 개요서 직접 작성하기

토론 개요서

<table>
<tr><td>대회명</td><td colspan="6">○○○ 토론대회</td></tr>
<tr><td>팀명</td><td colspan="2"></td><td>팀원
학번
성명</td><td>1.
2.
3.</td><td>대표
학생
(연락처)</td><td></td></tr>
<tr><td>논제</td><td colspan="6"></td></tr>
<tr><td>쟁점</td><td colspan="6">• 쟁점 1 :
• 쟁점 2 :
• 쟁점 3 :</td></tr>
<tr><td>쟁점</td><td colspan="3">긍정측</td><td colspan="3">부정측</td></tr>
<tr><td rowspan="2">쟁점1</td><td>주장</td><td colspan="2"></td><td colspan="3"></td></tr>
<tr><td>근거</td><td colspan="2"></td><td colspan="3"></td></tr>
<tr><td rowspan="2">쟁점2</td><td>주장</td><td colspan="2"></td><td colspan="3"></td></tr>
<tr><td>근거</td><td colspan="2"></td><td colspan="3"></td></tr>
<tr><td rowspan="2">쟁점3</td><td>주장</td><td colspan="2"></td><td colspan="3"></td></tr>
<tr><td>근거</td><td colspan="2"></td><td colspan="3"></td></tr>
</table>

(해설 및 예시답안 9쪽)

발표 및 토론하기

발표하기

TIPS

★ 발표할 때 필요한 내용을 메모하거나 발표에 필요한 대본을 직접 작성해 보자.

발표 TIPS

★ 문제를 분석하고 해결방안을 과학적 · 창의적으로 제시한다.

★ 발표 종료 30초 전 알람을 맞추어 제한 시간을 지키는 연습을 한다.

★ <연습> 발표하는 자신의 목소리를 녹음하거나 토론 모습을 영상으로 찍어 발표 태도 평가에 사용한다.

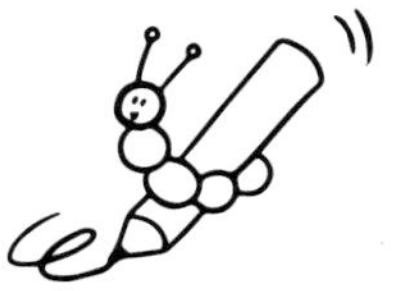

발표태도 TIPS

★ 발표를 할 때에는 몸을 심하게 움직이거나 돌아다니지 않는다.

★ 발표를 듣는 평가자를 보고 발표한다.

★ 발음을 정확하게 한다.

★ 목소리 톤은 너무 크거나 너무 작지 않게 유지한다.

질의·응답하기

TIPS

★ 질문 문항, 응답 문항을 직접 작성해 보면 질문과 응답에 많은 도움이 된다.

찬성측이 반대측에 질의	반대측이 찬성측에 질의
반대측이 찬성측에 응답	**찬성측이 반대측에 응답**

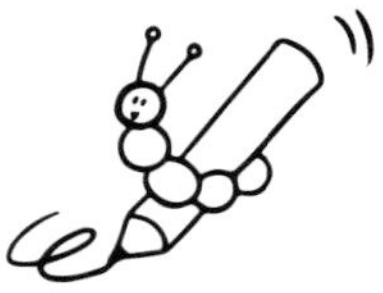

질의·응답 TIPS

★상대방 주장의 허점을 찾아 질의를 간략하고 효율적으로 한다.

★ 응답(답변) 시 질의의 요지를 파악하고 논리적으로 답변하여 자기 팀의 주장을 확실하게 한다.

★ 질문의 논점을 회피하는 모습을 보이거나 끼워 맞추는 답변을 하지 않도록 한다.

★ 발표 종료 30초 전 알람을 맞추어 제한 시간을 지키는 연습을 한다.

Q1 다음 5가지 논제 중 인공지능 로봇에 대한 적절한 논제(토론 주제)를 골라보고, 그 이유를 설명하시오.

1. 인공지능 로봇은 자기 인식을 할 수 있을까?
2. 인공지능 로봇은 사람을 100% 대체 가능한가?
3. 사람보다 뛰어난 인공지능 로봇을 만들 수 있는가?
4. 인공지능 로봇의 기능은 어디까지 가능할 것인가?
5. 인공지능 로봇 사용에 대해 세금(로봇세)을 받아야 한다.

Q2 위 5가지 논제 중 자신이 생각한 논제가 있는가? 있다면, 그 논제를 고르고 그것을 설명해 보시오. 없다면, 자신이 생각한 논제를 쓰고, 그것을 설명해 보시오.

논제:

논제로 선정한 이유 :

관련 용어 및 이론

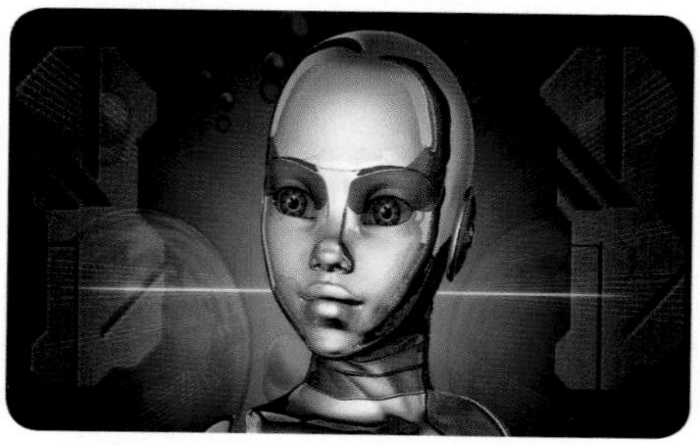

로봇세 경제적인 불평들을 해결할 목적으로 로봇의 노동으로 생산하는 경제적 가치에 부과하는 세금이다. 이는 로봇 소유자 또는 기업에게 매기는 세금 제도이다.

사물인터넷(IoT ; Internet Of Things) 인터넷을 기반으로 모든 사물을 연결하여 사람과 사물, 사물과 사물 간의 정보를 상호 소통시켜주는 기능형 기술 및 서비스이다. 즉, 사물에 센서를 부착하여 인간과 또는 사물끼리 실시간으로 데이터를 인터넷으로 주고받는 기술이나 환경을 말한다.

머신 러닝(기계학습) 기계가 경험을 통해 스스로 학습하는 것으로서 컴퓨터가 스스로 정보를 학습하고 분석하으로써 자체적으로 규칙을 찾거나 앞으로의 행동을 예측하는 기술이다.

튜링테스트 로봇이 갖고 있는 인공지능이 사람과 얼마나 비슷한지 측정하는 시험이다.

휴머노이드 사람과 같이 두 팔과 두 다리를 갖는 로봇으로 사람을 뜻하는 'Human(휴먼)'이란 단어와 닮았다는 뜻의 'oid(오이드)'의 합성어이다.

사이보그 신체의 일부가 기계로 개조된 인조인간을 뜻한다. 인공두뇌학을 뜻하는 cybernetic(사이버네틱)과 생물을 뜻하는 organism(오거니즘)의 합성이다.

로봇의 3원칙 로봇을 만들 때 지켜야하는 원칙으로 아이작 아시모프가 자신의 소설 '아이로봇'에서 제안하였다.

* 원칙 1 : 로봇은 인간에게 해를 입혀서는 안되며, 위험에 처한 인간을 모른 척해서도 안 된다.
* 원칙 2 : 원칙 1에 위배되지 않는 한, 로봇은 인간의 명령에 복종해야 한다.
* 원칙 3 : 원칙 1,2에 위배되지 않는 한, 로봇은 자신을 지켜야 한다.

인공지능(AI) 인간의 지능이 갖는 학습 · 추론 · 지각능력 등을 컴퓨터 프로그램으로 실현한 기술이다.

① 강한 인공지능 : 지성, 이성, 감성 등 인간의 다양한 능력을 모두 갖추고 있다.

② 약한 인공지능 : 인간의 다양한 능력 중 특정 능력만 구현할 수 있지만 컴퓨터 기반의 인공지능으로 방대한 데이터와 정보를 빠르게 수행할 수 있다. 대표적인 예는 알파고이다.

AlphaGo

③ 초인공지능 : 강한 인공지능이 진화하여 인간의 두뇌를 월등히 능가하는 능력을 갖추고 있다.

로봇의 종류

① 산업용 로봇 : 용접로봇, 도장로봇 등 산업현장에서 사용되고 있는 로봇

② 지능형 로봇 : 아시모, 휴보 등 스스로 상황을 판단하는 로봇

③ 안드로이드 : AI로봇-소피아와 같이 인간의 모습을 닮은 로봇

* AI 로봇 소피아 : 홍콩에 본사를 둔 핸슨 로보틱스(Hanson Robotics)에서 개발한 로봇으로 유머 감각이 있고 감정을 표현할 수 있다. 이 로봇은 로봇 최초로 사우디아라비아로부터 시민권을 획득하였다.

▲ 휴보

▲ AI로봇 - 소피아

산업혁명

① 1차 산업혁명 : 18세기 영국에서 제임스 와트가 증기기관을 이용하여 면직물을 대량 생산하기 시작한 것이 산업혁명의 계기가 되었다.

② 2차 산업혁명 : 19세기 후반 백열등을 개발한 것부터 시작되어 전기의 시대가 도래하였다.

③ 3차 산업혁명 : 20세기 후반에 일어난 컴퓨터와 인터넷을 기반으로 한 지식정보화 혁명이다.

④ 4차 산업혁명 : 인공지능, 사물인터넷(IoT)과 같은 정보통신기술이 이끄는 차세대 산업혁명으로 생산의 저비용 및 고효율이 극대화되는 시대이다.

관련 사이트

한국로봇융합연구원 http://www.kiro.re.kr/

경북대학교 인공지능 연구실 http://aimm.knu.ac.kr/

관련 도서

책이름	출판사	저자	책소개
로봇 시대, 인간의 일 (인공지능 시대를 살아가야 할 아이들을 위한 안내서)	어크로스	구본권 / 2015	10가지의 미시적 질문들이 엮어낸 미래에 관한 생생한 지도는 새로운 기술 정보와 떠오르는 이슈에 대한 파편적 접근을 뛰어넘어 우리에게 거시적 안목과 실질적 교양을 제공한다.

4차 산업혁명, 미래를 바꿀 인공지능 로봇	정보문화사	이세철 / 2017	'인공지능 로봇'으로 변화될 미래를 설명하고 있다. 특히 기술적, 사회적 측면에서 나타날 변화를 다각도로 분석하여 실제 우리 생활과 신상(미래 직업군의 변화)에 미칠 인공지능의 영향력을 알리는 데 집중하고 있다. 또한, 사물인터넷, 인공지능과 결합된 여러 가지 상황, 그리고 미래에 실현될 것이라 예상되는 콘텐츠와 트렌드가 담겨져 있다. 미래를 예측하고 대비하는 데 도움이 되고자 100여 개의 관련 사례와 이미지를 제공한다.
LIVE 과학 첨단과학 11 : 인공지능 로봇	천재교육	최재훈 글 / 2018	인공지능과 머신 러닝이 탑재된 로봇이 우리 인간의 삶을 어떻게 바꿔 놓을지, 미리 체험해 볼 수 있다.

관련 영화 및 영상

영화이름	장르	감독	영화/영상 소개
바이센테니얼맨(2000)	SF, 드라마	크리스 콜럼버스	집안 일을 전반적으로 해결할 수 있는 첨단 가전제품인 가사로봇은 사소한 실수에 의해 이상한 질문, 행동을 하게 된다. 문제의 발단은 로봇을 만들던 엔지니어가 로봇의 복잡한 회로 위에 마요네즈 한 방울을 떨어뜨리면서 로봇의 신경계에 엄청난 사건이 발생하면서부터이다. 즉, 지능과 호기심을 지니게 된 로봇이 나타난 것이다. 시간이 흘러 인간의 감정을 이해하기 시작한 로봇은 자신과 같은 불량로봇을 찾아 긴 여행에 오르지만 모험 끝에 집에 돌아오고, 어린 소녀을 사랑하는 열병을 앓게 되어 인간이 되고 싶은 소망이 생긴다.
에이아이(A.I) (2001)	SF, 드라마, 판타지	스티븐 스필버그	로봇에서 감정을 주입시켜 인간을 사랑하게끔 프로그램밍된 최초의 로봇이야기 불치병에 걸려 치료약이 개발될 때까지 냉동된 상태의 아들을 대체할 인공지능 로봇
아이, 로봇(2004)	SF, 드라마, 모험, 액션	알렉스 프로야스	미래 2035년 인간은 지능을 갖춘 로봇에게 생활의 모든 편의를 제공받으며 살아간다. 인간에게 없어서는 안될 신뢰받는 동반자로 여겨진 로봇, 더 높은 지능과 많은 기능을 가진 로봇의 출시를 앞둔 어느 날, 이 로봇 창시자의 미스터리한 죽음 이후, 로봇에 대한 적대감을 갖고 있던 경찰은 숨은 음모를 파헤치는 와중에 로봇의 공격을 받게 된다.
채피(2015)	액션, 범죄, SF, 스릴러	닐 블롬캠프	범죄가 폭주하는 도시의 치안을 책임지는 최초의 로봇 경찰을 설계한 로봇 개발자는 고도의 인공지능을 탑재하여 스스로 생각하고 느낄 수 있는 로봇 '채피'를 탄생시킨다. 하지만 진화하는 로봇에 맞서 인간의 힘으로 로봇을 통제하고 싶은 무기 개발자에게는 제거 대상이다. 따라서 음모를 꾸며 '채피'를 인류를 위협하는 대상으로 몰게 되면서, 생존을 꿈꾸는 로봇 '채피'와 로봇을 통제하려는 '인간'의 대결을 보여준다.

[선정하기] 관련 도서와 영화 중 보고 싶거나 읽고 싶은 것을 선정해 보자.

[서술하기] 논제와 관련된 책을 읽거나, 영화를 감상하고 이후 느낀 점을 써 보자.

활동 TIPS

★ 혼자서 하고 있다면, 3일 내 마무리 한다.

★ 교사와 그룹 활동을 하고 있다면 과제를 내준다.

주제 깊이 알기!

01 인간의 지능이 갖는 학습 · 추론 · 지각능력 등을 컴퓨터 프로그램으로 실현한 기술을 무엇이라 하는가?

02 로봇이 갖고 있는 인공지능이 사람과 얼마나 비슷한지 비교, 측정하는 시험을 무엇이라 하는가?

03 로봇의 3원칙에 대한 설명 중 옳은 것은 ○표, 옳지 않은 것은 ×표 하시오.

(1) 로봇은 인간에게 해를 입혀서는 안 된다. ( )
(2) 로봇은 위험에 처한 인간을 모른 척해서는 안 된다. ( )
(3) 로봇은 인간의 명령에 복종해야 한다. ( )
(4) 로봇은 어떤 상황에서든 자신을 지켜야 한다. ( )

04 인공지능(AI)에 대한 설명 중 옳은 것은 ○표, 옳지 않은 것은 ×표 하시오.

(1) 인간이 갖는 지능을 컴퓨터 프로그램으로 실현한 기술이다. ( )
(2) 인간의 능력 중 특정 능력만을 구현할 수 있는 로봇은 인공지능이 아니다. ( )
(3) 알파고는 인간의 두뇌를 월등하게 능가하는 능력을 갖추었다. ( )

05 다음 중 인공지능 알파고는 다음의 어떤 종류에 속하는가?

① 약한 인공지능　② 강한 인공지능　③ 초인공지능

06 인공지능, 사물인터넷이 이끌고 있는 것은 다음 중 무엇인가?

① 1차 산업혁명　② 2차 산업혁명　③ 3차 산업혁명　③ 4차 산업혁명

(해설 및 예시답안 13쪽)

토론 개요서 작성하기

마인드맵을 통해 '인공지능 로봇'에 대한 자신의 생각 쓰기

마인드맵 작성 TIPS

★ 생각나는 대로 자유롭게 적는다. (다방면의 생각을 조합하여 적는다.)

사회적

개인적

문제점

인공지능 로봇

미래의 변화

기타

논제 '인공지능 로봇과 인간은 공존할 수 있는가?' 에 대한 찬성, 반대 입장 쓰기

찬성입장

논제에 대한 입장 쓰기 TIPS

★ 논제에 대해 찬성과 반대 입장을 모두 써 본다. 그 중 하나의 입장만 있다면 하나에만 자신의 입장을 자세하게 쓰도록 한다.

(해설 및 예시답안 14쪽)

반대입장

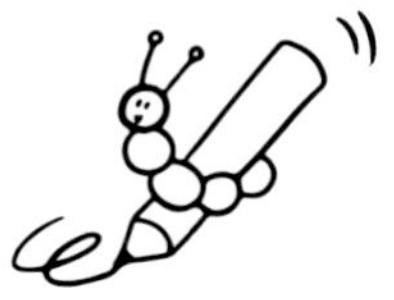

토론 개요서 직접 작성하기

토론 개요서

대회명	OOO 토론대회				
팀명		팀원 학번 성명	1. 2. 3.	대표 학생 (연락처)	
논제					
쟁점	• 쟁점 1 : • 쟁점 2 : • 쟁점 3 :				

쟁점		긍정측	부정측
쟁점1	주장		
	근거		
쟁점2	주장		
	근거		
쟁점3	주장		
	근거		

(해설 및 예시답안 15쪽)

발표 및 토론하기

발표하기

TIPS

★ 발표할 때 필요한 내용을 메모하거나 발표에 필요한 대본을 직접 작성해보자.

발표 TIPS

★ 문제를 분석하고 해결방안을 과학적 · 창의적으로 제시한다.
★ 발표 종료 30초 전 알람을 맞추어 제한 시간을 지키는 연습을 한다.
★ <연습> 발표하는 자신의 목소리를 녹음하거나 토론 모습을 영상으로 찍어 발표 태도 평가에 사용한다.

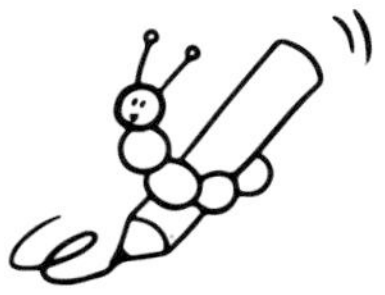

발표태도 TIPS

★ 발표를 할 때에는 몸을 심하게 움직이거나 돌아다니지 않는다.
★ 평가자에 시선을 두고 발표한다.
★ 발음을 정확하게 한다.
★ 목소리 톤은 약간 크게 유지한다.

질의·응답하기

TIPS

★ 발표자에게 할 질문 문항, 응답 문항을 직접 작성해 보자.

찬성측이 반대측에 질의	반대측이 찬성측에 질의

반대측이 찬성측에 응답	찬성측이 반대측에 응답

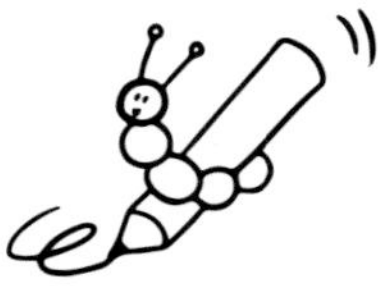

질의·응답 TIPS

★상대방 주장의 허점을 찾아 질의를 간략하고 효율적으로 한다.

★ 응답(답변) 시 질의의 요지를 파악하고 논리적으로 답변하여 자기 팀의 주장을 확실하게 한다.

★ 질문의 논점을 회피하는 모습을 보이거나 끼워 맞추는 답변을 하지 않도록 한다.

★ 발표 종료 30초 전 알람을 맞추어 제한 시간을 지키는 연습을 한다.

평가하기

토론 개요서 평가서

토론 개요서 평가 기준		평가 척도				
		매우 우수	우수	양호	보통	부족
		5점	4점	3점	2점	1점
1	주장이 명확한가?					
2	주장이 논리적인가? (타당성)					
3	주장을 과학적으로 접근하였는가?					
4	주장에 따른 적절한 근거를 제시하였는가?					
5	제시한 자료가 다양한가?					
6	제한된 분량을 잘 지켰는가? (적절성)					
총점		/ 30점				

* (총점) 25점 이상 : 1등급, 20점 이상 : 2등급, 15점 이상 : 3등급, 14점 이하 : 4등급

발표 및 태도(토론의 자세) 평가서

발표 및 태도(토론의 자세) 평가 기준		평가 척도				
		매우 우수	우수	양호	보통	부족
		5점	4점	3점	2점	1점
1	발표할 때 몸을 심하게 움직이거나 돌아다니지 않았는가?					
2	상대방의 인격을 존중하는 태도를 보이며, 예의 바르게 대했는가?					
3	평가자가 알아들을 수 있게 발음을 정확하게 하였는가?					
4	목소리 톤을 너무 크거나 너무 작지 않게 하였는가?					
5	토론 내용을 잘 나타내는 정확한 용어를 사용하였는가?					
6	발표 시간을 잘 지켰는가?					
총점		/ 30점				

* (총점) 25점 이상 : 1등급, 20점 이상 : 2등급, 15점 이상 : 3등급, 14점 이하 : 4등급

TIPS

★ 평가서는 실제로 발표를 하면서 작성해 보자.

★ 발표하는 자신의 목소리를 녹음하거나 토론 모습을 영상을 찍어 발표 태도를 평가해 보자.

주제3

자율주행자동차

OO일보 20xx년 xx월 xx일

스스로 움직이는 미래의 자동차.. 안전한가?

OO일보 20xx년 xx월 xx일

자율주행 자동차 경쟁, 관련법규도 재정비해야..

OO일보 20xx년 xx월 xx일

자율주행 자동차 사고 .. 누구의 책임인가?

자율주행자동차

운전자가 차량을 운전하지 않아도 스스로 움직이는 자동차를 말합니다. 1980년대에 방영된 '전격 Z 작전'이라는 미국 드라마에서는 주인공이 명령을 내리면 명령대로 행동하거나 알아서 필요한 움직임을 보이는 자동차 '키트(KITT)'가 등장합니다. 2002년에 개봉한 영화 '마이너리티 리포트'에는 주인공이 누명을 쓰고 추격자들을 피해 도망치는 장면에서 자동차가 주인공 대신 스스로 운전하는 모습이 등장하지요.

▲ 전격Z작전 '키트'

첨단 자동차 기술이 발전하면서 이제 자율주행자동차를 향한 꿈은 현실이 되어가고 있습니다. 그리고 자율주행자동차는 최근 자동차 시장의 큰 화두로 떠올랐습니다. 자율주행자동차 개발을 위하여 많은 단체들이 나서고 있습니다. 자동차 기업은 물론, IT 기업, 운송 기업, 컴퓨터 부품 제조 기업들도 자율주행 기술 개발에 뛰어들어 경쟁이 치열하다고 합니다.

자율주행자동차 사고, 누구의 책임일까?

2018년 3월 18일 한 40대 여성이 자전거를 끌고 도로를 건너고 있습니다. 운전자가 있는 자동차 한 대가 시속 65km로 달려오다가 속도를 줄이지 않고 여성을 들이받습니다. 그로부터 5일 뒤인 2018년 3월 23일, 캘리포니아에서 고속도로를 달리던 자동차가 중앙분리대를 들이받고 뒤따라오던 차량 두 대와 부딪치면서 폭발이 일어나 운전자가 숨졌습니다. 위의 차량사고 사례들은 자동차 분야의 선두주자인 미국의 우버(UBER)와 테슬라(TESLA) 차량의 자율주행 모드에서 발생한 사고 사례들입니다.

자율주행 사고 시 운전자와 제조사 간의 사고 책임을 판단하기 위해서는 '운전의 주체'를 판단하는 것이 가장 중요합니다. 따라서 운전자의 주체를 판단하기 위해 자율주행자동차가 어떠한 원리로 주행하는지 알아야 합니다. 자율주행자동차는 3단계의 과정을 거쳐 주행을 하는데, 인지-판단-제어 단계를 거칩니다.

▲ 우버 자율주행 자동차 개요

인지단계는 자율주행자동차가 주행 중 외부 환경의 정보를 받아들이는 단계로, 자율주행자동차에 장착된 첨단 센서가 차량, 사람, 동물 등 장애물을 인식하고 이를 인지하는 단계입니다. 인지단계에서 사용되는 센서는 인간의 눈 역할을 대신하는 레이더/라이다 센서와 카메라 센서, 인간의 귀 역할을 하는 초음파 센서 그리고 현재의 위치를 파악하는 GPS 등이 있습니다. 이러한 센서 등을 통해 자동차 내부의 중앙 컴퓨터(ECU)는 외부 환경에 대한 정보를 받아들이게 됩니다.

▲ 자율주행 자동차 무인 주행 레벨

판단단계에서는 인지단계에서 센서를 통해 얻은 데이터를 토대로 현재 자동차가 처해진 환경을 분석하고 앞으로 나아갈 목표지점에 적합한 주행 전략을 수립하게 됩니다.

제어단계에서는 외부 환경에 대한 데이터를 토대로 자동차의 주행 전략을 수립·판단했다면, 자동차의 속도와 방향을 직접 제어함으로써 자율주행이 이루어지게 됩니다.

현재 출시되고 있는 고급승용차에도 자율주행 기능이 탑재되어 있는데, 자동차의 속도를 일정하게 유지해주는 스마트크루즈컨트롤(SCC), 차선을 스스로 유지하면서 주행하는 차선유지보조시스템(LKAS), 전방의 장애물을 인지하고 스스로 제동을 하는 긴급제동장치(AEB) 등이 있습니다.

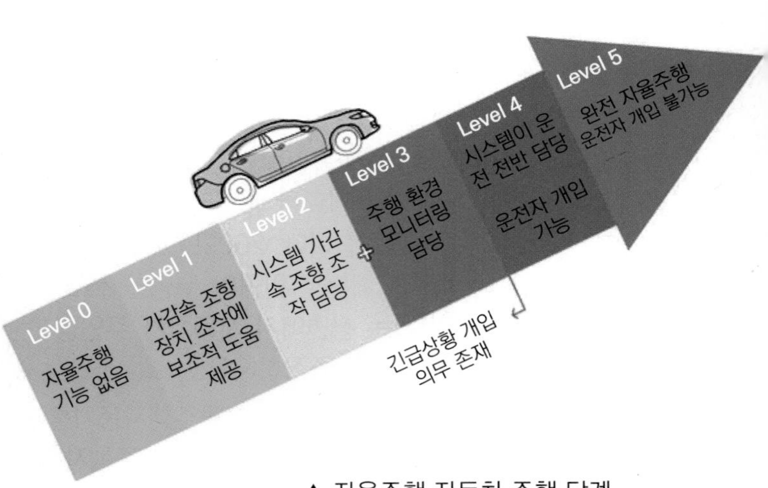

▲ 자율주행 자동차 주행 단계

데이터를 토대로 판단 및 제어를 하는 차량 내 컴퓨터 제어장치(ECU)는 인지단계를 통해 획득한 데이터에 전적으로 의존하여 작업을 수행하게 됩니다. 최근 발생한 자율주행 사고는 데이터를 획득하게 되는 부분인 '센서의 오작동'에 의한 사고가 대부분입니다.

▲ 우버 자율주행 자동차

우버의 자율주행 사고는 당시 차량에 탑재된 카메라 센서(LIDAR)가 충돌 6초 전 보행자를 인식했지만, 어두운 상의 차림의 보행자를 사물로 인식해 AEB를 작동하지 않았고 이 때문에 보행자와 충돌하는 사고가 발생했으며, 테슬라의 자율주행 사고는 차량이 중앙분리대를 인식하지 못하고 도리어 시속 114km/h 로 가속해 충격, 운전자가 사망에 이르렀습니다. 당시 햇빛에 따른 역광으로 인해 센서가 전방의 사물을 제대로 인식하지 못했고, 그대로 감속할 수 없었습니다. 우버와 테슬라의 사고같이 자율주행 중 사고가 발생하였을 경우 법적 기준으로 삼아야 할 핵심 쟁점은 누가 형사적, 민사적 책임을 질 것인가입니다. 이에 각국은 미 도로교통안전국(NHTSA)이 제시한 자율주행 주행 단계(레벨0~5)에 따라 법적 기준을 마련하고 있습니다.

[서술] 글을 읽고 느낀점을 쓰시오.

[논제 뽑아보기] '자율주행 자동차' 에 대한 토론 논제를 뽑아 보자.

Q1 **다음 5가지 논제 중 자율주행자동차에 대한 적절한 논제(토론 주제)를 골라보고, 그 이유를 설명하시오.**

1. 자율주행자동차의 사고는 완전히 방지될 수 있는가?
2. 자율주행자동차가 사고를 냈을 때 책임은 누구에게 있는가?
3. 자율주행자동차의 개발에 있어 최대의 난제는 무엇인가?
4. 자율주행자동차 산업은 고용창출이 될까? 고용감소가 될까?

Q2 **위 5가지 논제 중 자신이 생각한 논제가 있는가? 있다면, 그 논제를 고르고 그것을 설명해 보시오. 없다면, 자신이 생각한 논제를 쓰고, 그것을 설명해 보시오.**

논제:

논제로 선정한 이유 :

가 관련 용어 및 이론

라이다 (Lidar ; Light Detection and Ranging) 레이저 레이더(laser radar)와 같은 원리이다. 전파에 가까운 성질을 가진 레이저 광선을 사용하여 개발한 레이더라고 할 수 있다. 라이다는 대상 물체까지의 거리 뿐만 아니라 움직이는 속도와 방향, 온도, 주변의 대기 물질 분석 및 농도 측정 등에 쓰인다. 자외선, 가시광선, 근적외선 등을 사용하여 금속성이 아닌 바위나 구름, 빗방울, 에어로졸 등을 감지할 수 있어서 기상 관측에 이용되고, 지형을 정밀하게 그려내거나, 비행체의 착륙 유도나 자율 주행차의 주변 인식 장치로 사용되며, 또한 분자마다 잘 산란시키는 빛의 파장 영역이 다른 현상을 이용하여 공기 중에 섞여 있는 기체의 화학적 조성을 알아내는데 쓰이기도 한다.

▲ 라이더 장착 차량의 주변 탐지

초음파 센서 (Ultrasonic sensor) 초음파의 특성을 이용하거나 초음파를 발생시켜 거리나 두께, 움직임 등을 검출하는 센서. 초음파 용접기, 세척기, 가공 등에 이용되는 고음압용과 비파괴 검사, 침입 검사, 물성 측정, 의료 진단, 신호 처리 등에 활용되는 저음압용이 있다. 로봇이나 U-센서에서 물체를 지각하고, 거리를 측정하는데 이용되는 초음파 센서는 음의 발생과 검출을 겸하는 것이 사용된다.

초음파 사람의 귀가 들을 수 있는 음파의 주파수는 일반적으로 16Hz~20kHz의 범위이다. 주파수가 20kHz를 넘는 음파를 초음파라고 한다. 박쥐가 어두운 굴 속에서 길을 찾을 때, 돌고래가 신호할 때, 나방이 신호할 때 발생시킨다. 생활 속의 이용 예로는 초음파 세척이 있는데, 물 속에서 초음파를 발생시키면 음파의 진동에 의해 수많은 거품이 발생한다. 이때 거품이 진공청소기 같은 역할을 해서 물체 표면에 붙어 있는 이물질을 떼어낸다. 또한 음파가 1초에 수만 번 물을 진동시키기 때문에 마치 빨랫방망이로 두드려서 세탁하는 효과를 나타내기도 한다.
또 모기 같은 해충의 퇴치에 이용한다. 사람의 피를 빠는 모기의 암컷은 여름철 알을 낳을 때가 되면 수컷 모기를 피한다. 그러므로 수컷 모기가 내는 초음파를 방안에서 발생시키면 암컷 모기가 접근하지 않는다. 임신했을 때 태아의 형상을 보기 위해서도 초음파를 사용한다. 초음파를 복부에 발생시키고 태아로부터 반사되어 온 음파를 분석하여 아기의 모습을 영상으로 보여준다. 또한 건축물의 안정성이나 수명 등을 조사할 때 초음파를 이용한 비파괴검사를 한다.

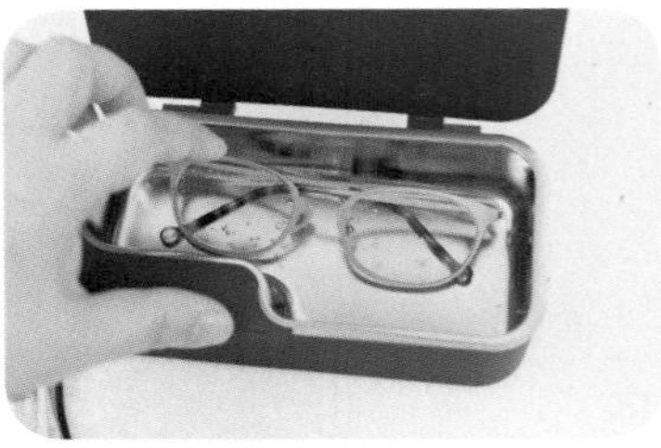

▲ 초음파 안경세척기

▲ 초음파 모기퇴치기

▲ 돌고래의 초음파 신호

▲ 나방의 초음파

GPS (Global Positioning System) GPS 위성에서 보내는 신호를 수신해 사용자의 현재 위치를 계산하는 위성항법시스템이다. 항공기, 선박, 자동차 등의 내비게이션 장치에 주로 쓰이고 있으며, 최근에는 스마트폰, 태블릿 PC등에 활용되고 있다.
GPS의 원리 : 위치를 알려면 4개의 GPS 위성이 필요

GPS는 GPS 위성과 GPS 수신기의 거리를 계산해 좌표값을 구한다. 2차원 세상에서는 3 개의 기준점과 각각의 거리값을 알아야 한다. 각 기준점을 원의 중심으로 잡고, 거리값을 반지름으로 했을 때 세 원이 만나는 지점이 해당 위치가 되기 때문이다. 마찬가지로 3차원에서는 4개의 구(球)가 겹치는 부분에서 위치를 찾을 수 있다. 그러나 지구 표면 자체가 1개의 구 역할을 하기 때문에, 3개의 GPS 위성이면 원리적으로는 위치를 결정할 수 있다.

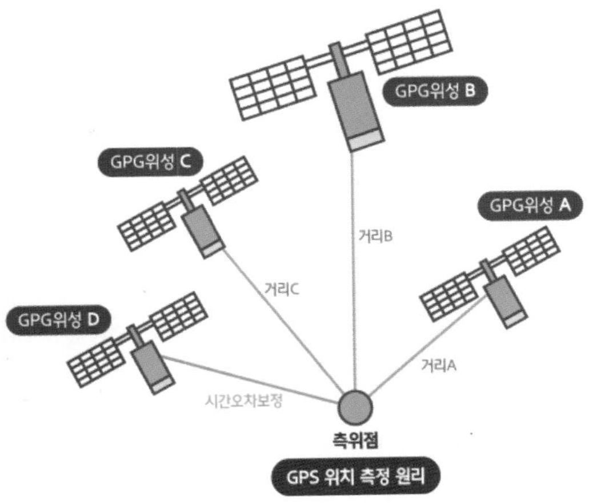

▲ GPS 원리

하지만 이것만으로는 실제로는 거리를 정확하게 계산할 수 없다. GPS 위성과 GPS 수신기의 거리는 위성에서 보내는 전파의 도달 시간을 바탕으로 계산하게 되는데, 상대성 원리에서처럼 위성에 장착된 시계와 수신기에 장착된 시계가 일치하지 않아 오차가 발생하기 때문이다. 따라서 4개 이상의 GPS 위성에서 전파를 수신해야 정확한 위치를 파악할 수 있게 된다. 최근 나오고 있는 GPS 수신기는 20개의 위성으로부터 신호를 받을 수 있어 정확하게 위치를 계산한다.

일시적으로 GPS 신호를 받을 수 없는 터널과 같은 곳에서는 어떻게 위치값을 구할 수 있을까? 이럴 때는 추측항법장치(dead reckoning)를 이용한다. 이는 GPS 신호가 끊기기 전의 위치값과 수신기의 방향, 속도 등을 연관시켜 현재 수신기의 위치를 추산하는 방식이다.

ECU (Electronic Control Unit) 자동차의 엔진, 자동변속기, ABS 따위의 상태를 컴퓨터로 제어하는 중앙 전자제어 장치이다.

스마트 크루즈 컨트롤 (SCC ; Smart Cruise Control) 시각장애인 발명가 랄프 티토(1890~1982)에 의해 발명된 속도 유지 시스템이다. 일반적 크루즈컨트롤 기능인 일정한 속도를 유지시켜 주고 거리감지센서(전방레이더)를 통해 전방 차량을 감지해 가속 페달 또는 브레이크의 조작 없이 자동으로 속도를 조절하여 차간 거리 설정에 맞춰 같은 차로에 있는 전방 차량과 일정한 거리를 유지시켜 주는 편의 장치이다. 일반 크루즈 컨트롤과는 달리 자동 감속되어 크루즈 시스템이 해제되지 않기 때문에 재설정이 필요없으며, 차간 거리가 멀어지면 자동으로 설정 속도까지 가속된다.

LKAS (Lane Keeping Assist System) 카메라로 차선을 인식하여 자동차가 차선을 넘으려 하는 경우 스스로 운전대를 조작하거나 반대쪽 바퀴에 제동을 걸어 차를 차선에 밀어 넣는 차선이탈방지 시스템이다.

AEB (Autonomous Emergency Braking) 자동차의 전방 추돌이 예상될 경우 카메라 또는 레이더가 차량이나, 보행자를 인식하여 전방추돌 상황에서 능동적으로 브레이크를 작동해 피해를 최소화시키는 안전 시스템이다.

자율주행 자동차의 선택 1

로타리의 복잡계 : 나의 행동→다른 사람의 행동→나의 행동…

자율주행 차량이 교차로나 로터리처럼 자동차가 나아갈 경로를 찾으면서 동시에 다른 운전자들까지도 신경 써야 하는 복잡한 상황에 직면했을 때 유용하게 활용되는 알고리즘이 개발되고 있다.

최근 미국전기전자학회가 주최한 지능적인 로봇과 시스템에 관한 국제학회에서 팀이 발표한 논문의 공동저자인 안드레이 발부는 이렇게 이야기합니다. "로터리 같은 상황이 어렵습니다. 왜냐면 다른 사람이 당신의 행동에 어떻게 반응할지 생각해야 하고, 또 그들의 행동에 당신이 어떻

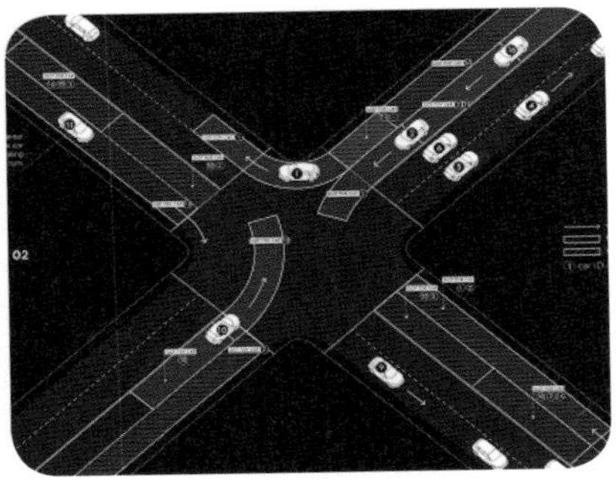
▲ 자율주행 자동차의 선택

게 반응해서 다음으로 나아갈지 등등을 생각해야 하기 때문이죠. 나중에 사고로 이어지게 되면 당신은 결국 당신의 첫 행동이 틀렸다는 것을 알게 될 거예요. 이 문제는 당신이 더 많은 자동차들을 염두에 둘수록 기하급수적으로 어려워지죠."

자율주행 자동차의 선택 2 아래 그림의 세가지 상황에서 자율주행 자동차는 어떤 선택을 할 것인가? a상황은 10명의 사람을 피해 바깥의 한 사람과 충돌하는 상황, b 상황은 보행자를 피해 벽에 부딪쳐 탑승자가 사망하는 상황, c상황은 10명의 보행자를 피해 벽에 부딪쳐 탑승자가 사망하는 상황이다.

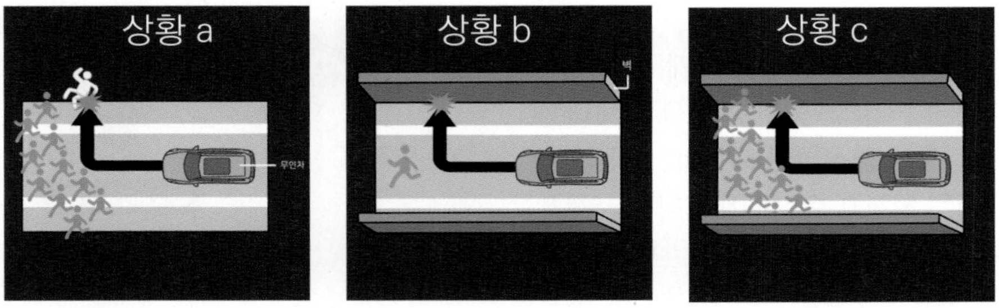

관련 사이트

현대모비스 http://www.mobis.co.kr/

사이언스타임스 https://www.sciencetimes.co.kr/

관련 도서

책이름	출판사	저자	책소개
자율주행 자동차 (초등)	성안당	명로진 저 이우일 그림	차를 타기만 하면 목적지까지 갈 수 있는 세상을 한번 상상해 보세요. 여러분이 어른이 될 때면 아마도 운전면허 시험은 없어질지도 몰라요. 그 대신 '자율주행 자동차 타고 내리는 법'을 배우게 되겠지요. 과학 기술의 발달로 자동차도 인공지능으로 움직이는 시대가 되었기 때문입니다.
자율주행 자동차(만화) (초중등)	와이즈만 BOOKS	글 권용찬 그림 이영호	영화에 등장하는 자동차 '알파'를 찾아 제5 지구에서 날아온 대글과 루루. 주인공 데이비드와 함께 진짜 자율 주행 자동차, '뉴 알파'를 만들기로 결심한다.
자율주행 자동차 (양장) -브리태니커 만화 백과64 (초등)	미래앤 아이세움	봄봄스토리	최근 로운에게는 고민이 하나 생겼습니다. 할아버지와 함께 자주 드라이빙을 다녔는데 노안이 온 할아버지가 더 이상 운전을 할 수 없게 된 것입니다. 할아버지가 마음 편히 운전할 수 있는 자율주행 자동차에 많은 관심을 가지고 있었던 터였고, 이를 알게 된 슬기는 로운을 돕고자 자신의 외삼촌인 차 박사를 졸라 로운과 함께 자동차 연구소에 들어가게 됩니다. 어린이 연구원이 된 슬기와 로운에게 앞으로 무슨 일이 생길까요?
자율주행 자동차(만화) (초등)	대원 씨아이	유대영 글 최우빈 그림	멋쟁이 리더 도티와 귀여운 말괄량이 잠뜰과 함께 자율주행 자동차를 타고 떠나는 즐겁고 신나는 이야기가 펼쳐집니다.

관련 영화 및 영상

영화이름	장르	감독	영화/영상 소개
토탈 리콜(2012)	액션, SF	렌 와이즈먼	평범한 일상을 보내던 '더글라스 퀘이드(콜린 파렐)'는 매일 아침 의미를 알 수 없는 악몽에서 깨어나며 괴로워한다. 그러던 어느날, 완벽한 기억을 심어서 고객이 원하는 환상을 현실로 바꿔준다는 "리콜사"를 방문해 자신의 꿈을 체험해 보기로 한다.
전격 Z작전	드라마(미국)	NBC	벌써 30년 전에 나왔던 미드이며, 키트는 그당시 상상 속에서만 존재했던 자율주행차의 실물판이라고 할 수 있다. 구글에서 울고 갈만한 키트의 포스!! 화려한 디지털 계기판과 군더더기없는 자율주행! 손목시계로 호출할 수 있는 기능의 자동차 키트는 뭇 남성들에게 선망의 대상이 되기도 하였다.
http://www.autogear.co.kr/xe/board_COCP60/178440	동영상		아우디가 공개한 미래 자율주행 자동차 관련 컨셉 영상이다. 도로 위의 표지판, 위험을 확인하고 주행하는 모습이 담겨 있다.

[선정하기] 관련 도서와 영화 중 보고 싶거나 읽고 싶은 것을 선정해 보자.

[서술하기] 논제와 관련된 책을 읽거나, 영화를 감상하고 이후 느낀 점을 써 보자.

활동 TIPS

★ 혼자서 하고 있다면 3일 내 마무리 한다.

★ 교사와 그룹 활동을 하고 있다면 과제를 내준다.

(해설 및 예시답안 18쪽)

주제 깊이 알기!

01 자율주행 자동차의 핵심 장치 중 가장 중요한 것은 무엇이라고 생각드는가? 장치명을 쓰고 이유를 설명해 보시오.

02 다음 중 자율 주행 자동차의 핵심 장치가 아닌 것은 무엇인가?

① AEB ② LIDAR ③ ABS ④ SCC ⑤ LKAS

03 GPS (Global Positioning System) 에서 정확한 위치 계산을 위해서 필요한 위성의 수는 몇 개인지 쓰고, 이에 대해 설명하시오.

04 다음 중 초음파의 생활 속의 이용 예가 아닌 것은?

① 안경을 세척한다. ② 바다의 깊이를 알아낸다. ③ 태아의 모습을 영상화시킨다.
④ 모기를 퇴치한다. ⑤ 소음을 제거한다.

05 다음의 a, b 두 가지 상황에서 충돌을 피할 수 없을 때 자율주행 자동차가 어떤 선택을 하도록 알고리즘을 짤 것인지 각각 쓰고 설명하시오.

a 상황 : 무단횡단을 하는 10명의 사람을 피하면 바깥의 한 사람과 충돌하는 상황.
b 상황 : 무단횡단하는 보행자를 피하면 도로 옆 벽에 부딪쳐 탑승자가 사망하는 상황.

(해설 및 예시답안 19쪽)

토론 개요서 작성하기

마인드맵을 통해 '자율주행자동차'에 대한 자신의 생각 쓰기

마인드맵 작성 TIPS

★ 생각나는 대로 자유롭게 적는다. (다방면의 생각을 조합하여 적는다.)

사회적

개인적

자율주행 자동차

윤리적

경제적

기타

논제 '자율주행자동차 사고는 완전히 방지될 수 있는가' 에 대한 찬성, 반대 입장 쓰기

찬성입장

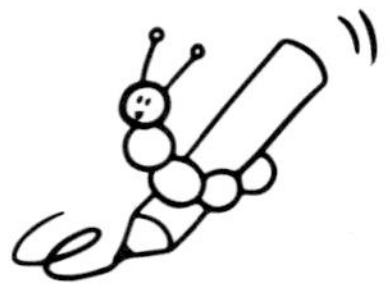

논제에 대한 입장 쓰기 TIPS

★ 논제에 대해 찬성과 반대 입장을 모두 써 본다. 그 중 하나의 압장만 있다면 하나에만 자신의 입장을 자세하게 쓰도록 한다.

반대입장

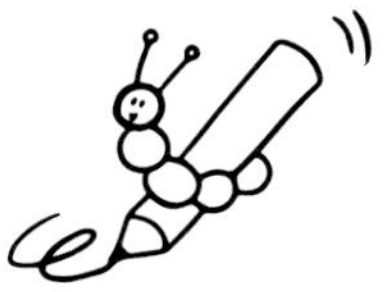

토론 개요서 직접 작성하기

토론 개요서

대회명	○○○ 토론대회				
팀명		팀원 학번 성명	1. 2. 3.	대표 학생 (연락처)	
논제					
쟁점	• 쟁점 1 : • 쟁점 2 : • 쟁점 3 :				

쟁점		긍정측	부정측
쟁점1	주장		
	근거		
쟁점2	주장		
	근거		
쟁점3	주장		
	근거		

(해설 및 예시답안 21쪽)

발표 및 토론하기

발표하기

TIPS

★ 발표할 때 필요한 내용을 메모하거나 발표에 필요한 대본을 직접 작성해 보자.

발표 TIPS

★ 문제를 분석하고 해결 방안을 과학적 · 창의적으로 제시한다.

★ 발표 종료 30초 전 알람을 맞추어 제한 시간을 지키는 연습을 한다.

★ <연습> 발표하는 자신의 목소리를 녹음하거나 토론 모습을 영상으로 찍어 발표 태도 평가에 사용한다.

발표태도 TIPS

★ 발표를 할 때에는 몸을 심하게 움직이거나 돌아다니지 않는다.

★ 평가자에 시선을 두고 발표한다.

★ 발음을 정확하게 한다.

★ 목소리 톤은 약간 크게 유지한다.

질의·응답하기

TIPS

★ 질문 문항, 응답 문항을 직접 작성해 보면 질문과 응답에 많은 도움이 된다.

찬성측이 반대측에 질의	반대측이 찬성측에 질의

반대측이 찬성측에 응답	찬성측이 반대측에 응답

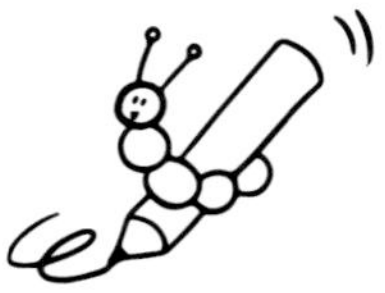

질의·응답 TIPS

★상대방 주장의 허점을 찾아 질의를 간략하고 효율적으로 한다.

★ 응답(답변) 시 질의의 요지를 파악하고 논리적으로 답변하여 자기 팀의 주장을 확실하게 한다.

★ 질문의 논점을 회피하는 모습을 보이거나 끼워맞추는 답변을 하지 않도록 한다.

★ 발표 종료 30초 전 알람을 맞추어 제한 시간을 지키는 연습을 한다.

평가하기

토론 개요서 평가서

토론 개요서 평가 기준		평가 척도				
		매우 우수	우수	양호	보통	부족
		5점	4점	3점	2점	1점
1	주장이 명확한가?					
2	주장이 논리적인가? (타당성)					
3	주장을 과학적으로 접근하였는가?					
4	주장에 따른 적절한 근거를 제시하였는가?					
5	제시한 자료가 다양한가?					
6	제한된 분량을 잘 지켰는가? (적절성)					
총점		/ 30점				

* (총점) 25점 이상 : 1등급, 20점 이상 : 2등급, 15점 이상 : 3등급, 14점 이하 : 4등급

발표 및 태도(토론의 자세) 평가서

발표 및 태도(토론의 자세) 평가 기준		평가 척도				
		매우 우수	우수	양호	보통	부족
		5점	4점	3점	2점	1점
1	발표할 때 몸을 심하게 움직이거나 돌아다니지 않았는가?					
2	상대방의 인격을 존중하는 태도를 보이며, 예의 바르게 대했는가?					
3	평가자가 알아들을 수 있게 발음을 정확하게 하였는가?					
4	목소리 톤을 너무 크거나 너무 작지 않게 하였는가?					
5	토론 내용을 잘 나타내는 정확한 용어를 사용하였는가?					
6	발표 시간을 잘 지켰는가?					
총점		/ 30점				

* (총점) 25점 이상 : 1등급, 20점 이상 : 2등급, 15점 이상 : 3등급, 14점 이하 : 4등급

TIPS

★ 평가서는 실제로 발표를 하면서 작성해 보자.

★ 발표하는 자신의 목소리를 녹음하거나 토론 모습을 영상을 찍어 발표 태도를 평가해 보자.

PART III
과학 탐구 산출물 대회

탐구 보고서 대회는
어떻게 준비할까?

단원 살짝 엿보기

※ 실전 대회 출품/입상된 보고서로 예시답안을 작성했습니다.

01 대회 준비 Tip

자유탐구의 단계

탐구주제 찾기

· 세부 주제를 정하기 위해 큰 주제를 먼저 정하기

탐구방법 선택 하기

· 탐구 주제를 해결하는 데 적합한 방법과 순서 정하기
· 자료 수집 하기
· 검토 및 보완하기

탐구계획 세우기

· 무엇을, 어떻게 측정(조사, 실험) 할지 정하기
· 검토 및 보완하기

탐구 하기

· 탐구 실행 하기
· 자료 기록 하기
· 자료 변환 및 자료 해석하기

결론도출 하기

· 탐구결과 정리하기
· 탐구결과로부터 과학적 결론 이끌어내기

탐구보고서 작성하기

· 탐구보고서 개요 및 탐구보고서 작성하기

탐구결과 발표하기

· 탐구 내용을 알기 쉽고 흥미롭게 정리하기
· 탐구결과를 논리적으로 정리하기

탐구 주제 찾기

좋은 주제는 무엇인가요?

01 일상생활에서 흔히 접하는 문제를 해결할 수 있는 주제

02 평소에 관심 있었던 주제

03 새로운 연구로 이어갈 수 있는 주제

04 새롭고 독창적인 주제

05 융합적인 주제

06 너무 범위가 넓은 주제보다 좁지만 깊이 있는 주제

07 자신이 조사하거나 탐구할 수 있는 주제

08 제한된 시간과 여건 속에서 탐구를 통해 결과를 도출할 수 있는 주제

주제는 어떻게 찾는 것이 좋을까요?

01 일상생활에서 접하는 문제 중 평소 궁금한 점이 있었는가 생각해 본다.

02 과학 원리를 이용한 전통 문화에서 찾아본다.

03 환경을 보존하는 방법이나 에너지를 절약하는 방법, 노하우를 찾아본다.

04 주변의 자연 현상을 눈여겨 보고 평소와 다른 점을 찾아본다.

05 다른 사람의 연구물을 검색해 보고, 탐구 방법을 다르게 생각해 본다.

06 과학 시간에 배운 내용 중 더 알고 싶은 점이 무엇인지 생각해 본다.

07 신문, 과학 잡지, 인터넷 기사 등의 과학 정보 속에서 찾아본다.

전국 과학전람회 학생부 우수 작품 주제 알아보기(탐구 주제의 예)

* 국립중앙과학관 – 특별전시·행사 안내 – 전국 과학전람회 – 전람회 통합 검색을 통해 이전 작품을 확인할 수 있다.

1 대통령상 수상작

연도	분야	주제	학년
2018	환경	지의류 정착에 최적화 된 친환경적 구조물 제작을 통한 사막화 지역의 녹지화에 대한 탐구	고등
2017	동물	모기로 우화 도중 빠져나오지 못하는 장구벌레의 비밀은 무엇일까?	초등
2016	화학	정밀한 리드버그 상수를 구할 수 있는 고성능 간이 분광기 제작	고등
2015	물리	자전거 림을 활용한 한국 종의 맥놀이 연구	고등
2014	환경	산악 배수로에 빠진 양서류를 구출하라!	초등
2013	지구과학	스마트폰과 연동되는 실시간 기상 관측 시스템의 구현 및 활용 방안에 대한 연구	고등
2012	지구과학	백제의 미소는 어떤 비밀을 가지고 있을까?	초등
2011	물리	P factor 토크의 크기와 이로 인한 항공기 조작에 관한 연구	고등
2010	동물	동물의 울음 소리에서 주사용진동수(MUF)를 활용한 종의 분류 가능성에 대한 연구	고등

2 국무총리상 수상작

연도	분야	주제	학년
2018	농림수산	할머니는 왜 개감수 뿌리를 씹은 후에 양치를 하셨을까?	초등
2017	화학	형광 트레이서를 이용한 루미놀 반응 증진에 대한 연구	고등
2016	환경	밀웜, 지구를 부탁해	초등
2015	화학	헤론의 분수를 응용한 화학 전지에 대한 탐구	고등
2014	물리	SCS(Slope Contril System) 장치 제작을 통한 파동 변화에 대한 탐구	고등
2013	물리	회암사지 서승당의 특이한 구들 구조에 담긴 조상들의 효과적 열 이용 지혜에 관한 탐구	초등
2012	화학	전통 채색화의 보존성을 높이기 위한 방법 속에는 조상들의 어떤 과학적 지혜가 담겨있을까?	초등
2011	산업	균형있게 오래 비행하는 왕관 모양의 비행체 연구	
2010	식물	모감주나무의 씨앗은 왜 배를 타고 있을까?	초등

3 최우수상 수상작

연도	분야	주제	학년
2018	화학	추사 김정희가 반한 탁본의 비밀은 무엇일까?	초등
	동물	큰구슬우렁이의 생태적 특성과 번식 특이성에 대한 탐구	중등
	식물	머위 잎 내생균의 접종을 통한 식중독 저항성 상추 개발 가능성 탐색	고등
	지구과학	생육신이 보낸 함지박은 어떻게 단종에게 전달되었을까?	초등
	물리	트레일러 차량의 Swaying 현상에 대한 탐구	고등
	산업 및 에너지	근적외선 분광학을 이용한 근육 측정 장치 개발	고등
2017	지구과학	포항 지역의 신생대 마이오세 두호층에서 산출된 열매화석 탐구	고등
	농림수산	실리카겔(제습제)이 식물 생장에 미치는 영향에 대한 탐구	초등
	환경	지렁이는 어떤 환경에서 안전하게 서식할까?	초등
	산업 및 에너지	3차원 진동 에너지 하베스터에 대한 연구 -전자기형 3차원 진동 발전기 제작-	고등
	식물	국화쥐손이 씨앗은 왜 나사못처럼 꼬였을까?	초등
	물리	단일 스마트폰을 이용한 생활 속 3차원 운동 고속 촬영/추출 및 분석 시스템 개발	고등
2016	산업 및 에너지	TiO_2 광촉매를 이용한 화장품에서의 자외선 차단 제품의 효과 검증에 관한 탐구	고등
	동물	흑해삼과 홍해삼은 무엇 때문에 색깔이 다를까?	초등
	물리	MRI(Measure Rotation Inertia) 장치 제작을 통한 회전 관성 모멘트 분석	고등
	농림수산	표면적을 최소화하는 Minimal Surface를 이용한 비닐하우스	고등
	지구과학	widening 모듈을 이용한 저가형 광섬유 분광기의 개발	고등
	식물	목화씨는 왜 번식에 불편하게 솜을 만들어 냈을까?	초등
2015	식물	무와 당근이 땅속에 묻혀있는 방향 차이는 두 뿌리채소를 땅 밖으로 뽑을 때 필요한 힘에 어떤 영향을 미칠까	초등
	지구과학	진흙은 마르면 돌처럼 단단하지만 모래는 왜 쉽게 부서질까?	초등
	산업 및 에너지	나무 구조의 안정성을 통한 내진설계 모델 연구	고등
	동물	물방개의 자유로운 유영 속에 숨겨진 뒷다리의 비밀은 무엇일까?	초등
	농림수산	예쁜이 줄무늬 꼬마새우(Lysmata amboinensis)는 양식 물고기의 병을 치료할 수 있을까?	초등
	환경	지우개! 그 위험성과 대안 탐구	초등
2014	동물	굴 속에서 함께 사는 갯가딱총새우와 미끈 망둑은 어떤 관계일까?	초등
	식물	자극에 반응하는 엉겅퀴꽃! 그 속에 숨겨진 비밀은?	초등
	농림수산	분리 배양법을 통한 물벼룩의 배양 효율 개선	고등
	화학	양이온의 종류에 따른 산화 그래핀의 흡착 효율 비교 탐구	고등
	산업 및 에너지	온도 차를 최소화 할 수 있는 에어캡의 형태 탐구 및 우리들만의 1·7·1·4 에어캡 제작	초등
	지구과학	신법지평일구의 일부 시각선은 계절선의 끝 교차점과 왜 일치하지 않을까?	중등

2013	환경	세대별(2G, 3G, 4G) 핸드폰의 전자파 발생과 생물체에 미치는 영향에 대한 탐구	고등
	동물	가슴지느러미가 큰 앞동갈베도라치는 왜 뱀고둥 안에 산란할까?	고등
	산업 및 에너지	굴곡 면에 비춰지는 영상의 평면화 처리에 대한 연구	고등
	식물	우엉과 민들레가 제브라피시의 인지 기능 및 학습에 미치는 영향	고등
	농림수산	메주와 귀뚜라미의 만남, 그 후…!	중등
	화학	할머니가 해주신 고등어 조림의 비밀 레시피	초등
2012	산업 및 에너지	프랙탈 이론을 적용한 Heat Map 기반의 새로운 축구 경기 분석	고등
	동물	황해비단고둥은 왜 UFO 모양일까?	초등
	농림수산	수컷이 새끼를 낳는 해마는 왜 말처럼 생겼을까?	초등
	물리	불국사 범영루 모래시계 모양 돌기둥에 숨겨진 과학적 원리 지도	초등
	환경	할머니는 왜 보리뱅이로 그릇을 닦으셨을까?	초등
	식물	물상추는 어떻게 물 위에 안정적으로 떠 있을까?	초등
2011	지구과학	곤파스 태풍에 부러진 소나무는 왜 비틀려 있을까?	초등
	동물	쥐의 기피 행동을 유발한 타악기의 소리 특성에 관한 연구	중등
	식물	사철쑥에 기생하는 초종용의 형태적 특징 및 기생환경 요인에 관한 연구	중등
	농림수산	음펨바 효과를 줄여 시설재배농가의 냉해를 줄이는 방안 연구	중등
2010	지구과학	흐린 날 왜 전투기 소리가 더 크게 들릴까에 대한 탐구	중등
	물리	조상들은 토성을 쌓을 때 왜 점질토와 사질토를 번갈아서 쌓았을까?	초등
	화학	연근 추출물이 상처에 미치는 영향에 대한 탐구	고등
	농림수산	볏짚을 이용 청국장을 메주로 띄워 만든 전통 발효 식품 연구	고등
	산업	가죽나무 씨앗의 운동을 응용한 자동 회전 물체	고등
	환경	환경 오염을 막을 수 있는 판화 제작 방법은 없을까?	초등

[탐구 주제 선정 후 확인하기!]

★ 탐구 주제가 충분히 흥미로운 주제인가?

★ 내가 해결할 수 있는 주제인가?

★ 탐구 주제 선정의 이유가 구체적인가?

★ 탐구 주제에 탐구 목표가 분명히 나타나 있는가?

탐구 계획 세우기 및 탐구 하기

탐구 주제를 정했다면 이를 해결하기 위하여 자신이 예상한 답으로 가설을 세운 후, 이 가설을 확인할 수 있는 실험을 하거나 자료를 수집하면서 가설을 검증하고 가설에 대한 결론을 이끌어내야 한다.

탐구 계획 세우기

01 실험 중심 탐구 방법

문제 인식, 가설 검증, 변인 통제, 자료 수집 및 해석을 통해 결론을 도출하여 과학 지식을 형성하거나 검증하는 탐구이다.

실험 중심의 탐구라면 여러 번 실험을 하여 결과 값을 평균 내, 누구나 실험 결과를 신뢰할 수 있도록 계획하고, 실험 과정과 결과를 함께 제시한다.

주제 예

- 빛의 색에 따라 식물의 성장은 어떻게 달라질까?
- 어떤 조건 속의 얼음이 가장 느리게 녹을까?
- 종이의 종류에 따라 물의 흡수 시간 차이는 어떠할까?
- 꽃병의 꽃을 오래 살게 할 수 있는 방법에는 무엇이 있을까?

TIPS

★ 실험 과정과 실험 결과를 사진과 함께 자세히 기록하는 것이 좋다.

★ 문제 인식 → 가설 설정 → 실험 설계 → 실험 수행 → 결론 도출

(예) 문제 인식 – 빛의 색에 따라 식물의 성장은 어떻게 달라질까?
가설 설정 – 식물은 초록색이므로 초록색 빛에서는 잘 자라지 않을 것이다.
실험 설계

독립 변인	통제 변인	식물의 종류, 식물의 크기, 주변 온도, 물 주는 횟수, 물의 양 등
	조작 변인	빛의 색
종속 변인		식물의 생장 속도 차이 및 식물의 변화

실험 수행 – 식물을 키울 수 있는 일정한 방을 꾸민 후, 조작 변인을 변화시켜 종속 변인을 확인한다.

02 만들기 중심 탐구 방법

과학적 원리나 개념을 설명, 확인할 수 있는 실험 장치를 제작하거나, 과학 지식이 응용된 실생활 용품이나 장난감을 만들어보는 탐구이다.

만들기 재료와 만드는 과정을 사진이나 그림과 함께 자세히 기록한다.

주제 예

- 일정한 시간이 되었을 때 강아지에게 밥을 줄 수 있는 장치를 만들 수 있을까?
- 따뜻함과 차가움이 오래 가는 보온병을 만들려면 어떻게 해야 할까?
- 물로켓을 만들어 가장 멀리 날릴 수 있게 하려면 어떻게 해야 할까?
- 오랫동안 쓰러지지 않는 팽이를 만들려면 어떻게 해야 할까?

03 기르기(사육·재배·관찰) 중심 탐구 방법

식물이나 동물을 직접 기르면서 관찰 또는 실험하는 방법으로 탐구 문제를 해결하는 탐구이다. 동·식물의 경우 사진이나 비디오를 사용해 변화 과정을 기록하고, 관찰 일지를 작성한다.

주제 예

- LED 등과 형광등, 백열등 중 상추가 더 잘 자랄 수 있는 등은 무엇일까?
- 달팽이의 무늬는 먹이에 따라 달라질까?
- 개미는 눈으로 길을 찾을까, 더듬이로 길을 찾을까?
- 음악의 종류에 따라 식물의 생장 속도에 차이가 생길까?

04 탐사/탐방(현장조사) 중심 탐구 방법

탐구 대상을 자연 속에서 찾거나, 과학 전문가 및 과학이 이루어지는 현장을 찾아가 탐구를 위한 자료를 수집하는 방법이다.

현장 조사를 할 때는 시간과 장소를 미리 알아보고, 현장에서 활동할 목록을 작성해두면 체계적인 탐구 활동을 할 수 있다.

주제 예

- 우리 동네 하천에는 어떤 종류의 수중 생물이 살고 있을까?
- 동해 바닷가와 서해 바닷가의 모래의 종류는 다를까?
- 한강의 상류와 하류의 강 바닥의 모양은 어떻게 다를까?
- 아파트 층이 높아질수록 지상의 소음 정도는 어떻게 다를까?

05 조사 중심 탐구 방법

문헌이나 인터넷 자료를 조사하거나 설문 조사를 하여 탐구에 활용하는 방법이다. 이때 질문지는 구체적이고 간단히 답할 수 있도록 작성한다.

주제 예

- 우리 집에서 사용하고 있는 용품(세제, 약품, 접착제 등)에는 어떤 사용상 주의할 점이 있을까?
- 공룡은 무엇을 먹고 살았을까? / 왜 공룡이 지구에서 사라졌을까?
- 우리 조상들은 어떤 재료를 이용해 염색을 했을까?
- 오존층 파괴의 실태와 그 인식도 조사

[탐구 계획할 때 확인하기!]

★ 우리가 할 수 있는 실험인가?

★ 이미 연구가 진행된 주제는 아닌가?

★ 탐구 재료가 지나치게 비싸서 비용이 많이 들지는 않는가?

탐구 하기

01 탐구 수행 및 자료 기록 하기

계획한 탐구 방법에 따라 탐구 수행을 하고, 탐구를 진행하는 순간부터 탐구 결과물이 나오는 마지막 순간까지의 모든 탐구 과정과 결과를 빠짐없이 기록한다.

자료를 기록할 때 탐구 관찰 일지나 사진, 동영상 자료 등 기록한 자료를 모아서 포트폴리오로 만들어 놓는 것이 좋다.

TIPS

★ 실험이 예상했던 결과와 다르게 나왔을 경우

① 실험이 과학적으로 합리적이었는지 체크해 본다.

② 주제에 약간의 변화를 주거나 실험 방법을 바꿔본다.

02 자료 변환 및 자료 해석 하기

수집한 자료를 한눈에 확인할 수 있도록 표나 그래프와 같은 형태로 바꾸고, 자료 속 의미를 파악한다.

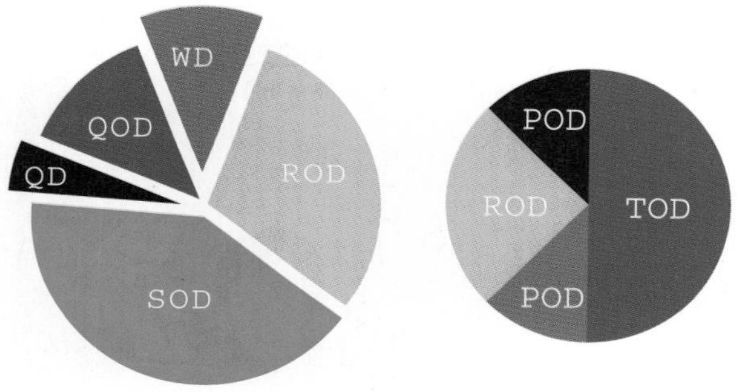

▲ 원 그래프

➩ 각각의 요소가 전체에 대해 얼마의 비율인지 알아보고 싶을 때 사용한다.

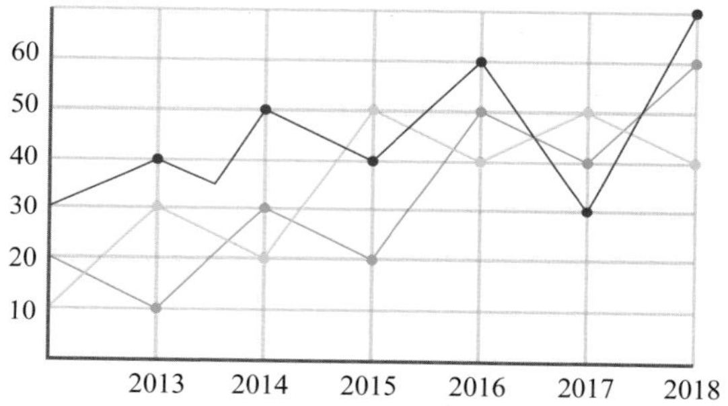

▲ 꺾은선 그래프

➩ 한 조건의 변화에 따라 다른 조건의 변화가 어떨지 알아보고 싶을 때 사용한다.

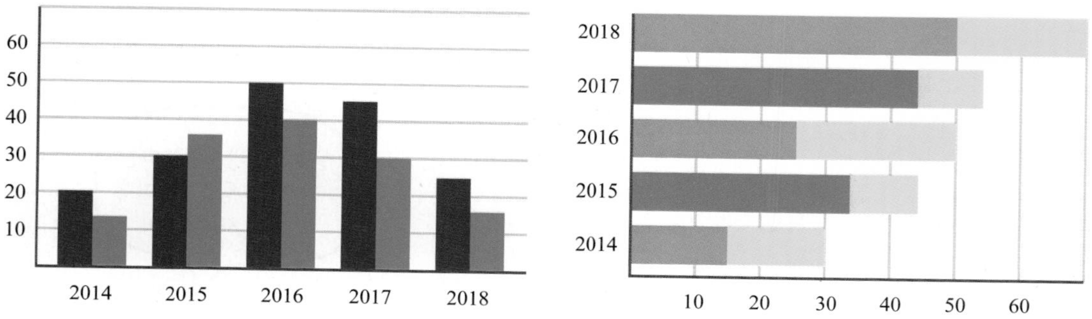

▲ 막대 그래프

➩ 각각의 요소가 기간/형태 별로 어떤 변화를 보이는지 파악하고자 할 때 사용한다.

탐구보고서 작성 하기

탐구보고서 개요 작성

집을 짓기 전 설계도를 작성하는 것과 같이 탐구보고서를 작성하기 전에 탐구보고서 개요를 미리 작성하는 것이 좋다. 탐구 자료를 정리한 후, 보고서를 쓰기 전에 어떻게 자료를 활용할 것인지 미리 계획하는 것이다.
탐구보고서의 개요는 다음 작품 요약서를 바탕으로 자유로운 형식으로 작성하며, 탐구의 핵심 내용만 정리한다.

[붙임9] <서식10> 작품요약서

제33회 서울학생탐구발표대회 작품요약서	※ 출품번호 미기재
출품부문	작 품 명

1. 탐구(연구) 동기

작품 사진 또는 그림

2. 탐구(연구) 내용
가. 선행 연구 고찰 및 탐구의 독창성
나. 탐구 절차 및 방법
다. 작품의 주요 내용

3. 탐구(연구) 결과

※1쪽 이내 작성, 파일명 : 요약서(학교명_학생명).hwp

서울학생탐구발표대회 작품 요약서 서식

【서식 5】 작품요약서 서식

작품명					
출품부문		출품분야		출품번호	
구 분	성 명	소 속		학년(직위)	
출 품 자					
지도교원		*출품자가 학생인 경우만 작성			

1. 탐구(연구) 동기
가.

작품그림 또는 사진

2. 탐구(연구) 내용
가.

3. 탐구(연구) 결과
가.

전국과학전람회 작품 요약서 서식

탐구보고서 작성 요령

* 전국 과학전람회의 작품설명서 작성 요령을 기준으로 하였다.

01 탐구보고서 서식 정하기

- A4 용지 사이즈(국내판, 210 × 297mm)에 한글워드를 사용하여 작성한다.
- 용지 여백

	여백
좌·우	20mm
위·아래	15mm
머리말·꼬리말	10mm

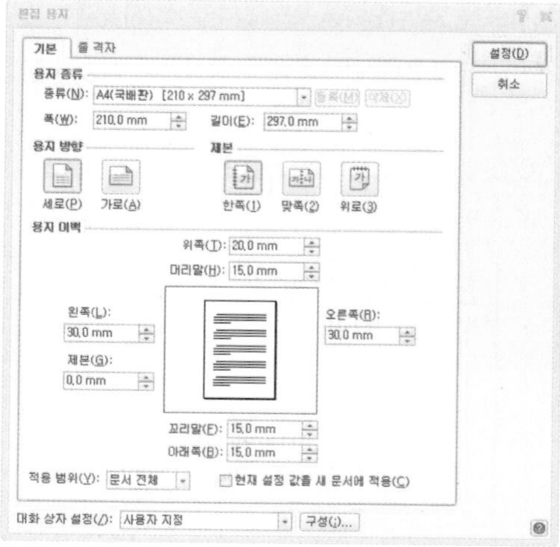

- 줄간격 : 160%, 자간 0, 장평 100
- 글꼴 크기 및 순서 : 본문 내용은 11포인트 휴먼 명조로 작성한다.

	글꼴 크기
첫째 항목	1. → 15 포인트 휴먼명조(진하게)
둘째 항목	가. → 14포인트 휴먼명조, 들여쓰기 2
셋째 항목	1) → 13포인트 휴먼명조, 들여쓰기 4
넷째 항목	가) → 12포인트 휴먼명조, 들여쓰기 6
다섯째 항목	(1) → 11포인트 휴먼명조, 들여쓰기 8
여섯째 항목	(가) → 11포인트, 휴먼명조, 들여쓰기 8

- 페이지 번호 : 중앙 하단
- 그림 또는 관계 사진 : 이미지 처리는 고치기에서 문서포함 및 일반 글자 취급을 하여야 한다.
- 한 작품 당 30쪽 이내로 작성한다.

02 탐구보고서 작성

구분		내용	예상 쪽수
서론	표지	탐구 주제와 제목, 탐구자의 소속 표시 - 작품 명과 주제는 포괄적이고 간단하게 표현 - 주제 속에는 탐구의 방법과 내용을 포함 예) '달걀의 비밀' ⇒ '초음파 검사를 이용한 달걀 속 구조 탐구'	1page
	초록(요약)	· 탐구 목적, 필요성, 탐구 방법 및 결과, 결론 등 탐구보고서 전체 내용을 요약 · 보통 500자 내외로 작성	1page
	목차	· 본문 목차, 그림과 표 목차 제시	1 ~ 2 page
본론	서론	· 탐구 동기(배경) 및 목적, 필요성을 분명하게 기록 · 선행 연구 분석 및 탐구를 위한 사전 조사 - 탐구와 관련된 과학 이론이나 지식을 기술 - 자료 조사한 내용을 그대로 적기보다는 이해한 것을 정리	1 ~ 2 page
	본론	· 탐구 가설, 탐구 방법, 탐구 도구를 정하고, 어떻게 탐구 및 실험을 설계하여 진행했는지 기술 - 탐구 과정은 순서대로 번호를 붙여 정리 - 준비물은 각 시기 별로 나누어 자세히 기록 · 탐구 결과 자료 및 결과 분석 방법 제시 - 표, 그림, 그래프, 사진, 일지 등을 제시 - 객관적이고 과학적인 사실들을 기록	6 ~ 8 page
	결론	· 서론, 본론 내용을 분석 및 정리하고 자신의 의견을 종합하여 서술 · 탐구 결과 분석, 결론 및 논의, 연구의 가치 및 한계점, 탐구의 확장 가능성, 탐구를 하고 나서 느낀점 등을 서술	2 ~ 3 page
참고 자료	참고 문헌	· 탐구 보고서를 작성할 때 참고하였던 모든 문헌(단행본, 연구 보고서, 기타 등) 서술	1 ~ 2 page
	부록	· 탐구에 사용된 도구 및 중요 데이터 · 설문지나 면담 기록지 등	3 ~ 5 page
합계			16 ~ 24 page

※ 탐구보고서의 요건

가. 독창성 : 새로운 사실, 연구자의 독창적인 아이디어가 포함된 보고서

나. 객관성 : 자신의 의견 서술시 선행 연구 제시·비교

다. 재현성 : 실험 데이터의 정확성, 시간적·공간적 재현가능성

[탐구보고서 완성 후 확인하기!]

★ 탐구 주제가 탐구 내용을 잘 드러내고 있나?

★ 탐구 과정은 자세하게 나타냈나?

★ 맞춤법은 올바르게 작성되었나?

★ 참고 자료는 충분히 기록하였나?

★ 빠진 자료는 없는가?

★ 서식에 맞게 작성되었나?

탐구보고서 발표 하기

탐구 내용을 효과적으로 전달하기 위해서는 발표 자료(프레젠테이션 자료), 포트폴리오 자료, 게시용 자료, 동영상 자료 등의 방법 중 적절한 것을 골라 준비한다.

작품 설명표(설명 차트, 보드, 포스터, 게시용 설명표) 작성

각 대회에서 정해진 규격에 맞추어 탐구 과정을 한눈에 볼 수 있도록 만든다.

- 전국과학전람회 규격 : 가로 120cm × 세로 130cm
- 서울시 학생탐구발표대회 게시용설명표 양식과 보드 양식은 다음과 같다.

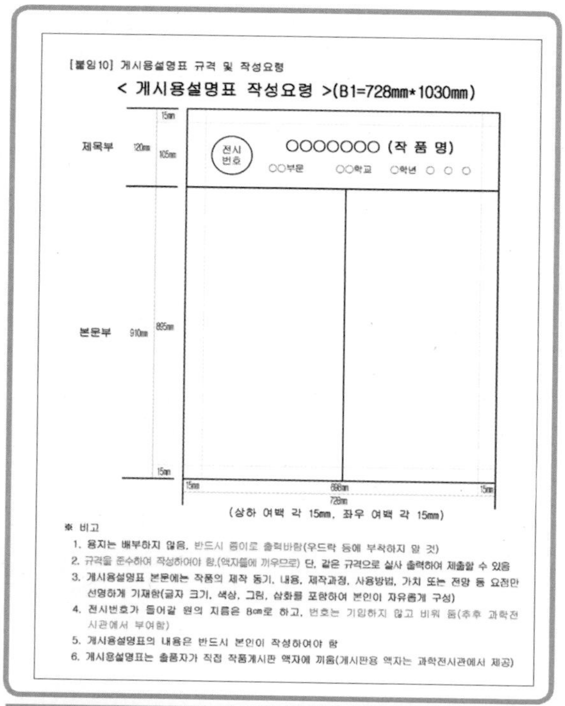

서울시 학생탐구발표대회 게시용 설명표 양식

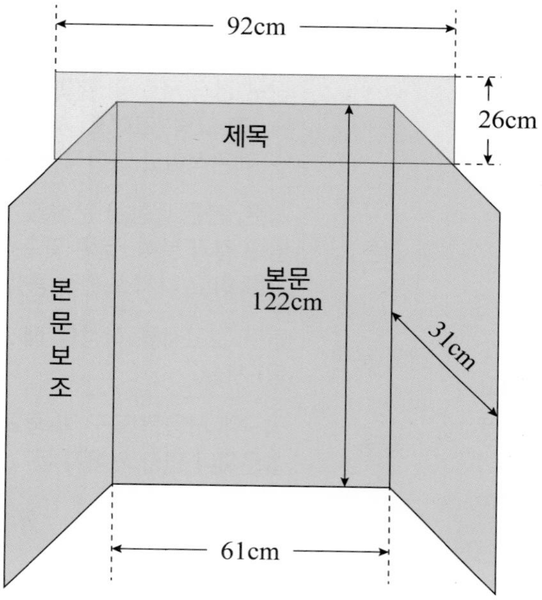

서울시 학생탐구발표대회 보드 양식

작품 전시 준비

각 대회에서 정해진 규격에 맞추어 산출물(탐구과정을 보여주는 결과물, 최종 완성품, 직접 기록한 과학탐구 일지 등) 전시를 준비한다.

- 전국과학전람회 규격 : 가로 120cm × 세로 90cm × 높이 60cm 이내

Q2 신재생 에너지 중 우리나라의 환경에 적합한 것은 무엇이 있을까? 이유와 함께 서술해 보시오.

Q3 화석연료의 현실적인 대안으로 신재생 에너지에 대한 연구가 세계 여러 나라에서 진행 중이다. 신재생 에너지가 갖춰야 할 조건을 서술하시오.

에너지 제로 하우스

낭비되는 에너지를 줄이고, 필요한 에너지를 화석연료를 사용하지 않고 친환경적으로 얻는 미래형 주택인 '에너지 제로 하우스'도 에너지 문제를 해결하기 위해 고안되고 있다.

아래 그림은 에너지 제로 하우스의 예이다. 각각의 기능은 다음과 같다.
- 바람의 이용한 환풍구 : 자연 통풍의 역할
- 3중 유리창 : 단열
- 빗물 수집에 효율적인 지붕 및 빗물 저장 장치 : 물의 효율적인 사용
- 태양 전지판, 열병합 발전 : 필요한 전력 공급

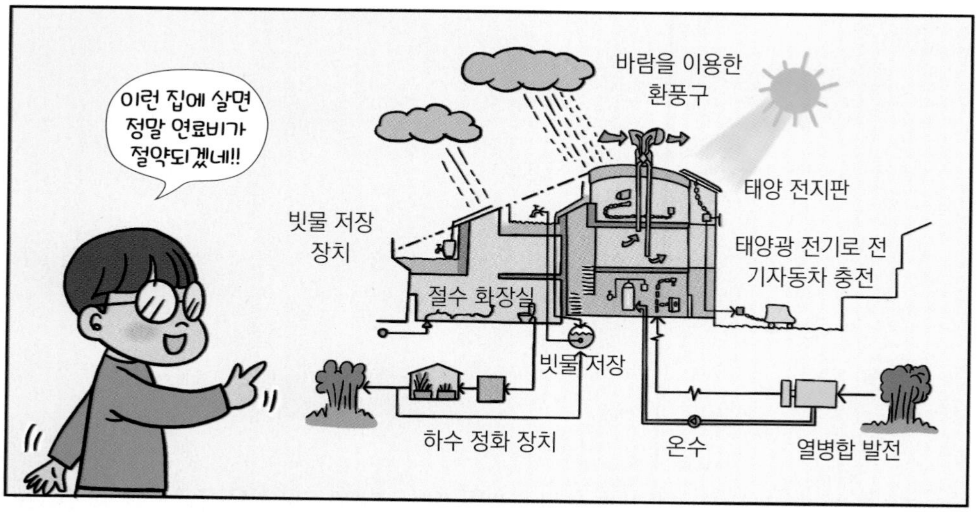

친환경 에너지 도시

세계 여러 나라에서는 에너지 문제를 해결하려는 방안으로 친환경 에너지 도시도 건설하고 있다. 지역 환경에 맞는 신재생 에너지를 활용하여 에너지 문제와 환경 문제를 함께 해결할 수 있는 도시이다.

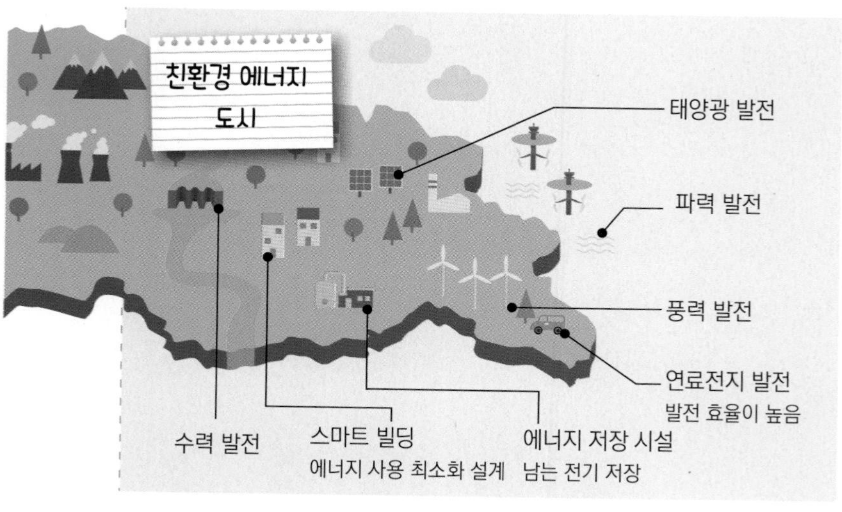

영국은 지난 2002년 런던 남부 서튼에 세계 최초의 탄소 제로 도시인 '베드제드(BedZED)'를 건설했다. 이곳 주민들은 석유, 도시가스 등 화석연료를 전혀 사용하지 않는 대신, 지붕에 부착한 바이오가스를 연료로 사용해서 보일러의 물을 끓여 얻은 전기 및 온수를 사용한다.
또한, 자연 환기 및 자연 채광 설계, 고성능 외단열 시스템, 고기밀 창호 등으로 냉난방 에너지를 줄이고 있다. 베드제드는 다양한 에너지 절감 시스템 덕분에 인근 지역의 일반 가정과 비교했을 때 전기소비량 45%, 물 소비량 50%, 온수용 에너지 소모량 81% 를 절감하고 있다.

독일은 100% 재생 에너지로 공급하는 지역과 소도시가 무려 74 개에 이른다. 그중에서도 독일의 작은 농촌 마을인 '윤데'라는 곳에서는 축산 분뇨와 바이오매스를 활용해 에너지 자립화를 이뤘으며, 마을과 주변 지역에 필요한 전력의 2배 이상을 생산하면서 지역난방에 필요한 열의 70% 가량을 공급하고 있다.
미국 버몬트주 벌링턴(Vermont, Burlington)은 2014 년 이래 미국 내에서 최초로 100% 지속 가능한 에너지만 사용하고 있다. 벌링턴은 전력의 42% 를 우드칩(건축용 목재로 사용하지 못하는 나무의 뿌리와 가지, 기타 나무 폐기물을 연소하기 쉬운 칩 형태로 잘게 만든 것)으로부터 얻는다. 나무를 태울 때 발생하는 이산화 탄소 때문에 탄소 제로에는 도달하지 못하고 있는 것은 아쉬운 점으로 꼽히지만, 발전소 자체의 공기 성분 관리 장비를 이용해 대기오염을 주 기준치의 10분의 1 수준으로 관리하고 있다고 한다.
서울에서도 오는 2020년을 목표로 전력자립률 20%를 달성하겠다는 목표와 함께 신재생 에너지원별 설비목표를 정하고 신재생 에너지 도시로의 변화를 계획하고 있다.

▲ 우드칩(woodchip)

에너지 하베스팅

에너지가 만들어지는 과정 중 많은 에너지가 열이나 소리, 진동 등의 형태로 버려져서 우리가 쓸 수 있는 에너지는 아주 적다. 이러한 에너지 문제들을 해결하기 위해 시작된 기술이 '에너지 하베스팅(Energy Harvesting)'이다. 에너지 하베스팅이라는 개념은 1954년 미국 벨연구소가 태양전지 기술을 공개할 때 처음 등장하였다. 단어 그대로 일상생활에서 버려지거나 소모되는 에너지들을 수확하여(Harvest) 전기 에너지로 변환하고 이용하는 것이 에너지 하베스팅이다.

에너지 하베스팅의 주요 에너지원은 다음과 같다.

이처럼 에너지 하베스팅은 다양한 장소, 다양한 행위로 발전할 수 있는 특징이 있다. 무제한으로 사용할 수 있고, 친환경적이기 때문에 새로운 개념의 신재생 에너지라고도 한다. 미래에는 도시 곳곳에서 에너지 하베스팅을 이용하여 필요한 에너지를 충당하는 모습을 볼 수 있게 될 것이다.

Q4 일상생활에서 버려지는 에너지 중 무엇을 에너지 하베스팅으로 활용할 수 있을까? 본문에 제시된 것 이외에 자신의 생각을 서술해보자.

Q5 집에서 에너지 절약을 위해 내가 할 수 있는 일은 무엇이 있을까?

관련 용어 및 이론

에너지 일을 할 수 있는 능력. 물체에 일을 해 주면 물체는 에너지를 얻는다.

화석연료 생명체의 유해가 땅 속에 묻힌 후 오랜 시간 동안 높은 열과 압력을 받아 만들어진 에너지 자원으로 한번 쓰면 없어지기 때문에 비재생에너지라고도 한다. ㉎ 석탄, 석유, 천연가스 등

화력발전 석탄이나 석유와 같은 화석 연료가 연소할 때 발생하는 열을 이용하는 발전을 화력발전이라고 한다. 화력발전소에서는 화석연료를 태우는 과정에서 화학 에너지가 열에너지로 전환되며, 이렇게 발생한 열에너지로 물을 끓여 고온, 고압의 증기를 만들고 이 증기의 힘으로 터빈을 돌린다. 이때 터빈에서는 열에너지가 운동 에너지로 전환되며 최종적으로 발전기에서 전기 에너지로 전환된다.

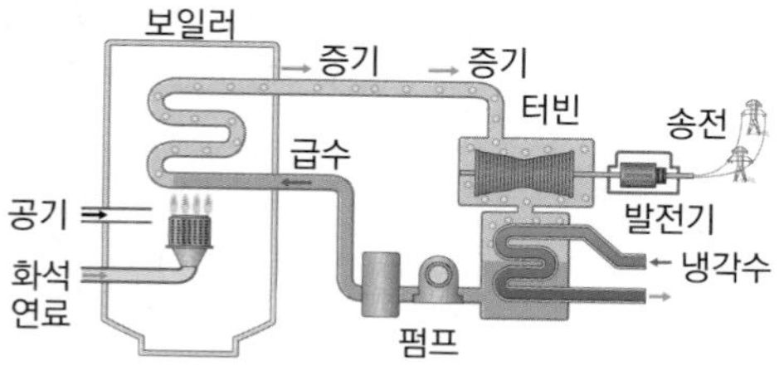

▲ 화력 발전의 구조

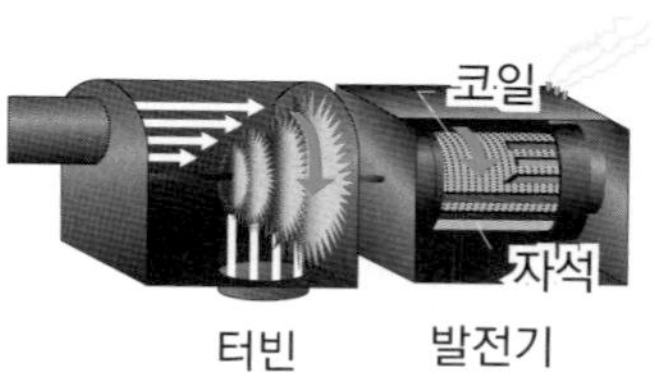

▲ 발전기의 기본 구조

수소 에너지 수소가 연소할 때 발생하는 폭발력이나 수소를 분해할 때 발생하는 에너지

연료전지 수소와 산소의 화학 반응을 이용하여 전기 에너지를 생산하는 장치

석탄 액화 및 가스화 석탄이나 원유를 정제하고 남은 석유(중질잔사유)를 액체나 가스 형태의 연료로 바꿔 사용하는 것

태양광 에너지 태양전지를 이용해 발생시키는 에너지

태양열 에너지 태양에서 나오는 열에너지를 집열판을 이용해 모은 후, 가열한 물의 증기를 이용하여 터빈을 돌려 전기 에너지를 생산한다.

지열 에너지 지구 내부에 축적되어 있는 뜨거운 증기와 열을 이용하여 터빈을 돌려 전기 에너지를 생산한다.

바이오 에너지 농작물, 가축의 분뇨, 음식물 쓰레기, 나무 등에서 추출한 알코올, 식물성 기름을 연료로 하여 얻은 에너지

폐기물 에너지 사용하고 못쓰게 되어 버리는 제품이나 쓰레기를 재활용하는 것으로 에너지 함량이 높은 폐기물들을 연료로 만들거나 소각하여 에너지로 이용

해양 에너지 밀물과 썰물에 의한 해수면의 높이 차, 파도나 조류의 힘, 깊이에 따른 바닷물의 온도차, 해수와 민물의 염분 차 등에 의한 에너지 ㉎ 조력, 파력 등

▲ 태양열발전

▲ 지열발전

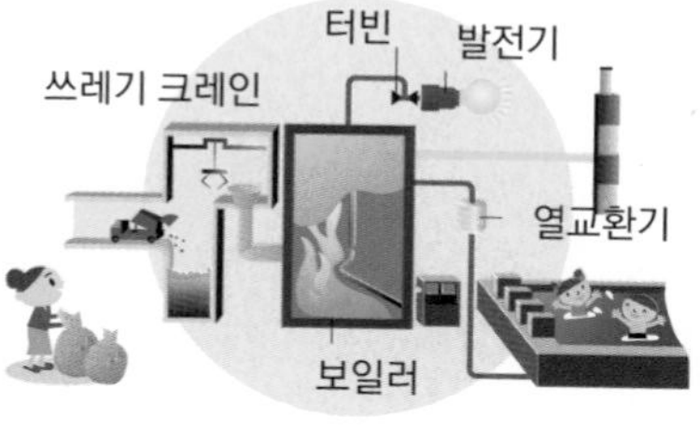

▲ 폐기물발전

에너지 전환 여러 형태의 에너지(열, 빛, 위치, 운동, 화석, 전기 등) 중 한 형태의 에너지가 다른 형태의 에너지로 변하는 것.

에너지 효율 에너지가 전환되는 과정에서 손실되는 에너지의 양이 어느 정도인지 나타낸 것. 에너지 효율이 높은 제품일수록 에너지를 절약할 수 있다.

관련 사이트

한국에너지공단 http://www.kemco.or.kr/web/kem_home_new/new_main.asp

한국에너지공단 신·재생에너지센터 http://www.knrec.or.kr

한국환경공단 통합기후변화홍보포털 https://www.gihoo.or.kr/main/index.do

기후변화행동연구소 http://climateaction.re.kr/

기상청 기후정보포털 http://www.climate.go.kr/home/

서울에너지드림센터 http://www.seouledc.or.kr/

관련 영화 및 영상

영화이름	장르	감독	영화/영상 소개
노 임팩트 맨(2009)	다큐멘터리/드라마	로라 가버트, 저스틴 쉐인	작가이자 환경운동가인 '콜린'이 1년 동안 가족과 함께 지구에 무해(無害)한 생활을 하는 프로젝트를 벌이는 이야기이다.
라페아, 솔라 마마	다큐멘터리	젠느 누젬, 모나 엘다프	베두인족 남성의 두 번째 아내인 라페아는 태양광 에너지 관련 직업 훈련을 받아 직접 태양광 전등을 설치하며 가난에서 벗어날 수 있다는 희망을 키운다.
내일(2015)	다큐멘터리	멜라니 로랑, 시릴 디옹	인류가 직면한 농업·에너지·경제·민주주의·교육 문제에 대한 세계 10여 개국 지구 시민들의 유쾌한 해답을 만난다.

관련 도서

책이름	출판사	저자	책소개
지구와 생명을 지키는 미래 에너지 이야기	팜파스	정유리 글 박선하 그림	어린이 친구들에게 우리 삶을 지탱하는 '에너지와 그로 인한 에너지 문제'에 대해 설명하며, 지구와 생명을 지키는 미래 에너지에 관해 알려주는 책이다.
더 오래, 더 깨끗하게, 더 편리하게 신재생에너지	김영사	손재익, 강용혁 공저	이 책에서는 석유의 영향력을 벗어나기 위해 인류가 새로이 찾아낸 에너지 패러다임으로서 신재생에너지를 소개하고, 그 미래를 조망해 본다.
세상을 바꾼 에너지의 역사	봄나무	안드레아 비코 저/ 임희연 역	불의 발견에서 원자력까지, 인류의 삶을 바꿔 놓은 에너지의 역사를 살핀다
에너지 혁명 2030	교보문고	토니 세바 저/ 박영숙 역	독자들에게 자동차와 에너지의 미래에 대해 명확한 방향을 제시해주는 책이다.

[선정하기] 관련 도서와 영화 중 보고 싶거나 읽고 싶은 것을 선정해 보자.

[서술하기] 관련된 책을 읽거나, 영화를 감상하고 느낀 점을 써 보자.

활동 TIPS

★ 혼자서 하고 있다면 3일 내 마무리 한다.

★ 교사와 그룹 활동을 하고 있다면 과제를 내준다.

주제 깊이 알기!

문제를 통해 이슈와 관련된 내용을 더 자세히 알아봅시다.

Q1 다음 중 신재생 에너지에 해당하는 것을 있는 대로 고르시오.

① 천연 가스 ② 태양 에너지 ③ 수소 에너지 ④ 해양 에너지 ⑤ 우라늄의 핵에너지

Q2 동물과 식물의 유해가 땅 속에 묻혀 오랜 시간 동안 높은 압력과 열을 받아 생성된 에너지 자원을 무엇이라고 하는가?

Q3 다음에서 설명하는 전기 에너지를 생산하는(발전) 방식을 <보기>에서 각각 고르시오.

보 기

ㄱ. 연료 전지 ㄴ. 핵발전 ㄷ. 수력 발전 ㄹ. 풍력 발전 ㅁ. 태양광 발전

(1) 태양전지를 이용하여 태양의 빛에너지를 직접 전기 에너지로 전환한다. ( )

(2) 수소를 연료로 화학 에너지를 전기 에너지로 전환한다. ( )

(3) 바람의 운동 에너지로 날개를 돌려 전기를 얻는 발전 방식으로, 바람의 세기와 방향이 변하기 때문에 발전량의 차이가 크게 난다. ( )

(4) 높은 곳에 위치한 물의 퍼텐셜 에너지(위치 에너지)를 이용하여 전기 에너지를 생산한다. ( )

(5) 우라늄과 같은 핵연료가 핵분열을 할 때 발생하는 열로 물을 끓여 증기를 만든다. 이 증기를 고온·고압의 상태로 만들어 발전기를 돌려 전기 에너지를 생산한다. ( )

Q4 다음은 태양전지의 원리와 태양전지가 사용된 예를 나타낸 것이다.

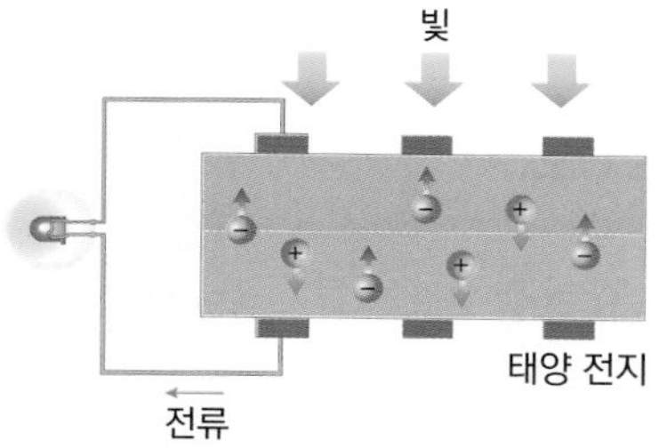

태양전지에 빛을 비추면 태양 전지 내부에 발생한 자유 전자가 한쪽 전극으로 이동하면서 기전력이 발생하여 전류가 흐른다.

▲ 태양전지 가로등

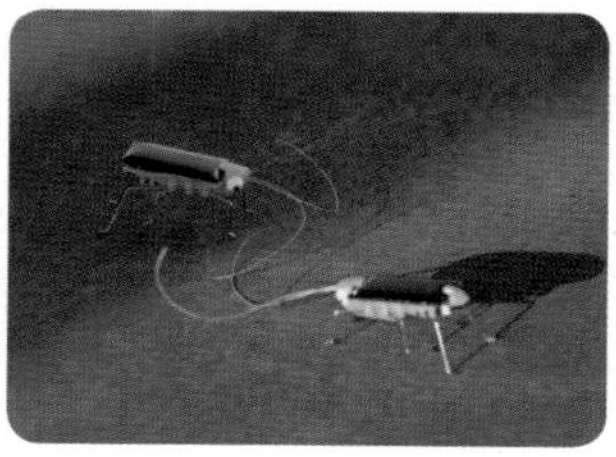
▲ 태양전지 장난감

태양전지를 활용할 수 있는 또다른 방법을 고안하여 서술하시오.

Q5 화석연료 고갈 문제, 환경 문제를 해결하기 위해 우리 주변에서 실천하는 방안으로 제시된 것이 '에너지 수확 기술(Energy Harvesting)'이다. 에너지 수확 기술이란 일상생활에서 버려지는 에너지를 수집하여 전기로 바꿔쓰는 기술이다. 그림 (가) 는 에너지 수확 기술에 이용되는 에너지들을 나타낸 것이고, (나) 는 에너지 수확 기술에 사용되는 대표적인 기술 3가지를 나타낸 것이다.

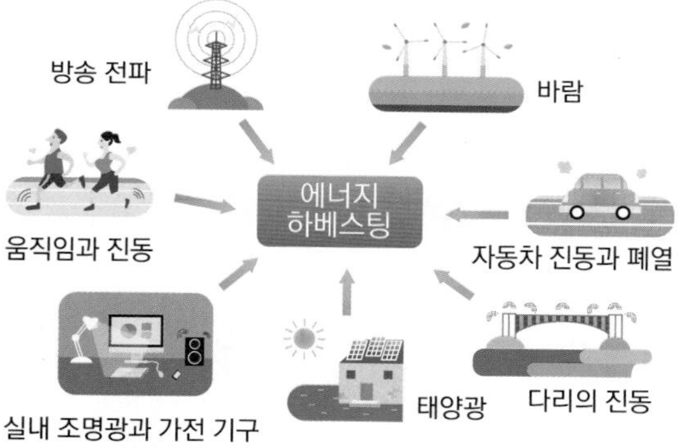

(가)

<에너지 수확 기술에 사용되는 기술>

- 압전 효과 : 물질에 압력을 가했을 때 전압이 발생하는 원리
- 열전 효과 : 서로 다른 두 금속이 만나는 지점의 온도 차이로 전압이 발생하는 원리
- 광전 효과 : 태양 전지에서 전압이 발생하는 원리

(나)

(나)의 기술이 적용된 예를 (가)에서 고르시오.

Q6 화석연료의 사용으로 발생하는 환경 오염 문제를 해결하기 위해 건물이나 주택의 에너지 효율을 높인 에너지 제로 하우스의 조건은 다음과 같다.

보 기

ㄱ. 에너지 낭비를 줄이기 위해 단열이 잘 되어야 한다.

ㄴ. 건물이나 주택에서 사용하는 에너지원을 신재생 에너지로 사용해야 한다.

주어진 조건을 만족하기 위해 다음 구조에 사용할 수 있는 방법을 각각 써 보시오.

(1) 지붕

(2) 외벽

(3) 창문

(4) 기타 의견

신재생 에너지에 대해 더 알고 싶다면 다음 책으로 더 공부해 봅시다.

· 세페이드 통합과학 IV. 환경과 에너지

· 세페이드 4F 물리(상) CH12. project 2

· 세페이드 4F 물리(하) CH20. project 3

탐구 보고서 작성을 위한 예비 단계

탐구 주제 찾기

떠오른 주제를 가지고 탐구의 목표와 예상 결과를 생각하면서 탐구 계획서를 완성해 봅시다.

Q1 지금까지 주어진 자료들을 읽고 드는 생각이나 느낌, 궁금증 등을 자유롭게 써 보자.

Q2 일상생활 속에서 또는 우리 주변 환경을 활용하여 에너지를 얻는 방법이 있을까? 에너지를 얻을 수 있는 구체적인 방안을 써 보자.

Q3 에너지 제로 하우스의 중요한 조건 중 하나는 단열이다. 단열 방법에는 무엇이 있을까? 현재 사용되는 방법뿐만 아니라 또 다른 방법도 고안해 보자.

Q4 Q2, 3 에서 작성한 내용을 어떻게 실험적으로 증명할 수 있을까? 실현 가능성을 증명하기 위한 탐구 방법을 써 보자.

Q5 Q4 에서 작성한 탐구와 관련하여 어떤 산출물을 고안할 수 있을까?

Q6 계획한 탐구 방법을 토대로 탐구 주제를 정해 보자.

탐구 보고서 작성을 위한 예비 단계

탐구계획서 작성

탐구주제

탐구 동기 및 목적

탐구하고자 하는 내용

탐구를 위한 실험 설계

실험제목

준비물

실험과정

탐구보고서 기본 양식

보고서의 차례는 다음 몇 가지 예를 참고하여 적절히 가감하여 사용한다.

1. 탐구 주제
2. 탐구 동기
3. 탐구를 통해 알고 싶은 점
4. 탐구 문제 해결을 위한 사전 토론
5. 탐구를 위한 사전 조사
6. 탐구 가설 설정
7. 탐구 절차 및 방법
8. 탐구 내용
   가. 탐구 과제 ①
   나. 탐구 과제 ②
9. 탐구 결과물
10. 탐구 결론
11. 탐구를 통해 느낀점
12. 향후 연구 계획
13. 참고 문헌

1. 탐구 문제
2. 이론적 접근
   가. 문헌 조사 ①
   나. 문헌 조사 ②
3. 탐구 내용
   가. 탐구 문제의 정의
   나. 탐구 절차 및 방법
   다. 결과 정리
   라. 분석 및 토론
   마. 실행
4. 결과 및 토론
   가. 결론
   나. 탐구의 보완점
   다. 느낀 점
5. 참고 문헌

1. 탐구 동기
2. 탐구 기간
3. 탐구 내용 및 실험 계획
   가. 실험에 대한 사전 조사
   나. 실험 계획
4. 탐구 방법(실험)
   가. 실험 ①
   나. 실험 ②
5. 탐구 결과 및 해석
   가. 실험 ① 의 결과 해석
   나. 실험 ② 의 결과 해석
6. 가설 검증
7. 결론
8. 실험 오류 및 오차 분석
9. 탐구를 통하여 느낀 점
10. 참고 문헌
   부록

1. 탐구 주제
2. 탐구 문제
3. 탐구 문제 선정 이유
4. 설정한 가설
5. 변인의 종류와 통제
6. 탐구 내용 및 실험 계획
   가. 실험 ①
   나. 실험 ②
7. 탐구 실험
8. 탐구 결과
   가. 실험 ① 의 결과
   나. 실험 ② 의 결과
9. 탐구 결과의 해석
   가. 실험 ① 의 결과 해석
   나. 실험 ② 의 결과 해석
10. 결론 및 일반화
11. 탐구를 통하여 느낀 점
12. 참고 문헌

평가표

보고서를 마무리한 후 전체 활동을 평가해 보자.

영역		평가 기준	평가 척도				
			5점	4점	3점	2점	1점
창의성	독창성	실험이나 관찰 방법, 산출물이 창의적인가?					
	유창성	실험 주제를 찾을 때 여러 가지 방법으로 찾았는가?					
	정교성	최종 산출물의 제작 완성도가 만족할 만한가?					
	융통성	실험 주제 또는 산출물이 다양하게 제시되었는가?					
이론적 타당성		산출물을 뒷받침하는 자료가 충분하며, 결론이 실험 주제와 맞는가?					
실용성(합리성)		문제 해결 방법이 현실에 적용 가능하다.					
설계 능력		주제에 맞게 실험이 설계되고, 적절한 방법이 사용되었다.					
커뮤니케이션 능력		탐구 보고서의 문맥 작성이 부드럽고, 주제와 결론이 일맥상통하며, 전달력이 있는가?					
융합성	과학(S)	산출물이나 탐구 과정에 과학적 원리가 적용되었는가?					
	기술(T)	탐구 목적에 맞게 실험을 응용하고, 산출물을 고안하였는가?					
	공학(E)	산출물이 잘 작동되는가?					
	예술(A)	산출물이 새롭고 창의적으로 디자인되었는가?					
	수학(M)	논리적이고 수학적인 기법을 사용하였는가?					
			매우 우수	우수	양호	보통	부족
총점							

점수에 따른 성취도 등급

등급	1등급	2등급	3등급	4등급	5등급
평가	60점 이상	45점 이상 ~ 59점 이하	30점 이상 ~ 44점 이하	15점 이상 ~ 29점 이하	14점 이하

주제2 **소리**

좋은 소리? 나쁜 소리?

우리가 잘 알고 있는 '노인과 바다'의 저자 어니스트 헤밍웨이는'라클로즈리 데 릴라'라는 단골 카페에서 소설을 집필했습니다. '해리포터'의 작가 조앤 롤링도 에든버러의 여러 카페를 돌아다니며 글을 썼다고 합니다.

카페의 소음은 백색소음과 비슷한 효과를 내지만 사람에 따라 차이가 있답니다. 어떤 사람은 집중하는데 도움을 받지만 어떤 사람은 소란스러워 집중을 하지 못하는 경우도 있습니다. 사람마다 차이가 있으므로 체크해 보고 활용해야 하겠습니다.

소음이라고 생각했던 소리를 이용하여 화음을 만들 수도 있다. 다음 기사를 살펴보자.

소음이 아닌 예술로

소음이 아닌 예술로 엔진음에 접근하는 '엔진 사운드 디자인' 시장에 물이 오르고 있다.

이탈리아 한 수퍼카 브랜드 업체에서는 엔진 사운드를 디자인하는 엔지니어가 피아니스트·작곡가인 자문위원들과 악보를 그려가며 엔진음을 '작곡'한다. '엔진음 쾌적화 프로젝트'로 생체 실험을 하기도 했다. 엔진 소리를 들려준 뒤 청중의 심박 수·혈류량 등을 재며 듣기 좋은 소리를 찾아내기 위해서였다.

음악적 재료로 사용되는 소음

악기만으로 음악을 구성하던 방식을 깨고, 적극적으로 소음을 음악적 재료로 도입한 것은 20세기 초의 일이다. 과학기술의 발전은 새로운 작곡의 출발점이 되었다. 피에르 쉐페르는 녹음기를 이용하여 일상생활 속의 소음을 모았고 이를 이용해 음악에 대한 개념을 바꾸고자 했다. 그의 시도는 구체(具體)음악이라 불리는 새로운 장르의 탄생으로 이어졌다. 구체 음악이란 기차 소리, 사람들의 소리, 자동차 소리 등을 그대로 이용하거나 녹음된 소음의 속도, 진행 방향, 길이, 주파수 등을 변형한 뒤 편집해 음악 작품으로 탄생시킨 것을 말한다. 전자 장치와 소프트웨어 관련 기술이 급속도로 발전하면서 소음을 음악으로 만드는 작업은 한층 쉬워졌다.

▲ 피에르 셰페르(1910~1955) :구체음악 최초 창안자. 자동차 소리, 사람들 웅성거리는 소리, 기계 소리와 같은 일상의 소리들로 음악을 만들었다.

영국의 한 헤드폰 제조사는 소음공해를 실시간으로 음악으로 바꿔주는 '사운드 택시'를 만들어 새로운 가능성을 보여줬다. 택시 외부에 마이크를 달아 소리를 수집했고 택시 안에서는 사운드 아티스트들이 음향 전환 소프트웨어를 이용해 외부의 소음을 실시간 음악으로 변환했다. 1997년 독일의 음향디자이너 악셀 루돌프는 자동차 소리를 새소리, 분수 소리 등이 어우러진 음악으로 바꾸는 음향전환 장치를 개발하기도 했다. 최근에는 컴퓨터 마우스 소리, 스마트폰의 잠금장치를 푸는 소리, 휴대전화의 메시지 도착 알림음 등 21세기를 상징하는 최첨단 장비의 소리를 모아 연주곡으로 만드는 시도가 이어지고 있다. 소음이라고 생각했던 소리를 이용하여 화음을 만든 것이다.

소음이란?!

소음이란 시끄러운 소리, 불쾌감을 느끼게 하는 소리를 말한다.
인간은 각자의 현재 상태라든가 주위 환경에 따라서 어떠한 소리든 소음으로 받아들일 수 있다. 이는 개인의 주관적인 감각에 의한 것으로서 어떤 사람에게는 좋은 소리로 들리더라도 다른 사람에게는 소음이 될 수 있다. 일반적으로 커다란 소리, 불협화음, 높은 주파수의 음 등이 소음으로 분류될 수 있지만 구체적으로 어떤 것을 소음으로 느끼느냐 하는 것은 개인의 심리 상태에 따라서 다르다.
반면 백색 소음이란 빗물 소리, 바람 소리 등 넓은 음폭을 가져 일상생활에 방해가 되지 않는 소음으로 우리 주변의 자연생활 환경에서 쉽게 접할 수 있는 것을 말한다. 우리가 평상 시에 듣고 지내는 일상적인 소리이기 때문에 시끄럽다고 느끼지 않으며, 일반적인 소음과는 차이가 있다.

Q1 우리 주변에서 백색 소음에 해당하는 소리는 무엇이 있을까?

Q2 남들에게는 소음이지만 나에게는 듣기 좋은 소리가 있는가? 반대로 남들에게는 듣기 좋은 소리이지만 나에게는 소음으로 느껴지는 소리가 있는가? 그 소리가 무엇인지 적어 보자.

가 관련 용어 및 이론

소리(음파)의 발생과 전파

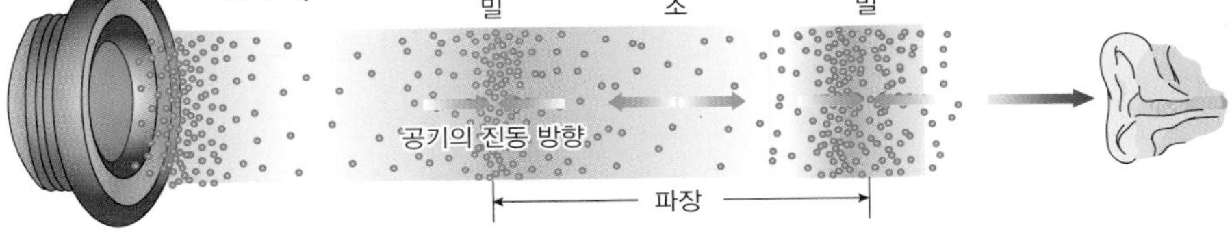

① 소리의 발생 : 물체를 진동시키거나 공기가 진동하면 소리가 발생한다.

② 소리를 듣는 과정

소리의 발생 ⇨ 매질을 이루는 분자의 진동 ⇨ 고막의 진동 ⇨ 귓속 기관에서 전기 신호 발생 ⇨ 청신경 ⇨ 대뇌

③ 소리는 매질이 필요한 탄성파이자 매질의 진동 방향과 파동의 진행 방향이 나란한 종파이다.

소리의 3요소

① 소리의 높낮이(진동수) : 소리의 진동수가 클수록 높은 소리, 작을수록 낮은 소리이다.

② 소리의 크기(진폭) : 소리의 진폭이 클수록 큰소리, 작을수록 작은 소리이다.

③ 소리의 맵시(파형) : 소리의 진동수와 진폭이 같아도 파형이 다르면 음색이 다르다.

소리의 높낮이(Hz)		소리의 크기(dB)		소리의 맵시	
높은 소리	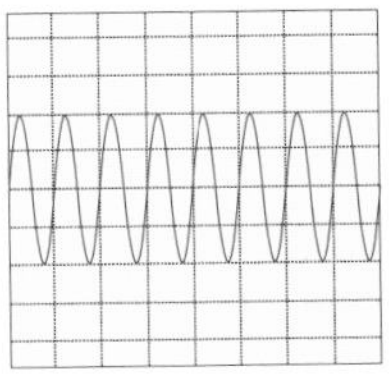	큰 소리	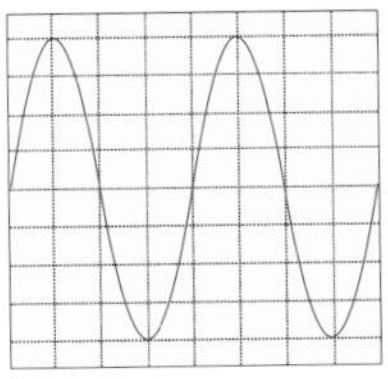	바이올린 소리	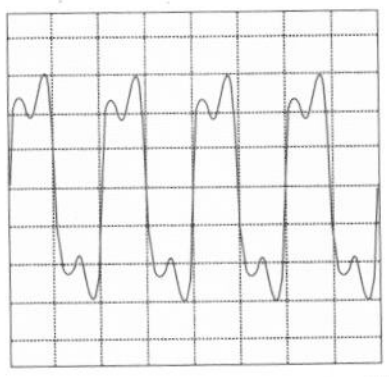
낮은 소리	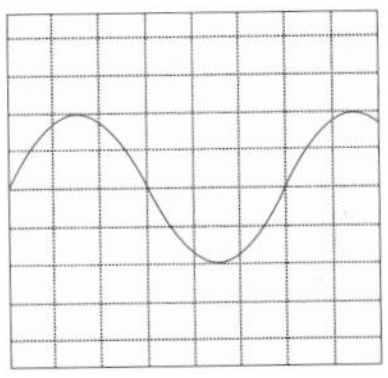	작은 소리	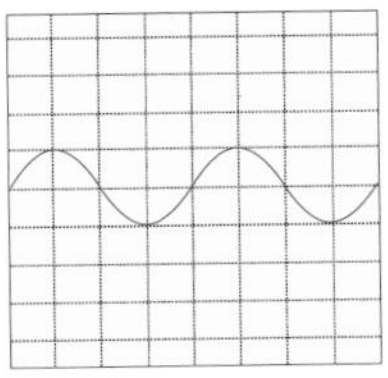	피아노 소리	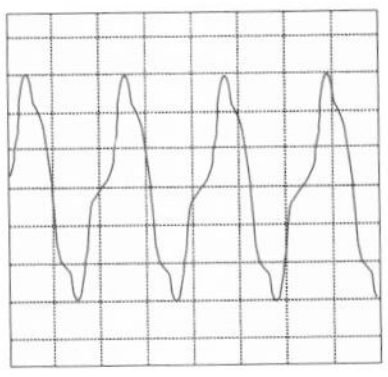

공명 물체의 외부에서 준 진동이 물체가 가지고 있는 고유 진동수와 일치할 경우 진동이 점점 커지는 (파동의 진폭이 커지는) 현상을 말한다.

악기에서의 공명 악기는 악기의 원음과 공명하여 소리를 크게 하는 부분(공명 장치)으로 구성되어 듣기 좋은 소리를 만든다.

① 관악기 : 관 내부 공기의 공명을 이용한다. 한쪽이 막힌 관악기는 기본음과 기본음의 홀수배 진동수의 소리를 내고, 양쪽이 열린 관악기는 기본음과 기본음의 정수배 진동수의 소리를 낸다. 관의 길이를 변화시키거나 구멍을 막거나 열어 공기가 진동하는 길이를 변화시킨다. 공기가 진동하는 관이 짧을수록 높은 소리를 낸다.

② 현악기 : 줄의 공명을 이용하며, 기본음과 그 정수배 진동수의 소리가 발생한다. 줄의 길이를 조절하여 소리의 높낮이를 맞추는데, 줄에서 진동하는 부분의 길이가 짧을수록 높은 소리를 낸다.

③ 타악기 : 판의 공명을 이용하며, 진동 형태가 복잡하고, 악기가 클수록 낮은 소리를 낸다.

소리의 화음

① 음정 : 서로 다른 두 음 사이의 간격으로, 높은 소리와 낮은 소리의 간격을 말한다.

② 옥타브 : 두 음 사이의 진동수가 1 : 2 인 음정 관계를 말한다.

㉮ 낮은 도의 진동수는 261 Hz 이고, 높은 도의 진동수는 약 523 Hz 이다. 진동수 비가 1 : 2 이다.

③ 음계 : 어떤 기준음을 으뜸음으로 시작하여 한 옥타브 안에 일정한 음정으로 음을 차례로 늘어놓은 것을 말한다.

진동수 (Hz)	261	277	293	311	329	349	370	392	415	440	466	493	523
비율	1	1.06	1.12	1.19	1.26	1.33	1.41	1.50	1.59	1.68	1.78	1.89	2
계이름	도	도#	레	레#	미	파	파#	솔	솔#	라	라#	시	도

▲ 평균율에 따른 음계인 12음계에서 진동수 비율

④ 화음 : 높이(진동수)가 다른 두 개 이상의 여러 소리가 만나 아름다운 소리를 내는 것을 화음이라고 하며, 소리의 진동수의 비가 간단한 정수비일 때 화음이 일어난다.

㉮ 도 : 미 : 솔 = 1 : 1.26 : 1.50 ≒ 4 : 5 : 6 ⇨ 화음

도 : 미 : 파 = 1 : 1.26 : 1.33 ≒ 12 : 15 : 16 ⇨ 화음이 아니다.

생활 속 소음 몸에 해를 끼치지 않을 정도의 소음을 소음의 허용 기준이라고 한다. 소음의 허용 기준은 지역에 따라 다르지만, 낮 동안에는 50~70dB 이고 밤에는 40~58dB 정도이다.

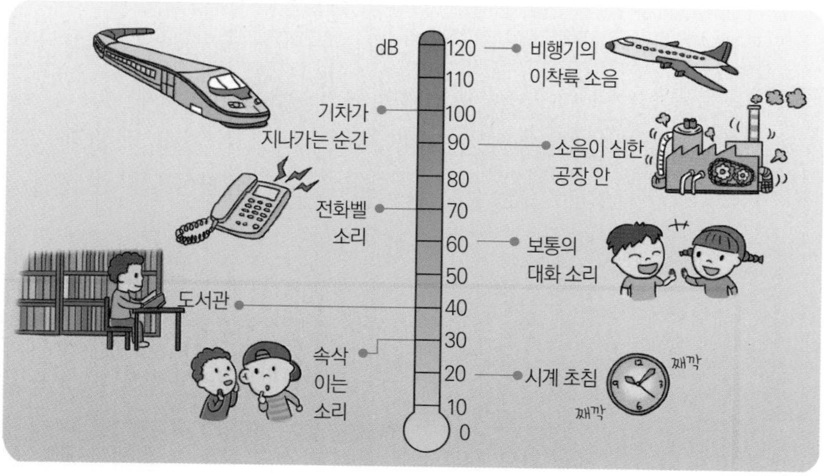

dB(데시벨) : 소리의 상대적인 크기를 나타내는 단위. 정상적인 귀로 들을 수 있는 가장 작은 소리의 크기인 0dB을 기준으로 10dB씩 증가하는 경우 소리의 크기는 10배씩 강해진다. 20dB의 소리는 10dB의 소리보다 2배가 아니라 10배 큰 소리이고, 0dB의 소리보다 10배의 10배, 즉 100배 크다.

관련 사이트

소리체험박물관 http://soundmuseum.kr/

국가소음정보시스템 http://www.noiseinfo.or.kr

음의 조화와 피타고라스의 음률 http://www.ebsmath.co.kr/resource/rscView?-cate=10094&cate2=10102&cate3=10117&rscTpDscd=RTP10&grdCd=MGRD01&sno=21241&-type=S&historyYn=study

관련 영화 및 영상

영화이름	장르	감독	영화/영상 소개
EBS 스페셜 '일상의 미스터리, 소리'(2005)	다큐멘터리	김한중	우리가 감지할 수 없는 소리를 포착해 그것의 신비를 벗긴다.
사운드 오브 노이즈(2010)	코미디	올라 시몬손, 요하네스 셰르네 닐손	천재 음악가 산나와 그의 친구 매그너스는 지루하고 답답한 음악에 물든 도시를 구원하기 위해 4명의 괴짜 천재 드러머와 함께 '뮤직테러단'을 조직하여 병원, 은행, 콘서트 홀 등 도시 곳곳에서 음악 테러를 감행한다.

관련 도서

책이름	출판사	저자	책소개
소리를 찾아라!	동아출판	서지원, 조선학 글 / 임혜경 그림	이 책은 어느 날 갑자기 소리를 듣지 못하게 된 작곡가 하이톤이 음악의 신을 통해 소리의 정체를 알아 가는 이야기로, 흥미를 놓치지 않으면서 과학을 융합적으로 알려 준다.
피타고라스와 멋진 비율	승산	줄리 엘리스 글 / 필리스 호닝 피코크 그림 / 승영조 역	『피타고라스와 멋진 비율』은 어린이들이 호기심을 가질 수 있는 악기인 팬파이프와 리라를 통해 나누기와 비율의 관계를 쉽게 설명하고 있다.
놀라운 소리의 세상	스완미디어	대한과학진흥회 글 / 위스뉴스키 피에르 그림	만일 이 세상의 소리가 없다면 어떻게 될까요? 소리는 어떻게 전달되고 생길까요? 이에 대한 물음을 재미있는 이야기로 풀어내 스스로 원리를 발견하고 흥미를 느끼게 해주는 책이다.
과학으로 풀어보는 음악의 비밀	뮤진트리	John Powell 저 /장호연 역	음악과 과학이 무슨 상관이 있을까? 별로 연관성이 없을 것 같은 이 두 분야에 대하여 쉽고 재밌고 무엇보다 흥미진진한 필체로 음악의 원리를 이해하도록 도움을 주는 책이다.

[서술하기] 관련 도서와 영화 중 하나를 선정하여 보거나 감상한 후 내용을 서술해 보자.

활동 TIPS

★ 혼자서 하고 있다면 3일 내 마무리 한다.

★ 교사와 그룹 활동을 하고 있다면 과제를 내준다.

주제 깊이 알기! 문제를 통해 이슈와 관련된 내용을 더 자세히 알아봅시다.

Q1 방 안에서 엄마와 이야기를 나눌 때 소리를 전달해 주는 매질은 무엇인가?

Q2 다음은 영화 그래비티 속 우주 비행사들의 모습이다. 우주 공간에서는 상대방에게 말을 걸어도 상대방이 들을 수 없다. 따라서 우주 비행사들은 무전기를 이용하여 대화하거나 수신호 등으로 의사소통을 한다. 이러한 방법 이외에 공기가 없는 우주 공간에서 우주 비행사들이 의사소통할 수 있는 방법은 무엇이 있을까?

Q3 빈 칸에 들어갈 말을 다음 <보기>에서 각각 골라 기호로 답하시오.

보 기

ㄱ. 진동수 ㄴ. 진폭 ㄷ. 파형

(1) 큰소리는 소리의 (   )이/가 크다.

(2) 높은 소리는 소리의 (   )이/가 크다.

(3) 바이올린 소리와 피아노 소리를 구분할 수 있는 것은 소리의 (   )이/가 다르기 때문이다.

Q4 ㉠과 ㉡ 두 건반을 누를 때 진동수가 더 큰 소리가 나는 건반은 무엇인가?

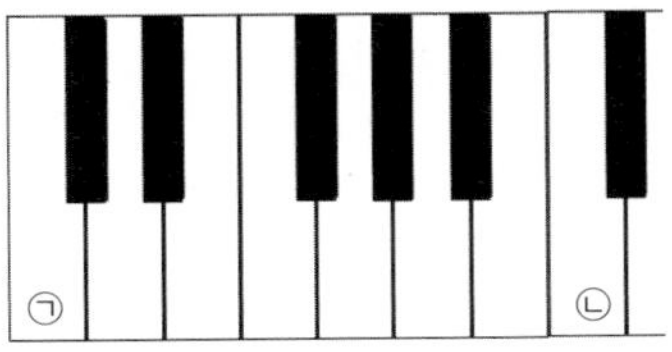

Q5 다음 표는 어떤 음의 진동수(Hz)를 나타낸 것이다.

음	A	B	C	D
진동수	262 Hz	330 Hz	349 Hz	392 Hz

A : B : C, A : B : D 의 진동수 비를 구하고, 화음으로 들리는 경우는 어느 것인가?

Q6 일상생활에서 소음 허용 기준은 보통 50dB 정도이다. 만약 어디서 80dB의 소리가 들리고 있다면 이 소리의 강도는 50dB 소리의 몇 배인가?

소리에 대해 더 알고 싶다면 다음 책으로 더 공부해 봅시다.

· 세페이드 3F 물리(하) CH18. 소리1, CH19. 소리2

탐구 보고서 작성을 위한 예비 단계

탐구 주제 찾기

떠오른 주제를 가지고 탐구의 목표와 예상 결과를 생각하면서 탐구 계획서를 완성해 봅시다.

Q1 지금까지 주어진 자료들을 읽고 드는 생각이나 느낌, 궁금증 등을 자유롭게 써 보자.

Q2 소리의 성질을 확인할 수 있는 방법은 무엇이 있을까? 확인하고 싶은 성질을 쓰고, 이를 확인할 수 있는 탐구 방법을 써 보자.

Q3 주변의 물체를 이용하여 화음이 되는 소리를 만들 수 있는 방법은 무엇이 있을까? 화음을 만드는 방법에 대한 자기의 생각을 써 보자.

Q4 주변 물체를 이용하여 화음을 내보고, 화음을 이용하여 간단한 나만의 음계를 만드는 방법을 써 보자.

Q5 Q4 에서 작성한 탐구와 관련하여 어떤 산출물을 고안할 수 있을까?

Q6 계획한 탐구 방법을 토대로 탐구 주제를 정해 보자.

탐구 보고서 작성을 위한 예비 단계

탐구계획서 작성

탐구주제

탐구 동기 및 목적

탐구하고자 하는 내용

탐구를 위한 실험 설계

실험제목

준비물

실험과정

탐구 보고서 기본 양식

보고서의 차례는 다음 몇 가지 예를 참고하여 적절히 가감하여 사용한다.

1. 탐구 주제
2. 탐구 동기
3. 탐구를 통해 알고 싶은 점
4. 탐구 문제 해결을 위한 사전 토론
5. 탐구를 위한 사전 조사
6. 탐구 가설 설정
7. 탐구 절차 및 방법
8. 탐구 내용
   가. 탐구 과제 ①
   나. 탐구 과제 ②
9. 탐구 결과물
10. 탐구 결론
11. 탐구를 통해 느낀점
12. 향후 연구 계획
13. 참고 문헌

1. 탐구 문제
2. 이론적 접근
   가. 문헌 조사 ①
   나. 문헌 조사 ②
3. 탐구 내용
   가. 탐구 문제의 정의
   나. 탐구 절차 및 방법
   다. 결과 정리
   라. 분석 및 토론
   마. 실행
4. 결과 및 토론
   가. 결론
   나. 탐구의 보완점
   다. 느낀 점
5. 참고 문헌

1. 탐구 동기
2. 탐구 기간
3. 탐구 내용 및 실험 계획
   가. 실험에 대한 사전 조사
   나. 실험 계획
4. 탐구 방법(실험)
   가. 실험 ①
   나. 실험 ②
5. 탐구 결과 및 해석
   가. 실험 ① 의 결과 해석
   나. 실험 ② 의 결과 해석
6. 가설 검증
7. 결론
8. 실험 오류 및 오차 분석
9. 탐구를 통하여 느낀 점
10. 참고 문헌

부록

1. 탐구 주제
2. 탐구 문제
3. 탐구 문제 선정 이유
4. 설정한 가설
5. 변인의 종류와 통제
6. 탐구 내용 및 실험 계획
   가. 실험 ①
   나. 실험 ②
7. 탐구 실험
8. 탐구 결과
   가. 실험 ① 의 결과
   나. 실험 ② 의 결과
9. 탐구 결과의 해석
   가. 실험 ① 의 결과 해석
   나. 실험 ② 의 결과 해석
10. 결론 및 일반화
11. 탐구를 통하여 느낀 점
12. 참고 문헌

평가표

보고서를 마무리 한 후 전체 활동을 평가해 보자.

영역		평가 기준	평가 척도				
			5점	4점	3점	2점	1점
창의성	독창성	실험이나 관찰 방법, 산출물이 창의적인가?					
	유창성	실험 주제를 찾을 때 여러 가지 방법으로 찾았는가?					
	정교성	최종 산출물의 제작 완성도가 만족할 만한가?					
	융통성	실험 주제 또는 산출물이 다양하게 제시되었는가?					
이론적 타당성		산출물을 뒷받침하는 자료가 충분하며, 결론이 실험 주제와 맞는가?					
실용성(합리성)		문제 해결 방법이 현실에 적용 가능하다.					
설계 능력		주제에 맞게 실험이 설계되고, 적절한 방법이 사용되었다.					
커뮤니케이션 능력		탐구 보고서의 문맥 작성이 부드럽고, 주제와 결론이 일맥상통하며, 전달력이 있는가?					
융합성	과학(S)	산출물이나 탐구 과정에 과학적 원리가 적용되었는가?					
	기술(T)	탐구 목적에 맞게 실험을 응용하고, 산출물을 고안하였는가?					
	공학(E)	산출물이 잘 작동되는가?					
	예술(A)	산출물이 새롭고 창의적으로 디자인되었는가?					
	수학(M)	논리적이고 수학적인 기법을 사용하였는가?					
			매우 우수	우수	양호	보통	부족
총점							

점수에 따른 성취도 등급

등급	1등급	2등급	3등급	4등급	5등급
평가	60점 이상	45점 이상 ~ 59점 이하	30점 이상 ~ 44점 이하	15점 이상 ~ 29점 이하	14점 이하

주제3 모기

인간에게 가장 위협적인 생물 '모기'

매년 인간을 가장 많이 죽이는 생물은 모기가 압도적으로 1위다.

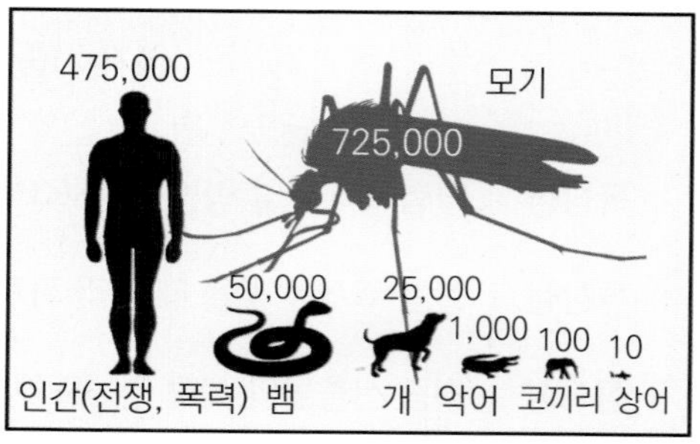

모기를 피하는 방법

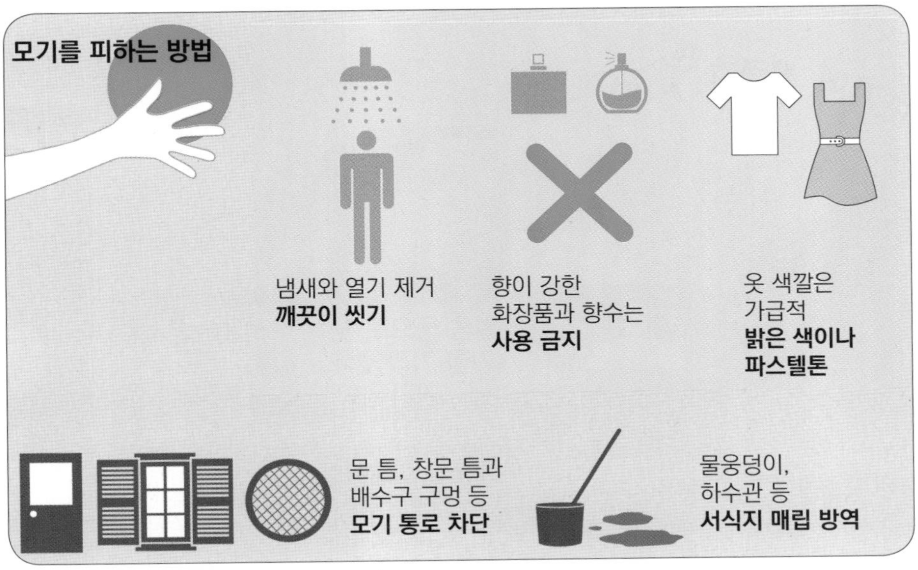

모기는 빛이 없는 시원한 때 주로 활동하므로 밤이나 새벽에 물리기 쉽다. 될 수 있으면 밤에는 피부 노출 부위를 줄이고, 향이 강한 향수나 화장품 등은 사용을 하지 않는 것이 좋다.

집에서는 베란다나 문을 통해 모기가 들어오므로, 베란다의 방충망에 틈이 없는지 잘 살펴봐야 한다. 모기향이나 매트, 모기 살충용 스프레이 등은 주로 밀폐된 공간에서 효과를 나타내므로 문을 열어두고 쓰면 효과가 없고, 모기약에는 화학 물질이 함유되어 있어 인체에 나쁜 영향을 미칠 수 있으므로 모기에 취약한 아이들을 위해서는 조금 불편하더라도 모기장을 치는 것이 가장 좋다.

모기는 냄새에 민감하므로 숨을 쉴 때 이산화 탄소가 나오는 얼굴이나, 땀이 많이 나는 다리, 사타구니, 몸통 등을 잘 문다. 따라서 잠자기 전에 가벼운 목욕을 통해 땀을 제거해 주는 것이 중요하다. 또 밤 사이 지나치게 땀을 흘리지 않도록 선풍기나 에어컨을 이용해 온도를 조절해 주는 것도 도움이 된다. 대사활동이 활발한 어린이나 몸의 표면적이 넓은 비만한 사람은 모기에 물리기 쉬워 더 신경 써서 씻을 필요가 있다.

모기가 싫어하는 천연 재료 냄새

계피향

레몬/오렌지

국화

민트류

계피나 레몬 향은 벌레들이 매우 싫어한다. 계피를 우려낸 물이나 레몬즙, 국화꽃 추출물을 분무기에 넣고 집안 곳곳에 뿌려주거나 유충이 번식하기 쉬운 곳에 수시로 뿌려주면 모기들을 쫓아내고 번식을 막을 수 있다.
또한 먹고 남은 오렌지와 레몬의 껍질을 햇빛에 바짝 말려 방향 주머니에 담은 후 집 안 곳곳에 두면 모기가 꼬이지 않는다. 촛불에 태워 향을 강하게 내는 것도 좋은 방법이다.
상쾌한 향이 특징인 페퍼민트도 모기나 파리를 쫓는 데 효과적이다.

모기에 물렸을 때 처치 방법

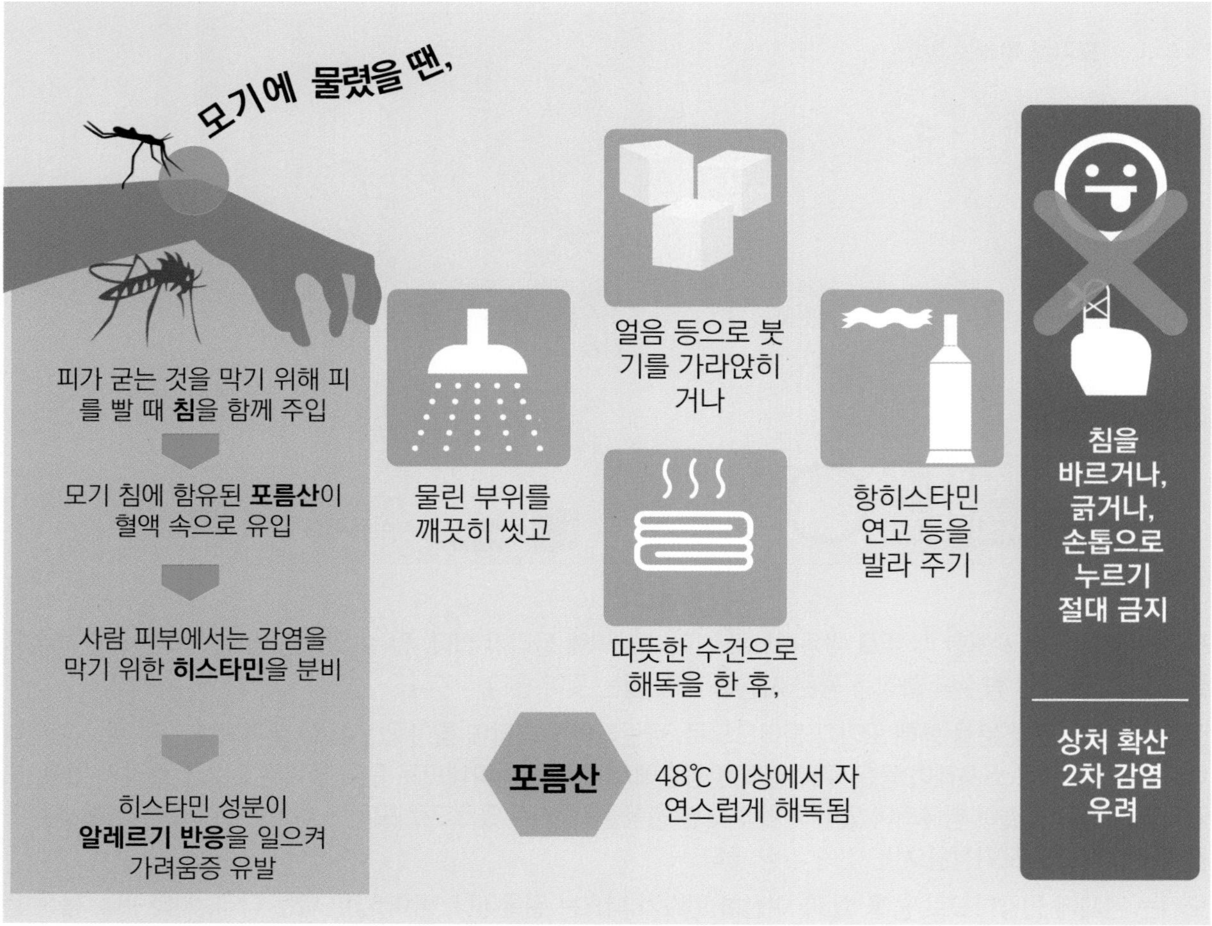

모기를 퇴치하기 위한 방법 모기와 관련된 다음 기사를 살펴보자.

'모기와의 전쟁'을 벌이는 구글

인터넷 업계의 공룡으로 불리는 구글이 수컷 이집트 숲모기를 볼바키아 박테리아에 감염시키는 기술을 이용한 모기 박멸 프로젝트를 통해 미 캘리포니아 한 카운티에서 모기 개체 수를 크게 줄였다고 한다.
볼바키아 박테리아는 평범한 자연 박테리아지만, 이에 감염된 수컷 모기와 짝짓기한 암컷 모기가 낳는 알은 불임이 되어 부화하지 못하는 결과를 낳게 된다. 암컷 모기만 사람을 무는 습성에서 착안해 '더 많은 모기를 풀어 모기를 잡는다'는 역설적인 아이디어에서 이 기술이 탄생한 것이다.
실험 자체는 성공적이었지만 최대 걸림돌은 비용이다. 볼바키아에 감염된 수컷 모기를 기르는 데는 온갖 첨단 기술이 동원되고 있기 때문이다.
- 중간 생략 -
일각에서는 모기가 멸종되었을 때 생태계 교란이 생길지도 모른다는 의견이 나오고 있다. 하지만 아직 생태계 내에서 모기의 역할이 충분히 규명되지 않았고, 일부 과학자들은 생태계 내에서 모기의 역할이 미미하므로 모기가 없어도 괜찮다고 주장한다.

여름뿐만 아니라 요즘에는 가을, 심지어 겨울에도 모기가 기승을 부리고 있다. 각종 전염병을 매개하는 모기, 이를 퇴치하는 방법을 찾기 위한 노력은 계속되고 있다.

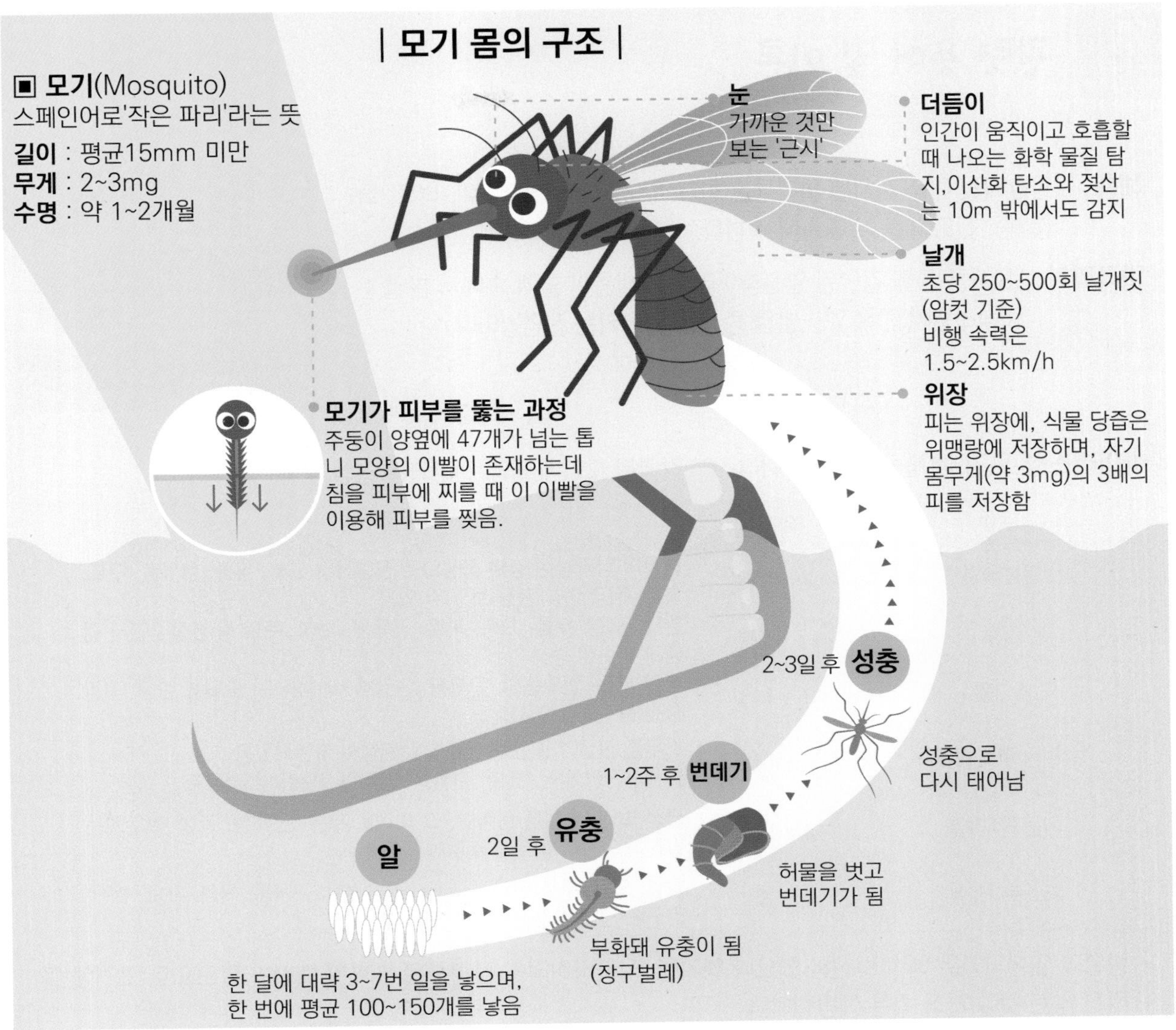

Q1 다음 모기와 관련된 속설에 대하여 자신의 견해를 서술해 보자.

모기는 O형을 좋아한다?
모기는 화장품 냄새를 좋아한다?
모기에 물리면 침을 바르거나 손톱으로 누르는 것이 좋다?
임산부는 모기에 물릴 가능성이 더 크다?
뚱뚱한 사람은 모기에 더 많이 물린다?
모기가 에이즈를 전염시킨다?

가 관련 용어 및 이론

해충 인간에게 해를 끼치는 벌레를 말한다. 모기와 바퀴벌레, 이, 벼룩, 회충, 좀, 진드기 등이 해충에 속한다.

말라리아 모기를 통해 감염된 열원충이라는 기생충이 혈액 속에서 분열, 증식하면서 반복적인 발열 증상을 일으키는 전염병이다.

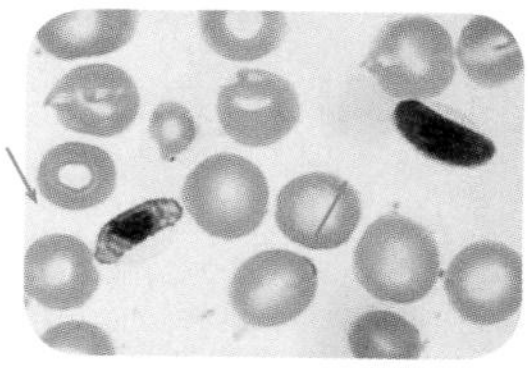

Plasmodium, 말라리아 원충
(말라리아의 원인이 된다.)

바이러스성 모기 매개 감염병 바이러스에 감염된 모기에 물려 전파되는 급성 감염병을 말한다.

질병	잠복기	주요 증상
일본뇌염	7 ~ 14일	증상이 나타나는 경우 급성으로 진행하여 고열, 두통, 현기증, 구토, 복통, 지각 이상 등을 보일 수 있음
황열	3 ~ 6일	발열, 오한, 두통, 요통, 피로, 근육통, 오심, 구토 등 인플루엔자 감염과 비슷한 증상
뎅기열	3 ~ 14일	심한 두통, 안와통증, 근육통, 관절통 및 뼈통증, 출혈성 반점, 구강 출혈 등
지카바이러스 감염증	2 ~ 14일	소두증 신생아 출산 증가와의 관련성이 확인되었음 반점구진성 발진, 발열, 관절통, 결막염, 근육통, 두통 등
치쿤구니야열	2 ~ 12일	급성 발열, 관절통 등이며, 그 외에도 두통, 근육통, 관절 부종 또는 발진이 있으며 피로가 수주까지 지속
웨스트나일열	2 ~ 6일	발열, 오한, 주로 허약감, 두통, 식욕감퇴, 근육통, 구역, 구토, 발진, 안구통 등의 감기 증상을 보임

- 황열과 일본뇌염은 예방 백신이 있으나 뎅기열, 지카바이러스 감염증은 특화된 백신이 없으므로 모기에 물리지 않는 것이 가장 좋은 예방법이다.
- 말라리아와 일본뇌염은 국내 감염병, 뎅기열, 황열, 지카바이러스 감염증은 해외유입 감염병으로 분리한다.

바이러스(virus)

① 특징

· 세균보다 크기가 작아 광학 현미경으로 관찰할 수 없으며 세포의 구조를 갖추지 못한다.

- 무생물적 특징 : 숙주 세포 밖에서는 단백질과 핵산의 결정체로 존재하며 독자적인 효소가 없어 스스로 물질대사를 하지 못한다.
- 생물적 특징 : 숙주 세포 내에서는 숙주 세포의 물질대사 효소를 이용하여 물질대사를 하고, 유전 물질을 복제하여 증식하며 유전 현상을 나타낸다. 돌연변이가 일어나 다양한 종류로 진화한다.

㉠ A형·B형·C형 간염, 수두, 에볼라, 홍역, AIDS, SARS 등

세균 (Bacteria)

· 단세포로 이루어진 미생물로 핵이 없는 원핵생물이다.
· DNA와 RNA를 모두 갖고 있으며, 증식과 유전 과정에서 돌연변이가 일어난다.
· 유전 물질과 리보솜, 세포막을 가지고 있어 스스로 효소를 합성하여 물질대사와 증식이 가능하다.

㉠ 세균성 이질, 장티푸스, 콜레라, 매독, 탄저병, 결핵 등

관련 사이트

서울시-생활보건의료 http://news.seoul.go.kr/welfare/mosquito

질병관리본부 http://www.cdc.go.kr

관련 도서

책이름	출판사	저자	책소개
모기가 할 말 있대!	길벗어린이	이정모 역	모기의 실제 단면을 인쇄한 것 같은 섬세한 삽화와 모기에 관한 정보와 이야기를 탁월한 균형으로 구성한 글로 이루어진 책이다.
모기가 궁금해	자연과생태	신이현 저	모기와 관련된 52가지 질문에 대한 답을 과학적 근거와 연구 자료를 바탕으로 답해주고 있는 책이다.
알고 보면 더 재미있는 곤충 이야기	뜨인돌 어린이	함윤미 저	어린 친구들이 곤충을 더 잘 이해하고 사랑할 수 있도록 잠자리나 장수하늘소처럼 잘 알려진 곤충은 물론, 잘 알려지지 않은 신기한 곤충들의 이모저모까지 쉽고 재미있게 풀어냈다.
만화로 배우는 곤충의 진화	한빛비즈	김도윤 저	곤충에 대하여 쉽고 재미있게 볼 수 있는 웹툰 형식의 교양서이다.
바이러스 쇼크	매일경제신문사	최강석 저	인류를 위협한 최초의 바이러스부터 지카바이러스까지, 일반 독자들에게 바이러스에 대한 모든 것을 대중적이면서도 전문적으로 소개하고 있다.

[선정하기] 관련 도서와 영화 중 보고 싶거나 읽고 싶은 것을 선정해 보자.

[서술하기] 관련된 책을 읽거나, 영화를 감상하고 느낀 점을 써 보자.

활동 TIPS

★ 혼자서 하고 있다면 3일 내 마무리 한다.

★ 교사와 그룹 활동을 하고 있다면 과제를 내준다.

주제 깊이 알기! 문제를 통해 이슈와 관련된 내용을 더 자세히 알아봅시다.

Q1 사람이나 동물의 피를 빨아 먹는 모기는 암컷일까, 수컷일까?

Q2 다음 <보기> 중 모기 매개 감염병을 있는 대로 고르시오.

보기

ㄱ. 에볼라　ㄴ. 황열　ㄷ. 뎅기열　ㄹ. AIDS　ㅁ. 일본뇌염

Q3 다음 중 모기가 좋아하는 냄새는 무엇인가?

① 계피 향　② 국화꽃 향　③ 레몬 향　④ 땀 냄새　⑤ 페퍼민트 향

Q4 다음 중 세균의 특징에는 '세', 바이러스의 특징에는 '바'라고 쓰시오.

(1) 숙주 없이는 독자적인 물질대사가 불가능하다. (　　)
(2) 장티푸스, 콜레라 등이 해당되며 단세포로 이루어져 있다. (　　)
(3) 홍역, AIDS 등이 해당되며 돌연변이가 일어나 다양한 종류로 진화한다. (　　)

Q5 모기는 일반적으로 고인 물 위에 알을 낳는다. 이러한 특성을 이용하여 모기를 퇴치하기 위해 한 NGO 단체가 모기를 죽이는 포스터를 만들었다.

모기를 죽이는 친환경 포스터
출처 : https://cargocollective.com

이 포스터는 물에 녹는 쌀과 모기 유충을 죽이는 유기물로 만들어져 벽에 붙여 놓고 비가 오면 자연스레 녹아 천연 살유충제가 된다. 빗물에 녹은 포스터는 모기 유충이 모여있는 물웅덩이로 흘러가 60일 동안 유충을 퇴치할 수 있다.

이처럼 모기 유충을 없애는 다른 방법은 무엇이 있을까? 생각해서 서술하시오.

모기와 관련된 사항에 대해 더 알고 싶다면 다음 책으로 더 공부해 봅시다.

· 세페이드 3F 생명과학(하) CH24. 질병과 병원체

탐구 주제 찾기 탐구 보고서 작성을 위한 예비 단계

떠오른 주제를 가지고 탐구의 목표와 예상 결과를 생각하면서 탐구 계획서를 완성해 봅시다.

Q1 지금까지 주어진 자료들을 읽고 드는 생각이나 느낌, 궁금증 등을 자유롭게 써 보자.

Q2 모기에 물리지 않기 위한 방법은 무엇이 있을까? 구체적인 방안을 써 보자.

Q3 Q2 에서 작성한 내용을 어떻게 실험적으로 증명할 수 있을까? 증명하기 위한 탐구 방법을 써 보자.

Q4 기존에 사용하고 있는 화학 성분의 모기 기피제는 몸에 해롭지 않을까? 이를 실험적으로 증명할 수 있을까? 자신의 의견을 써 보자.

Q5 Q3, 4 에서 작성한 탐구와 관련하여 어떤 산출물을 고안할 수 있을까?

Q6 위의 문제들을 토대로 탐구 주제를 정해보자.

탐구 보고서 작성을 위한 예비 단계

탐구계획서 작성

탐구주제

탐구 동기 및 목적

탐구하고자 하는 내용

탐구를 위한 실험 설계

실험제목

준비물

실험과정

탐구 보고서 기본 양식

보고서의 차례는 다음 몇 가지 예를 참고하여 적절히 가감하여 사용한다.

1. 탐구 주제
2. 탐구 동기
3. 탐구를 통해 알고 싶은 점
4. 탐구 문제 해결을 위한 사전 토론
5. 탐구를 위한 사전 조사
6. 탐구 가설 설정
7. 탐구 절차 및 방법
8. 탐구 내용
   가. 탐구 과제 ①
   나. 탐구 과제 ②
9. 탐구 결과물
10. 탐구 결론
11. 탐구를 통해 느낀점
12. 향후 연구 계획
13. 참고 문헌

---

1. 탐구 문제
2. 이론적 접근
   가. 문헌 조사 ①
   나. 문헌 조사 ②
3. 탐구 내용
   가. 탐구 문제의 정의
   나. 탐구 절차 및 방법
   다. 결과 정리
   라. 분석 및 토론
   마. 실행
4. 결과 및 토론
   가. 결론
   나. 탐구의 보완점
   다. 느낀 점
5. 참고 문헌

---

1. 탐구 동기
2. 탐구 기간
3. 탐구 내용 및 실험 계획
   가. 실험에 대한 사전 조사
   나. 실험 계획
4. 탐구 방법(실험)
   가. 실험 ①
   나. 실험 ②
5. 탐구 결과 및 해석
   가. 실험 ① 의 결과 해석
   나. 실험 ② 의 결과 해석
6. 가설 검증
7. 결론
8. 실험 오류 및 오차 분석
9. 탐구를 통하여 느낀 점
10. 참고 문헌
부록

---

1. 탐구 주제
2. 탐구 문제
3. 탐구 문제 선정 이유
4. 설정한 가설
5. 변인의 종류와 통제
6. 탐구 내용 및 실험 계획
   가. 실험 ①
   나. 실험 ②
7. 탐구 실험
8. 탐구 결과
   가. 실험 ① 의 결과
   나. 실험 ② 의 결과
9. 탐구 결과의 해석
   가. 실험 ① 의 결과 해석
   나. 실험 ② 의 결과 해석
10. 결론 및 일반화
11. 탐구를 통하여 느낀 점
12. 참고 문헌

평가표

보고서를 마무리 한 후 전체 활동을 평가해 보자.

영역		평가 기준	평가 척도				
			5점	4점	3점	2점	1점
창의성	독창성	실험이나 관찰 방법, 산출물이 창의적인가?					
	유창성	실험 주제를 찾을 때 여러 가지 방법으로 찾았는가?					
	정교성	최종 산출물의 제작 완성도가 만족할 만한가?					
	융통성	실험 주제 또는 산출물이 다양하게 제시되었는가?					
이론적 타당성		산출물을 뒷받침하는 자료가 충분하며, 결론이 실험 주제와 맞는가?					
실용성(합리성)		문제 해결 방법이 현실에 적용 가능하다.					
설계 능력		주제에 맞게 실험이 설계되고, 적절한 방법이 사용되었다.					
커뮤니케이션 능력		탐구 보고서의 문맥 작성이 부드럽고, 주제와 결론이 일맥상통하며, 전달력이 있는가?					
융합성	과학(S)	산출물이나 탐구 과정에 과학적 원리가 적용되었는가?					
	기술(T)	탐구 목적에 맞게 실험을 응용하고, 산출물을 고안하였는가?					
	공학(E)	산출물이 잘 작동되는가?					
	예술(A)	산출물이 새롭고 창의적으로 디자인되었는가?					
	수학(M)	논리적이고 수학적인 기법을 사용하였는가?					
			매우 우수	우수	양호	보통	부족
총점							

점수에 따른 성취도 등급

등급	1등급	2등급	3등급	4등급	5등급
평가	60점 이상	45점 이상 ~ 59점 이하	30점 이상 ~ 44점 이하	15점 이상 ~ 29점 이하	14점 이하

주제4 **이끼**

이끼로 공기 청정기를 만든다고?

최초로 육상 생활에 적응한 식물, 이끼

'물기가 많은 곳에 나는 푸른 때'를 가리키는 단어였던 이끼는 차츰 잎과 줄기의 구별이 분명하지 않고 관다발이 없는 식물로 고목이나 바위, 습지에서 자라는 식물 전체를 가리키는 용어가 되었다.

이끼는 물속에 살던 식물이 육지로 진화해 가는 중간 단계의 식물로 관다발이 발달하지 않았기 때문에(관다발이 없다는 것은 달리 표현하면 뿌리, 줄기, 잎의 구분이 없다는 것이다.) 물에 민감하다. 이끼는 최초로 육상으로 진출했다고 알려진 식물로 원시식물이라 불리는 고사리와 식물계통상으로 가장 가까이에 놓여 있으며, 생태계에서 식물이 없던 곳에 가장 먼저 자리를 잡은 식물로 분류되고 있다. 습기가 많은 곳에 제한적으로 살 수밖에 없는 이끼의 한계를 극복하고 건조한 육지에서도 생존할 수 있게 진화한 형태가 바로 관다발 조직을 가진 식물이다. 우리가 알고 있는 양치식물, 종자식물(겉씨식물, 속씨식물)이 모두 관다발 식물에 속한다.

이끼의 역할

이끼는 산소를 공급하는 중요한 식물체이다. 미국 국립 과학원의 연구 결과 약 4억 6천만 년 전쯤에 이끼가 폭발적으로 성장하면서 이로 인해 지구에 산소가 대량으로 방출되었고, 그 양이 현재 지구에 존재하는 산소의 약 30% 이상에 해당할 정도라고 밝혀졌다. 이끼가 많은 생명체의 생명 유지에 중요한 역할을 한 것이다. 또한 이끼는 작은 곤충들의 먹잇감이 되어 자연의 먹이사슬 구조의 기초를 담당하기도 한다.

이끼는 흙이 무너지거나 공사 등으로 맨땅이 드러나 식물이 전혀 없는 곳에 맨 먼저 나타나 정착하면서 다른 생물이 살 수 있는 터전도 만들어준다. 이끼가 자라면서 생긴 부식토 덕분에 식물들이 뿌리내릴 수 있고, 이끼 스스로가 작은 동물에게는 안식처와 음식을 제공하는 것이다. 결국 이끼가 생태계를 형성하는 것부터 유지하는 데 중요한 요소로 작용하고 있는 셈이다.

또 한 가지 이끼의 중요한 역할은 바로 비를 저장하고 조절하는 것이다. 이끼의 세포는 자기 몸무게의 약 5배 이상에 해당하는 물을 가둬둘 수 있으므로 갑자기 많은 비가 내릴 때 홍수 및 강의 침식을 막아주는 역할을 하며 반대로 가뭄이 닥쳤을 때 저장한 물을 내놓아 땅이 마르는 것을 방지하는 역할도 담당한다.

이끼의 또 다른 역할 중 한 가지는 의약품으로의 활용이다. 의학이 발전하기 전에는 긴급한 상황 시에 이끼는 상처를 감싸는 붕대로 이용되었으며 지혈을 위한 외과 치료 목적으로도 사용되었다. 또한 식물 기름과 혼합하여 사용하면 습진이나 베인 상처, 화상 치료용으로 사용되기도 하였다.

Q1 매우 오염된 환경을 제외한 모든 곳에서 생존할 수 있는 이끼지만 이끼가 자라는 데는 빛의 양, 습도, 온도가 필요하다. 이끼의 광합성 활동은 보통 25℃ 정도에서 가장 활발하고, 빛의 세기는 400Lux, 맑은 날 해가 뜨거나 질 때의 밝기에서 가장 잘 성장한다. 일반 식물들보다는 온도는 더 낮고, 빛의 세기는 조금 약한 편이다. 그 이유는 무엇일까?

이름은 이끼지만, 이끼가 아니다?!

이끼라는 이름이 붙어있지만 실제로 이끼가 아닌 것도 있다.
대표적인 예가 머리카락처럼 자라는 물이끼이다. 물이끼는 이끼류가 아니라 녹조류에 속한다. 또 괴불이끼나 바늘이끼라 불리는 것은 양치식물에 속한다. 산성과 염기성을 측정하는 리트머스 종이를 만드는 리트머스이끼도 이끼가 아니라 지의류이다.

물이끼

괴불이끼

바늘이끼

리트머스이끼

Q2 국에 넣어 끓여 먹는 매생이는 '생생한 이끼를 바로 뜯는다'는 뜻의 우리말이다. 하지만 매생이는 녹색 해조류이다. 이처럼 이끼가 아닌 식물에 이끼라는 말이 붙은 이유는 무엇일지 서술해 보시오.

이끼의 현대적인 활용

이끼와 관련된 다음 기사를 살펴보자.

우주 공간에서도 살아남는 이끼의 생명력

이끼는 높은 자외선을 비롯한 험난한 우주 공간에서도 견딜 수 있을 만큼 생명력이 대단한 것으로 나타났다. 최근 포톤 인공위성이 유럽항공우주국의 바이오팬 시설에서 외계생명체 실험의 하나로, 각기 다른 두 가지 형태의 이끼를 지구로 귀환하기 전까지 14.6일 동안 다양한 온도와 자외선, 우주방사선 등에 노출한 결과 생존율은 물론 광합성 능력도 그대로인 것으로 나타났다.
실제로 이끼는 극단적인 환경을 좋아하고 지구에서도 가장 험한 환경에서도 생존할 수 있는 것으로 알려져 있다. 또 연구진에 따르면 이끼는 다중 세포로 맨눈으로 식별이 가능하고 진핵생물이며, 진화 과정에서 박테리아보다 훨씬 진화한 근대적인 조직이다.
한편 관계자들은 이번 바이오팬 실험의 결과, 이끼는 화성의 표면에서도 살아남을 수 있을 것으로 보이며 이 실험에 이어서 지상과 우주 공간에서 실시될 실험은 흥미로운 천체생물학적인 질문에 대한 대답을 제공할 수 있다고 전망했다.

(출처: 한국과학기술정보연구원)

최근 이끼는 미세먼지와 같은 대기오염 등이 심해지면서 실내 공기를 정화하는 동시에 습기 조절을 위한 실내 식물로 주목받고 있으며, 다양한 인테리어 목적으로도 사랑받고 있다.

아래 그림과 같은 시티트리(city tree)는 세계 주요 도시들에 설치되어 공기 정화기로 사용되고 있다.
독일의 친환경 업체가 제작한 시티트리는 가로 3m, 세로 4m 두께 2m 크기의 이끼로 이뤄진 벽과 실제 사람이 앉을 수 있는 벤치로 이루어져 있다. 시티트리 한 개의 정화 능력은 275그루의 나무에 해당하며, 연간 240톤의 이산화 탄소와 오존 가스, 하루 약 250g 의 미세먼지를 흡수할 수 있다.

시티트리(city tree)

관련 용어 및 이론

이끼 물과 육지 생물의 중간 단계의 생물로, '선태식물'을 보통 이끼라고 함.

사는 곳	습기가 많은 땅이나 숲 속, 혹은 나무 껍질과 돌 위 등
크기	1 ~ 10 cm
번식	포자로 번식
특징	- 엽록체를 가지고 있어 광합성을 할 수 있음 - 대부분 꽃이 피지 않음 - 뿌리와 줄기, 잎의 구분이 명확하지 않음 - 뿌리는 헛뿌리로 몸을 지지하는 역할만 함 - 관다발이 발달되지 않음 ⇨ 물과 영양분을 온몸으로 흡수
종류	약 2만 3천여 가지

선류	태류	각태류
외관상 뿌리, 줄기, 잎이 구분되지만 관다발이 없고, 헛뿌리가 몸을 땅에 부착시킨다. 예 솔이끼	외관상 뿌리, 줄기, 잎이 구분되지 않고, 엽상체 구조로 거의 땅에 붙어있다. 예 우산이끼, 비늘이끼	포자체가 풀잎 모양이다. 예 뿔이끼
 ▲ 솔이끼	 ▲ 패랭이 우산이끼	 ▲ 뿔이끼

엽상체 몸 전체가 잎처럼 생기고 평평하며, 잎과 같은 일을 하는 기관.

식물계의 분류 관다발의 유무, 종자의 형성 여부, 씨방의 유무에 따라 분류한다.

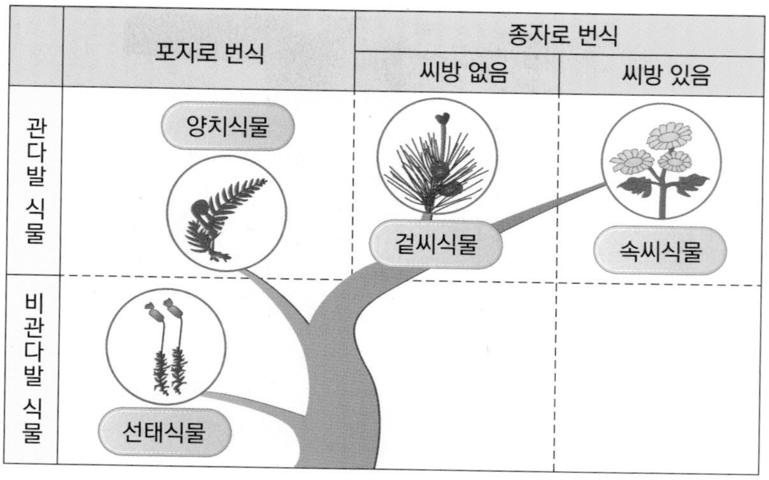

지의류 지의류는 단일 생물이 아니다. 하얀 균체의 곰팡이와 녹색, 청남색의 조류가 만나 공동생활을 하는 공생체인 '균류'이다. 곰팡이가 추위나 더위, 가뭄에 견딜 수 있는 보호막이 되어 주고, 조류는 광합성을 통해 생존에 필요한 영양분을 만들어 곰팡이에게 제공하면서 공생을 하는 것이다.

우산이끼와 솔이끼의 비교

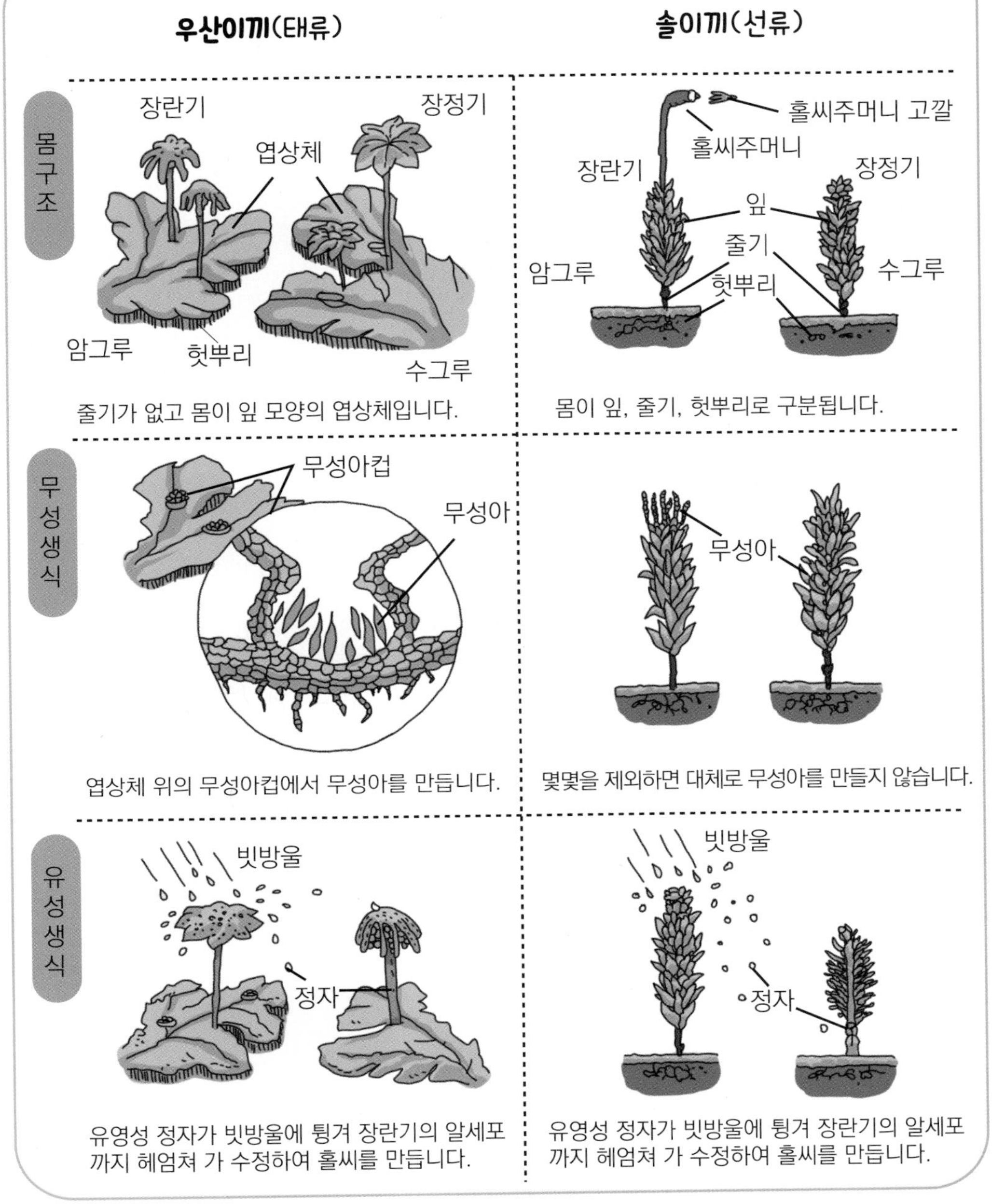

관련 사이트

산림청-청소년숲교실 http://www.forest.go.kr

국립생물자원관 https://www.nibr.go.kr

greencitysolutions https://greencitysolutions.de/en

관련 영화 및 영상

영화이름	장르	감독	영화/영상 소개
레드 플래닛(2000)	SF	안토니 호프만	때는 2050년. 지구는 죽어가고 있고, 이에 대한 유일한 대책은 화성을 식민지로 개척하는 것으로 판정되어 화성으로 향한다. ⇨ 붉은 행성인 화성을 인간의 식민지로 개척하기 위해 이끼를 사용하는 장면이 나온다.
EBS 다큐프라임 생명, 40억 년의 비밀 - 1부 소리없는 지배 식물	다큐멘터리	이연규	식물은 땅에 뿌리를 박고 움직이지 못하는 수동적인 존재로 보이지만, 줄기와 뿌리 그리고 잎사귀까지 결코 우연히 만들어진 것은 없다. 영리한 모성으로 지구를 품어 온 식물들의 생존 전략을 살펴본다.

관련 도서

책이름	출판사	저자	책소개
초록 융단의 이끼	도서출판 세종	류재혁, 현진오 감수	이끼의 꽃, 사는 곳, 번식, 열매, 물가의 이끼, 특이한 이끼 등 이끼에 대한 다양한 정보로 구성한 과학 탐구 그림책이다.
올빼미 자연관찰 20 숲 속의 버섯 초록 융단 이끼 (균류, 식물)	한국슈타이너	편집부	어린이의 눈높이에 맞는 어휘 선택과 간결한 구어체 문장으로 쓰여져 있으며, 자연현상이나 생태에 대한 과학적 지식을 배울 수 있는 이야기들을 두루 수록해 과학 개념에 대한 이해를 자연스럽게 높여준다.
브리태니커 만화 백과 : 곰팡이와 이끼	미래엔 아이세움	봄봄 스토리 글 / 김덕영 그림	곰팡이, 버섯, 이끼에 대한 풍성한 지식을 만화로 담아냈다.
선태식물 관찰도감	지오북	국립생물자원관 저	한국 최초로 자생 이끼류 302종을 수록한 컬러 도감이다.

[서술하기] 관련 도서와 영화 중 하나를 선정하여 읽거나 감상한 후 내용을 서술해 보자.

활동 TIPS

★ 혼자서 하고 있다면 3일 내 마무리 한다.

★ 교사와 그룹 활동을 하고 있다면 과제를 내준다.

주제 깊이 알기!
문제를 통해 이슈와 관련된 내용을 더 자세히 알아봅시다.

Q1 다음 <보기> 중 선태식물(이끼)을 있는 대로 고르시오.

보기

ㄱ. 솔이끼　　ㄴ. 우산이끼　　ㄷ. 물이끼　　ㄹ. 뿔이끼　　ㅁ. 리트머스이끼

Q2 선태식물에 대한 설명으로 옳은 것은 O표, 옳지 않은 것은 X 표 하시오.

(1) 뿌리, 줄기, 잎의 구분이 없다. (　　)
(2) 건조하고 직사광선이 비추는 곳에서 잘자란다. (　　)
(3) 선태식물의 세포는 자기 몸무게의 약 5배 이상에 해당되는 물을 가둬둘 수 있다. (　　)
(4) 선태식물의 뿌리는 양분을 흡수하고 저장하는 기능을 한다. (　　)

Q3 이끼는 대부분 크게 자라지 않고 1 ~ 10cm 정도로 작다. 그 이유에 대하여 서술해 보시오.

Q4 빛을 프리즘에 통과시켜 보면 빨주노초파남보의 여러 색으로 나뉘는 것을 알 수 있다. 빨간색으로 갈수록 파장이 길고 보라색으로 갈수록 파장이 짧다.

식물은 광합성 하는 데 햇빛이 필요하다. 그럼 햇빛 중에서 어느 파장의 빛이 광합성 하기에 가장 좋을까? 서술해 보시오.

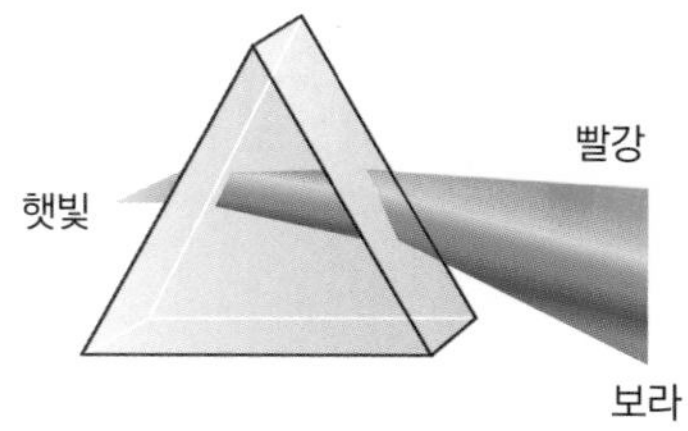

Q5 2만여 종이나 되는 이끼는 지구 표면의 6%의 면적에 걸쳐 자라나고 있으며 공룡만큼이나 오랜 역사를 가지고 있는 동시에 우주에서도 살아남을 정도로 강인하다. 또한 이미 여러 나라에서 먹거리 및 약재로 활용되고 있을 만큼 활용도가 높다. 이끼를 활용할 수 있는 방법을 다양하게 써 보자.

이끼(선태식물)에 대해 더 알고 싶다면 다음 책으로 더 공부해 봅시다.

· 세페이드 4F 생명과학(영재학교편) CH12. 생물의 다양성 I

탐구 보고서 작성을 위한 예비 단계

탐구 주제 찾기

떠오른 주제를 가지고 탐구의 목표와 예상 결과를 생각하면서 탐구 계획서를 완성해 봅시다.

Q1 지금까지 주어진 자료들을 읽고 드는 생각이나 느낌, 궁금증 등을 자유롭게 써 보자.

Q2 '이끼'라고 불리는 식물들은 주로 어떤 곳에서 잘 자랄까? 생장에 유리한 환경 조건을 구체적으로 써 보자.

Q3 이끼가 그러한 환경에서 잘 자라는지 증명할 수 있는 탐구 방법은 무엇이 있을까? 그 탐구 방법이 실현 가능할지 구체적으로 적어보자.

Q4 이끼에게 수분 저장 능력과 정화 능력이 있다는 것을 증명할 수 있는 탐구 방법은 무엇이 있을까? 그 탐구 방법이 실현 가능할지 구체적으로 적어보자.

Q5 위의 탐구 과정에서 어떤 산출물을 고안할 수 있을까?

Q6 위에서 생각한 탐구 과정을 토대로 탐구 주제를 정해보자.

탐구 보고서 작성을 위한 예비 단계

탐구계획서 작성

탐구주제

탐구 동기 및 목적

탐구하고자 하는 내용

탐구를 위한 실험 설계

실험제목

준비물

실험과정

평가표

CHECK!

보고서를 마무리 한 후 전체 활동을 평가해 보자.

영역		평가 기준	평가 척도				
			5점	4점	3점	2점	1점
창의성	독창성	실험이나 관찰 방법, 산출물이 창의적인가?					
	유창성	실험 주제를 찾을 때 여러 가지 방법으로 찾았는가?					
	정교성	최종 산출물의 제작 완성도가 만족할 만한가?					
	융통성	실험 주제 또는 산출물이 다양하게 제시되었는가?					
이론적 타당성		산출물을 뒷받침하는 자료가 충분하며, 결론이 실험 주제와 맞는가?					
실용성(합리성)		문제 해결 방법이 현실에 적용 가능하다.					
설계 능력		주제에 맞게 실험이 설계되고, 적절한 방법이 사용되었다.					
커뮤니케이션 능력		탐구 보고서의 문맥 작성이 부드럽고, 주제와 결론이 일맥상통하며, 전달력이 있는가?					
융합성	과학(S)	산출물이나 탐구 과정에 과학적 원리가 적용되었는가?					
	기술(T)	탐구 목적에 맞게 실험을 응용하고, 산출물을 고안하였는가?					
	공학(E)	산출물이 잘 작동되는가?					
	예술(A)	산출물이 새롭고 창의적으로 디자인되었는가?					
	수학(M)	논리적이고 수학적인 기법을 사용하였는가?					
			매우 우수	우수	양호	보통	부족
총점							

점수에 따른 성취도 등급

등급	1등급	2등급	3등급	4등급	5등급
평가	60점 이상	45점 이상 ~ 59점 이하	30점 이상 ~ 44점 이하	15점 이상 ~ 29점 이하	14점 이하

PART Ⅳ

발명품 대회

발명품 대회는
어떻게 준비할까?

단원 살짝 엿보기

01 발명을 위한 창의력 향상

새로운 것을 만들어내는 발명에는 창의력이 필요하다.
창의력이 어떤 것인지, 창의력을 키우기 위해서는 어떻게 해야하는지 알아보자.

창의성(creativity)이란 무엇인가?

1. 과거의 경험에 의하지 않고 새로운 방법으로 문제 해결을 하려는 생산적 사고이다.
2. 문제 해결을 위하여 가지고 있는 정보들을 새롭게 조립하는 능력이다.
3. 현재에 없는 새롭고 유익한 것을 만들어내는 능력이다.

창의력의 특징

1. 하나의 답을 정하지 않고, 가능한 다양한 답을 제사하는 확산적인 사고를 하는 능력※이다.
2. 기존의 정보만을 고집하지 않는다.
3. 누구나 선천적으로 가지고 태어나며, 후천적 개발이 가능하다.
4. 창의력이 높은 학생은 ① 이야기 만드는 것을 좋아하며 ② 현재 배우는 것과 다른 분야 사이의 유사점을 발견하고 연결시키려고 하며 ③ 자신이 계획한 일에 실패하더라도 좌절하지 않고 여러 가지 다른 방법을 찾는 특성이 있다.

창의력의 대표적 구성요소

1. **유창성** : 주어진 주제에 대한 다양한 아이디어를 생각할 수 있는 사고 능력
   주어진 자극에 대해 가능한 한 많은 양의 아이디어를 산출하는 사고 능력
2. **융통성** : 어떤 문제에 대해 다양한 범주에서 해결책을 제시하는 사고 능력
   주어진 문제에 대해 한 가지 방법에 집착하지 않고 다양한 접근 방법을 취하는 사고 능력
3. **독창성** : 자기 나름대로의 독특한 아이디어로 새로운 문제 해결 방식을 찾는 사고 능력
   문제에 대해 통상적인 것에서 탈피하여 독특하고 참신한 아이디어를 산출해 내는 사고 능력
4. **정교성** : 어떤 주제에 대해 실질적인 방법으로 해결책을 구체화시키는 사고 능력
   다듬어지지 않은 기존의 아이디어를 보다 치밀한 것으로 발전시키는 사고 능력
5. **민감성** : 주변 현상에 민감하게 반응하여 새로운 해결책을 파악하는 사고 능력
   주변 환경에 관해 민감한 관심을 보이고 이를 통해 새로운 탐색 영역을 넓히는 사고 능력

Q1 자신의 일상 생활에서 창의력을 발휘하여 문제를 해결했던 경험을 쓰고 그때 발휘했던 창의력의 구성요소는 주로 무엇이었는지 써 보시오.

Q2 다음 그림에서 찾을 수 있는 삼각형은 모두 몇 개인지 찾아보시오.

아이디어 발상법

01 브레인스토밍(Brain storming)

문제 해결을 위한 다양한 아이디어를 찾아내는 방법 중의 하나인데, 특정 주제에 대해 두뇌(brain)에서 폭풍(storm)이 휘몰아치듯이 생각나는 아이디어를 많이 내놓는다는 점에서 이와 같은 이름이 붙여졌다.

방법은 자유분방하게 아이디어 발표하기, 가급적 많은 아이디어를 발표하기, 어떤 아이디어에 대해서도 비판하지 않기, 2개 이상의 아이디어를 결합하여 새로운 아이디어를 이끌어내기 등이 있다.

Q3 코끼리를 냉장고에 넣을 수 있는 방법을 되도록 많이 생각해 써 보시오.

02 마인드 맵(Mind map)

마음 속에 마치 지도를 그리듯이 내용을 정리해 나가는 훈련 방법이다. 먼저 큰 주제를 중심에 두고 떠오른 생각을 그 가지에 부주제로 적고, 거기에 자세한 생각의 가지를 적어나가는 필기법이다. 기존의 지식을 바탕으로 보다 새롭고 유용한 것을 도출할 수 있도록 해주며, 창의성 개발과 이해나 암기와 같은 능력 향상에 효과가 있다. 또 복잡한 문제나 추상적인 생각을 시각적으로 이미지화하고 정리하는데 매우 효과적이다.

Q4 '지진'에 대한 마인드맵을 그려보면서 발명 아이디어를 떠올려 보시오.

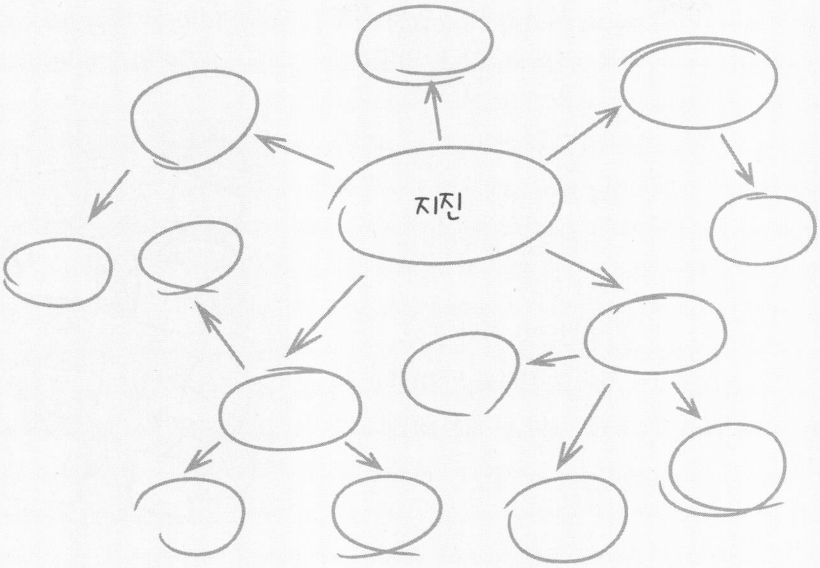

03 PMI(Plus, Minus, interesting) 기법

제안된 아이디어의 장점(Plus), 단점(Minus), 흥미로운 점(Interesting)을 하나씩 거론하여 논의한 후, 그 아이디어를 평가하는 기법으로 하나의 아이디어에 대해 집중적으로 분석하고자 할 때 매우 효과적인 기법이다. 제안된 아이디어 중 무엇이 최선책인지를 파악하여 결정하는 데 도움을 준다.

PMI 기법의 전개 순서

- PMI 기법으로 다룰 주제를 선정하고 그것에 대해 기술한다.
- 주제가 정해지면 3부분(P, M, I)으로 구분하여 아이디어를 낸다.
- P(plus)에 해당하는 장점을 더욱 살릴 수 있도록 한다.
- M(minus)에 해당하는 점에 대한 원인과 대책을 제시한다.
- I(interesting)에 해당하는 흥미로운 점을 새로운 대안 도출의 원천으로 삼는다.

Q5 무한이는 빨대를 개량하여 바나나 껍질로 만들기를 제안하였다. PMI 기법으로 평가해 보시오.

04 육색 사고 모자(Six Thinking Hats) 기법

학습자들이 6가지 서로 다른 색의 모자를 쓰고, 자신이 쓰고 있는 모자의 색이 의미하는 유형의 사고(아래 표 참조)를 하도록 하는 것이다. 이 방법은 자신의 생각에 국한되지 않고, 의도적으로 다른 생각을 하게 함으로써 사고력을 폭넓게 키울 수 있게 한다.

초록 모자	새로운 아이디어, 가능성 등을 제안한다.
노란 모자	사물에 대한 긍정적 사고, 타당성 검토를 한다.
빨간 모자	감정, 본능, 육감에 따른 생각을 한다.
검정 모자	적합과 부적합의 판단, 비판적 판단을 한다.
하얀 모자	토론 과정에서 필요하거나 부족한 정보를 판별한다.
파란 모자	의제(agenda)선정, 단계 진행, 요약 및 결론을 낸다.

Q6 육색 사고모자 기법 중에서 한 가지 모자를 고를 수 있다면 무엇을 고르겠는가? 왜 그 모자를 쓸 것인지 이야기해 보시오.

05 스캠퍼(Scamper) 기법

문제 해결의 착안점을 미리 정해 놓고 그를 7가지 경우에 따라 다각적으로 생각해서 창의적인 아이디어를 도출하는 기법이다. 기존의 제품을 개선하거나 신제품을 만들어낼 때 매우 유용하다.

① 대체하기(Substitute) : 기존의 것을 다른 것으로 대체함으로써 고정적인 시각을 새롭게 바라볼 수 있게 한다.

② 결합하기(Combine) : 두 가지 이상의 것을 결합하여 새로운 것을 만들어 낸다.

③ 적용하기(Adapt) : 어떤 것을 그 용도와 다른 목적과 조건에 맞게 적용해 본다.

④ 수정, 축소, 확대하기(Modify, Minify, Magnify) : 어떤 것의 특성이나 모양을 변형하거나 확대하고 축소하여 새로운 것을 만들어 낸다.

⑤ 다른 용도로 사용하기(Put to other uses) : 어떤 것을 전혀 다른 용도로 생각해 본다.

⑥ 제거하기(Eliminate) :
어떤 것의 일부 또는 제거가 가능한 기능들을 찾아본다.

⑦ 거꾸로 또는 재배치하기(Reverse, Rearrange) : 어떤 것의 순서, 위치, 기능, 모양 등을 바꾸거나 재정렬하여 새로운 것을 만들어낸다.

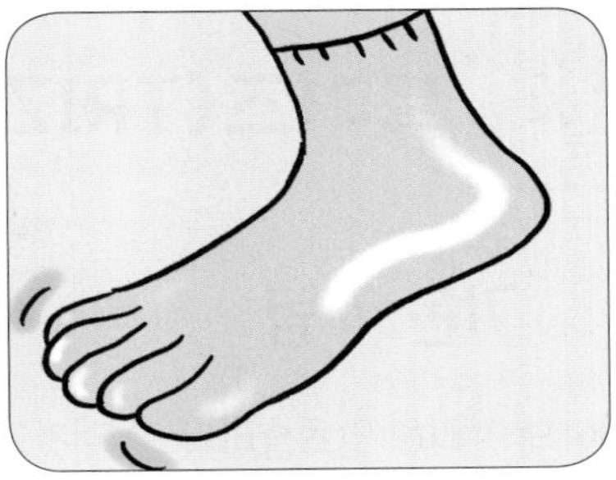

Q7 **최근 발명된 '누르면 빠지는 콘센트-누빠콘' 은 콘센트에 플러그가 꽂혀 있을 때 버튼을 누르면 가볍게 콘센트와 플러그가 분리되도록 만든 것이다. 스캠퍼 기법으로 설명해 보시오.**

06 강제 결합법

겉으로 보기에는 관계가 없어 보이는 두 가지 이상의 아이디어나 사물을 억지로 관련시켜 새로운 아이디어를 산출하는 기법이다. 생각이 막혀서 아이디어가 떠오르지 않거나, 다양한 시각에서 전혀 새로운 아이디어를 창출하고자 할 때 유용하다.

실행 순서

- 해결하고자 하는 문제를 정확히 파악하여 분명하게 기술한다.
- 문제와 관련이 없는 사물이나 아이디어를 여러 개 선택한다.
- 강제 결합법을 활용하여 새로운 사물이나 아이디어를 창출한다.

Q8 **스펀치와 양초를 강제 결합하여 개량 발명 물건을 생각해 보시오.**

트리즈(TRIZ)

01 기본 개념

러시아의 겐리히 알츠슐러가 만든 것으로, 수백만 건의 특허를 분석하여 발명에 공통적으로 나타난 특징을 정리한 것이다. 알츠슐러는 "창의적으로 문제를 해결하는 방법론"이라 지칭하였다. 트리즈의 기본 개념은 다음과 같다.

- 모순을 극복한다.
- 타협하지 않고 근본적으로 해결하는 이상적 해결책을 찾는다.
- 모순 해결과 이상적 해결을 하기 위해 적절한 자원을 활용한다.

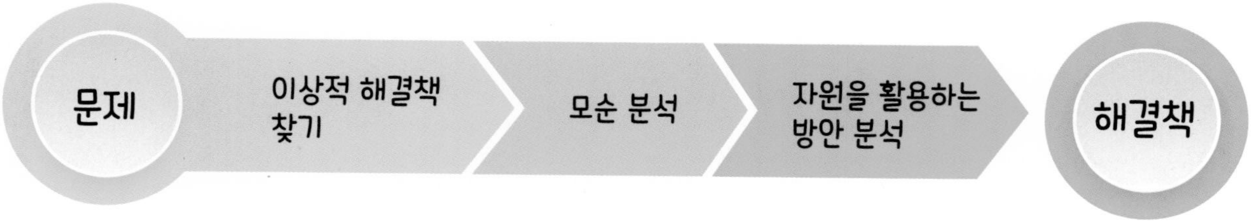

▲ 트리즈를 이용한 문제 해결 순서도

02 모순의 개념

- 기술적 모순 : 어느 특성을 개선하고자 하면, 다른 특성이 악화되는 모순이다.

예시 : 상품을 튼튼하게 포장하면 깨지지 않고 안전도가 높아지지만 무게가 증가하고 포장 비용이 더 든다.

- 물리적 모순 : 특성에는 서로 상반되는 특징이 있다는 것이다.

예시 : 비행기의 바퀴는 이착륙을 위해서는 있어야 하지만 비행 중에는 공기의 저항을 줄이기 위해 없는 것이 낫다.

Q9 **유모차는 아이를 돌볼 때는 유용하지만 너무 부피가 커서 보관하기 힘든 모순을 어떻게 해결해야 할지 방법을 써 보시오.**

03 분리의 원리

트리즈에서 물리적 모순을 해결하기 위해 사용하는 원리이다.

● 시간에 의한 분리

사람과 차가 같은 공간에서 여러 방향으로 안전하고 빠르게 다닐 수 있도록 일정한 시간 간격으로 빨간 불과 파란 불이 바뀌는 신호등이 그 예이다.

● 공간에 의한 분리

고층 건물에서 같은 공간에 층수에 따라 여러 대의 엘리베이터를 설치함으로써 많은 승객을 그 목적에 맞게 실어 나를 수 있게 한 것이 그 예이다.

● 부분과 전체에 대한 분리

자전거 체인은 강하면서도 유연해야 하는데, 단단한 금속 부품을 연결하여 강하지만 전체적으로 유연하게 만든 것이 그 예이다.

● 조건에 의한 분리

찬물과 뜨거운 물을 모두 사용하고 싶을 때, 찬물과 뜨거운 물이 나오는 입구가 나뉘어진 정수기가 그 예이다.

04 창의적으로 문제를 해결하는 40가지 방법 모음

1. 나누기
2. 필요한 것만 뽑기
3. 전체에서 일부를 다르게 하기
4. 비대칭을 이용하기
5. 합치기
6. 다용도로 쓰기
7. 포개기
8. 무게를 맞추기
9. 미리 반대 방법을 준비해 놓기
10. 미리 준비해 놓기
11. 미리 예방하기
12. 높이 맞추기
13. 반대로 하기
14. 원형으로 만들기
15. 움직이게 하기
16. 지나치게 하거나 부족하게 하기
17. 차원을 변경하기
18. 진동을 이용하기
19. 주기적으로 작용시키기
20. 유익한 작용을 지속시키기
21. 빠르게 처리하기
22. 나쁜 것을 좋은 것으로 만들기
23. 피드백을 이용하기
24. 매개체를 이용하기
25. 스스로 하게 만들기
26. 복제하기
27. 한 번 쓰고 버리기
28. 기계 시스템을 감각을 이용하도록 바꾸기
29. 공기나 유압을 사용하기
30. 얇은 막을 이용하기
31. 구멍이 뚫린 물질 이용하기
32. 색깔을 바꾸기
33. 똑같은 것을 이용하기
34. 버리거나 재활용하기
35. 물질의 속성을 바꾸기
36. 상태를 바꾸기
37. 열팽창을 이용하기
38. 활성화시키기
39. 활성화시키지 않기
40. 복합해서 쓰기

Q10 기초 공사를 위해 땅 속에 말뚝을 박기 위해서는 말뚝의 끝이 뾰족해야 한다. 그러나 말뚝이 일정한 깊이로 박힌 후에는 더 이상 밑으로 내려가지 않고 퍼진 상태로 단단하게 고정되어야 기둥의 역할을 할 수 있다. 위의 40가지 방법 중 하나를 골라 이 모순을 어떻게 해결할 수 있을지 방법을 제시해 보시오.

02 창의력 개발 훈련

문제풀이를 통해 발명에 꼭 필요한 창의력을 개발하는 훈련을 해보자.

01 다음 시계와 악보를 보고 연상되는 것을 모두 쓰시오.

02 쓰레기통, 희망, 비, 수박, 친구, 의사 중 세 개를 골라 넣어 문장을 만드시오.

03 다음 <보기>와 같이 아래에 제시된 두 물체를 함께 사용해서 새로운 물건을 만들고 그것의 이름과 기능을 되도록 많이 쓰시오.

〈 지팡이와 롤러 블레이드 〉

이름	용도
롤러 블레이드 초보 도우미	롤러 블레이드 초보자가 넘어지지 않도록 보조함
땅 위에서 즐기는 크로스컨트리	지팡이를 폴로 사용하여 앞으로 잘 나아가게 함
씽씽 지팡이	롤러 블레이드 모형에 지팡이를 붙여 연필깍이로 사용함

〈 스펀지와 양초 〉

이름	용도

해설 및 예시답안 | p.74

04 글쓰기를 싫어하는 학생이 글을 쓰고 싶게 만들 수 있는 특화된 연필 아이디어를 쓰고 이름을 붙여 보시오.

05 다음 <보기>에서 2개를 골라 그 둘의 공통점을 최대한 많이 쓰시오.

보기

수박

축구

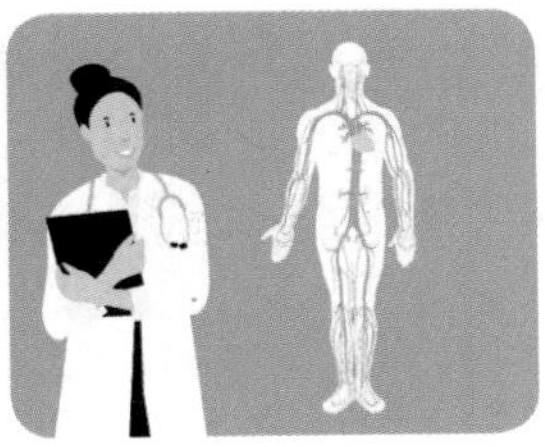
의사

비

06 책상, 운동화, 통장 중 하나 이상을 사용하여 늦잠을 자는 버릇(학교에 지각하는 것)을 고칠 수 있는 방법을 가능한 많이 적어 보시오.

07 다음은 현재 우리나라에서 사용되고 있는 동전들에 대한 설명이다. 물음에 답하시오.

주화	소재	도안	지름	무게
10원	구리 48%, 알루미늄 52%	다보탑	18mm	1.22g
50원	구리 70%, 아연 18%, 니켈 12%	벼이삭	21.60mm	4.16g
100원	구리 75%, 니켈 25%	이순신	24mm	5.42g
500원	구리 75%, 니켈 25%	학	26.50mm	7.70g

(1) 현재 사용하고 있는 동전의 불편함을 최대한 많이 적으시오.

(2) 불편한 점을 개선한 동전과 그 동전에 넣고 싶은 도안을 설명하시오.

08 불투명한 물체와 투명한 물체가 같이 쓰이는 경우를 다양하게 설명하시오.

09 해파리의 급증으로 인하여 여름 휴가를 맞아 해수욕장을 찾은 휴가객들이 휴가를 즐기는 데 방해가 된다. 급증하는 해파리에 의한 피해(㉠)와 해파리를 퇴치할 수 있는 방법(㉡) 에 대해 각각 3개 이상 쓰시오.

10 지구 밖에 있는 달을 관찰하기에 인간의 눈은 한계가 있으므로 망원경을 이용하여 관찰한다. 이처럼 인간의 감각 기관의 한계를 극복하기 위해 만든 기구를 5가지 이상 쓰시오.

11 자전거의 편리한 점과 불편한 점을 각각 3가지씩 쓰고 불편한 점과 그 해결책도 함께 쓰시오.

	편리한 점	불편한 점과 그 해결책
1		· 불편한 점 : · 해결 방법 :
2		· 불편한 점 : · 해결 방법 :
3		· 불편한 점 : · 해결 방법 :

12 빨대를 일상생활 속에서 본래 용도 이외에 사용할 수 있는 방법을 2가지 이상 적어 보시오.

 → ?

13 우리나라는 1년간 봄, 여름, 가을, 겨울의 사계절이 변화한다. 사계절 중 하나를 골라 그 계절에서 불편한 점을 있는대로 쓰고, 그를 해결하는 방법을 써 보시오.

14 상상이는 학교 수업 중에 과학 실험 수업을 가장 좋아한다. 그런데 알코올 램프를 실수로 넘어뜨려서 알코올이 쏟아지고 불이 옮겨붙어 위험해 지기도 하였고, 불을 강하게 키우기 위해 일일이 핀셋으로 심지를 빼서 올려야 하기도 했다. 사용 중간에 알코올을 보충해 줄 수도 없고, 오랫동안 알코올 램프를 쓰고 나면 병 전체가 뜨거워서 손으로 잡지 못하는 점도 불편했다. 어떻게 하면 상상이가 불편하지 않게 실험 수업을 계속할 수 있을지 새로운 알코올 램프를 고안하고 용도를 설명해 보시오.

15 현재 쓰고 있는 손전등의 불편한 점을 쓰고, 이를 해결할 수 있는 개량 발명 아이디어를 생각해 보시오.

16 다음은 바퀴의 변천사이다.

나무로 만든 바퀴가 고무 재질로 대체된 이유를 설명하고, 고무 타이어의 장점도 설명하시오.

17 인류는 끊임없는 발명을 통해 문명을 발달시켜 왔다. 기본적으로 잘 알려진 세계 3대 발명품은 종이, 화약, 나침반이며 활자와 인쇄 기술을 합쳐 4대 발명품이라고도 한다.

▲ 종이와 나침반

현재 인류가 사용하고 있는 물건이나 제품들 중에서 인류의 생활을 가장 많이 변화시킨 디자인이나 발명품을 무엇이라고 생각하는가? 그 이유와 함께 자신의 생각을 적어 보시오.

18 플라스틱 물병은 물이나 음료수를 마실 때마다 발생하는 재활용품 중 하나이며, 철사로 된 옷걸이는 세탁소에 옷을 맡길 때마다 발생하는 재활용품이다. 이렇게 쉽게 생기는 플라스틱 물병이나 철사로 된 옷걸이는 어떻게 활용할 수 있을까? 그 방법을 있는 대로 적어 보시오.

보기

19 우리가 현재 일상생활에서 사용하고 있는 유용한 물건들은 시대의 변화에 따라 발전되어 왔다. 다음 <보기>처럼 옛날과 현재 비슷한 용도로 사용하는 물건들을 최대한 많이 짝지어서 되도록 많이 쓰시오.

보 기

옛날 물건	현재의 물건
부채	선풍기, 에어컨

옛날 물건	현재의 물건

20 다음 보기와 같이 생활의 편리함을 위해 개발된 물건들로 인해 예부터 사용해 오던 물건들이 점차 사라지는 경우가 많다.

보 기

손편지와 우체통 → 이메일

유선 전화 → 휴대 전화

현재 사용하고 있는 것들 중 미래에 사라질 것이라고 예상되는 것을 3가지 이상 쓰고, 그렇게 생각하는 이유를 각각 쓰시오.

점수에 따른 **성취도 등급** **총점** 100점

등급	1등급	2등급	3등급	4등급	5등급
점수	90점 이상	70점 이상 ~ 89점 이하	50점 이상 ~ 69점 이하	30점 이상 ~ 49점 이하	29점 이하
성취도	창의력이 뛰어난 영재	창의력이 매우 우수한 준영재	창의력이 우수한 학생	잠재적인 창의력을 가지고 있는 학생	노력하면 창의력을 발전시킬 수 있음

03 발명품 대회 주제 찾기

주제는 어떻게 찾는 것이 좋을까?

01 우리 주변에서 볼 수 있는 불편한 점을 찾아봅시다.

생활에서 소소하게 불편한 점이 있었지만, 너무 익숙해진 나머지 불편함을 평소에는 잘 느낄 수 없는 경우가 많습니다. 갑자기 억지로 떠올리려면 잘 기억이 나지 않으므로, 평소에 자연스럽게 떠오르는 불편함을 적어두는 습관을 가집시다.

02 떠오른 발명 주제의 해당 분야를 살펴봅시다.

아무것도 정해진 것 없이 바로 발명품을 생각하기에는 너무 생각해야할 범위가 넓게 느껴질 수 있습니다. 발명 아이디어의 해당 분야를 살펴보고, 어떤 목적에 적합한 발명을 하고 싶은지를 떠올려 봄으로써 아이디어를 좀 더 좁혀 생각할 수 있습니다.

03 떠오른 주제가 이미 연구된 것인지 확인해 봅시다.

내가 불편했던 것은 남에게도 불편하므로, 이미 다른 사람이 연구한 주제일 수 있습니다. 국립중앙과학관, 특허청, 인터넷 쇼핑몰 등을 검색해서 자신의 아이디어가 연구되어 있는지, 연구되어 있다면 어떤 차이점을 내서 새롭게 만들 수는 있는지 생각해 봅시다.

A. 발명 아이디어 연습하기

생활과학

예시 01 세척할 때 떼고 붙이기 불편한 냄비뚜껑 손잡이

"아이고, 또 안되네~"

어머니가 몇 분째 실랑이를 벌이고 있다. 고무장갑을 낀 손으로 물기를 뚝뚝 흘리시면서 냄비뚜껑 손잡이를 끼우고 있는 중이다. 우리집은 아침밥을 꼭 챙겨 먹는 집이다. 그래서 어머니는 국을 자주 끓이신다. 바쁘게 요리하다 보면 국이 끓어 넘치고 냄비뚜껑에도 국물과 양념들이 잔뜩 묻게 된다. 냄비뚜껑 손잡이가 연결된 부위에도 양념들이 끼게 되는데 어머니는 간혹 뚜껑을 분리해 설겆이를 하신다. 나는 어머니가 실랑이 하시는 것을 보면서 문제가 무엇인지 알게 되었다. 손잡이와 뚜껑을 연결하는 나사가 제대로 쉽게 끼워지지 않는 것이다. 어머니는 가족을 위해 요리를 하고 청소를 하신다. 어머니를 위해 무엇이라고 해 드리고 싶다. 그래서 나는 발명 선생님과 '씻고 붙이기 편한 냄비뚜껑 손잡이'를 만들어보기로 하였다.

Q1 주어진 글을 읽고 드는 생각, 느낌, 궁금한 것들을 자유롭게 적어 보자.

Q2 위의 불편함을 해결할 수 있는 발명 아이디어를 자유롭게 써 보자.

발명 아이디어 연습하기

예시 02 빨대! 환경과 위생과 편리함을 한번에?!

빨대는 음료를 마실 때 매우 편리하지만 작고 입구가 좁으므로 세척이 어려워 재활용이 잘 안된다. 게다가 빨대에 낱개 포장까지 되어 있으면 낭비되는 자원과 나오는 쓰레기는 두 배가 되어 버린다.

슈퍼나 편의점, 카페에 비치된 빨대는 대부분 여러 개가 한꺼번에 정리되어 꽂혀 있는데, 용기에 담겨서 먼지를 막아 둔 곳도 있지만 포장되지 않은 채 놓여 있는 빨대는 먼지나 이물질에 쉽게 노출되고 여러 사람이 손으로 빨대를 만지기 때문에 위생에도 좋지 않다. 작은 야쿠르트를 샀는데 긴 빨대밖에 없었던 적이 있고, 반대로 500 mL 짜리 음료수를 샀는데 짧은 빨대밖에 없어서 불편했던 경험이 있다. 사용하는 음료나 목적에 따라서 길이를 자유롭게 조절하여 쓸 수 있다면 사용하는 데 더 편리하고 자원도 절약될 수 있다.

Q3 주어진 글을 읽고 드는 생각, 느낌, 궁금한 것들을 자유롭게 적어 보자.

Q4 위의 불편함을 해결할 수 있는 발명 아이디어를 자유롭게 써 보자.

발명 아이디어 연습하기

예시 03 들고 다닐 수 있는 카트가 필요해!

엄마하고 나는 가끔 시장이나 마트로 물건을 사러 간다. 어떤 때는 라면 박스에 여러 가지 식료품을 꼭꼭 담아서 들고 오기도 하는데, 그때는 너무 무겁다. 많이 살 것 같으면 처음부터 가정용 카트를 가져가거나 차를 타고 가지만 의도하지 않았는데 물건이 갑자기 많아질 때는 들고 오기가 어려워 참으로 난감하였다. 아버지께서도 출장을 다니시는데 어느 때는 물건이 든 가방이 무거워서 가방에 바퀴를 달았다 떼었다 할 수 있거나, 바퀴 달린 카트가 있어서 가방을 잠시 싣고 다니면 좋겠다는 생각을 하셨다고 한다. 그런데 바퀴 달린 커리어는 너무 부피가 커서 휴대하기 어렵다.

내가 생각하는 카트는 부피가 작고, 무게도 가벼워서 가방이나 바구니에 넣고 다니다가 운반할 물건이 생기면 바로 꺼내 펼쳐서 그 위에 짐을 싣고 집으로 오면 되는 것이다.

'나만 혼자 카트를 생각하고 있는 줄 알았는데, 엄마 아버지도 편리한 카트의 필요성을 느끼고 있구나' 하고 생각하니 서둘러 연구하여 이런 카트를 고안해야겠다고 다짐하였다.

Q5 주어진 글을 읽고 드는 생각, 느낌, 궁금한 것들을 자유롭게 적어 보자.

Q6 위의 불편함을 해결할 수 있는 발명 아이디어를 자유롭게 써 보자.

발명 아이디어 연습하기

예시 04 헤라 없이 편하게 신발을 신을 수는 없을까?

할머니 댁에 가면 현관 앞에서 한바탕 작은 소동이 일어날 때가 있다. 이번에 6살이 된 귀여운 내 사촌 동생 때문이다. 밖에 나갈 때 동생은 신발을 스스로 신겠다며 큰엄마가 신겨준 신발을 굳이 벗어 내어 다시 신는다고 떼를 썼다. 하지만 생각처럼 발이 들어가지 않아 시간이 한없이 길어지거나 결국 울음을 터트리기도 했다.

그래서 구두 헤라로 신발을 신는 방법을 동생에게 알려주었는데 아직은 어려서 오히려 시간이 더 걸리고 짜증만 냈다.

난 동생이 신발을 더 쉽게 신을 수 있도록 도와주고 싶었다. 그리고 한번 꺾어 신은 신발은 뒤축이 망가져 똑바로 신어도 발뒤꿈치가 아파서 결국 다시 신발을 구겨 신게 된다. 신발을 한 번에 쏘옥 신을 수 있다면 꺾어 신는 일이 없을 것 아닌가?

Q7 주어진 글을 읽고 드는 생각, 느낌, 궁금한 것들을 자유롭게 적어 보자.

Q8 위의 불편함을 해결할 수 있는 발명 아이디어를 자유롭게 써 보자.

발명 아이디어 연습하기

학습용품

예시 05 이리 데굴, 저리 데굴, 잃어버리기 쉬운 연필 뚜껑

1학년 때 필통에서 연필을 집으려다가 연필심에 손이 찔려 피가 났다. 그 후로 연필 뚜껑을 항상 사용하고 있다. 연필 뚜껑을 사용한 이후에는 필통에서 연필을 꺼낼 때 손이 찔리지 않게 되었지만, 사용할 때마다 연필 뚜껑을 뺐다가 꼈다가 하는 것이 불편하고 연필 뚜껑을 빼놓으면 굴러가 잃어버리는 경우가 많았다. 그래서 연필을 사용할 때 연필 뚜껑을 빼지 않고도 쓸 수 있으면 좋겠다는 생각을 하게 되었다.

Q9 주어진 글을 읽고 드는 생각, 느낌, 궁금한 것들을 자유롭게 적어 보자.

Q10 위의 불편함을 해결할 수 있는 발명 아이디어를 자유롭게 써 보자.

과학 완구

예시 06 영미~ 영미~ 스위핑

컬링팀의 멤버를 일컬어서 rink(링크)라고 부르며, 한 팀에 4명으로 이루어지고 각자 맡은 역할이 주어진다. 주장을 '스킵(Skip)'이라고 한다. 스킵은 팀의 전체 10end 의 게임 작전을 정하는 역할을 하며, 그 작전에 따라서 다른 멤버들에게 어떤 방식으로 돌을 던지고 빗질을 해야 하는지 알려준다. 또한 스킵은 마지막 2개의 돌을 던지며, 게임에 필요한 다양한 테크닉에 능해야 한다.

아시아 최초로 동계 올림픽 컬링 은메달을 수상한 팀킴의 컬링 경기는 대한민국 모든 국민에게 큰 감동과 기쁨을 주었다. 처음에는 경기 규칙 및 진행 방법도 모르고 영미~ 영미~ 만 외치며 장난처럼 빗자루질만 하였는데, 점점 컬링 규칙에 관심이 생기기 시작하였다. 컬링 경기의 재미를 직접 느껴 보고 싶어서 컬링게임 세트를 구입했다. 그러나 현재 판매 중인 컬링게임세트는 스위핑 자체가 없었고, 게임을 하다가 재미가 없어서 채 한 시간도 되기 전에 게임을 포기하고 말았다. 영미~ 영미~를 외치며 스위핑을 하는 것이 컬링 경기의 핵심인데 왜 스위핑을 할 수 있는 컬링 게임은 없는 걸까?

Q11 주어진 글을 읽고 드는 생각, 느낌, 궁금한 것들을 자유롭게 적어 보자.

Q12 위의 불편함을 해결할 수 있는 발명 아이디어를 자유롭게 써 보자.

발명 아이디어 연습하기

자원재활용

예시 07 종이를 분리수거할 때 바로바로 끈으로 묶을 수 있었으면!

우리 아파트에서는 쓰레기를 분리수거할 때 일반 쓰레기, 캔, 병, 플라스틱은 매일 할 수 있지만 종이는 매주 화요일마다 한다. 화요일에 종이를 분리수거할 때 반드시 종이 박스에 모아서 분리수거장에 가져다 놓든지 노끈으로 묶어 분리수거 하라는 방송을 매주 듣는다. 함부로 버린 종이는 바람에 날라다녀서 너무 지저분해 경비 아저씨들이 다시 치우는 것을 여러 번 보았다. '분리하기가 편하다면 사람들이 저렇게 버리지는 않을텐데...' 라는 생각을 자주 하였다.

모여진 종이들 아랫부분에 처음부터 끈을 묶을 수 있도록 되어 있다면, 그 위에 종이들이 차곡차곡 쌓여지면 끈으로 바로 묶어 버리면 되지 않을까 하는 생각이 들었고, 그런 역할을 하는 분리수거 용기가 있어도 해결되지 않을까 생각했다. 간편하게 묶여진 종이묶음들을 분리수거 장소에 가져다 놓기만 하면 될 것이라고 생각하게 되었다.

Q13 주어진 글을 읽고 드는 생각, 느낌, 궁금한 것들을 자유롭게 적어 보자.

Q14 위의 불편함을 해결할 수 있는 발명 아이디어를 자유롭게 써 보자.

B. 주제 집중 탐구

주제1 욕실 발명

편하게 샤워하고파!

Q1 어떤 모양의 욕실 샤워기가 떠오르는지 적어 보자.

어떤 욕실이 좋은 욕실일까?

욕실은 집에서 물을 가장 많이 사용하는 장소이다. 그때문에 물이 외부로 새지 않도록 방수처리를 잘해야 하고, 내부 재료는 물기에 강한 소재를 써야 하며, 동시에 곰팡이 등이 생기지 않도록 배수와 통풍이 잘되도록 하는 것이 중요하다. 세면기, 변기, 욕조 등 물을 많이 쓰는 설비를 모아두었으므로 수도 배관이 집중되어 있어서 그에 대한 일괄적 관리가 이루어지는 곳이기도 하다.

욕실은 여가 공간으로서의 역할을 하므로 취향에 맞게 밝은 색으로 하고, 조명은 너무 밝게 하지 않는다. 그러나 얼굴을 비쳐 볼 수 있는 거울 조명은 밝게 해야 세면할 때 편하다.

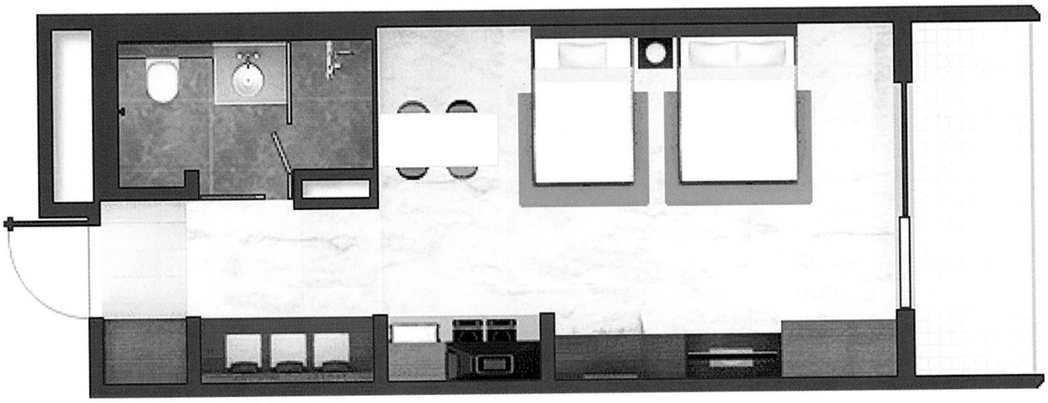

물은 어떻게 우리집까지 올까?

(1) 지구 상의 물 : 지구 상의 물은 대부분 해수나 빙하 등으로 존재하므로 표면의 물 중에서 식수 등으로 이용할 수 있는 물은 1% 이하이다.

(2) 물의 오염 : 강이나 호수의 물 속에는 유해성 물질, 흙 성분, 병원성 미생물 등이 포함되어 있으므로 직접 이용할 수 없다.

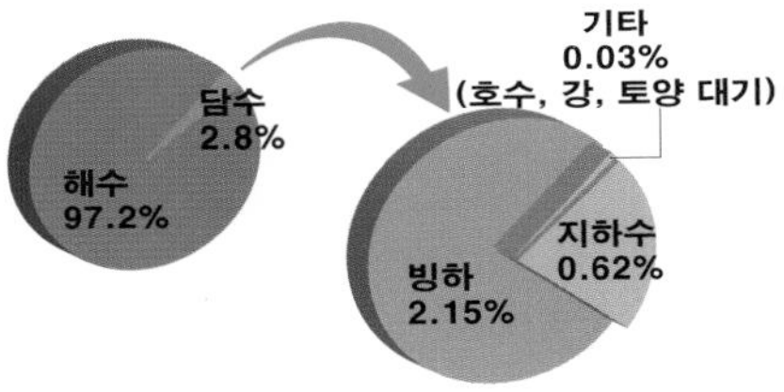

(3) 물의 정수 과정 : 이용 가능한 물이 적고, 오염이 되어 있으므로 물을 정수해서 사용해야 한다. 정수 과정은 입자의 크기가 큰 물질부터 침전시켜 제거하고, 입자의 크기가 작은 것은 엉겨붙게 하여 침전, 여과시켜 제거한 후 마지막으로 염소를 투입하여 남아있는 세균을 제거하게 된다.

Q2 도시의 주택이나 아파트의 옥상에는 보통 커다란 물통을 설치하는데, 그 이유는 무엇일까?

기압과 수압

수압이란 물속에서 물에 의한 압력을 말한다. 물표면에서의 압력은 대기압과 같으며 물의 깊이가 10 m 깊어질 때마다 수압은 약 1 기압씩 증가한다.

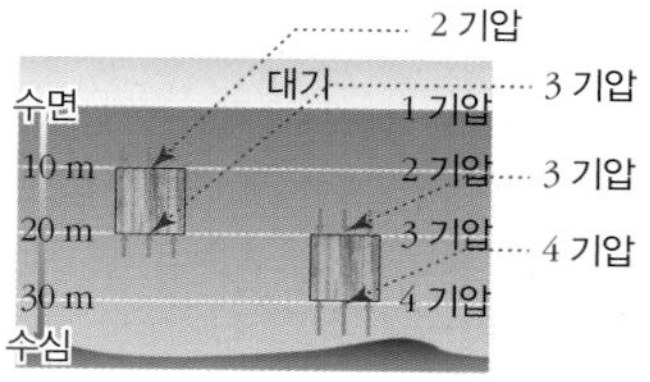

물속의 수압 = 물의 깊이에 따른 압력 + 대기압

샤워기에 물이 졸졸 나올 때는 수압이 떨어졌을 때이다. 도시의 각 가정의 수압은 수도 계량기 함에 있는 밸브로 조절할 수 있다. 또 세면기나 수도꼭지의 수압은 각각에 달려 있는 밸브로 조절하도록 되어 있다.

유체의 흐름에 관한 법칙

유체란 변형이 쉽고 자유로이 흐를 수 있는 액체와 기체 등을 일컫는 말로 '흐르는 물질' 이라는 뜻이다. 예로부터 유체를 이용한 과학이 발전되어 실생활에 널리 쓰이게 되었는데 이에는 파스칼 법칙, 아르키메데스 법칙(부력에 관한 법칙), 베르누이 법칙 등이 있다.

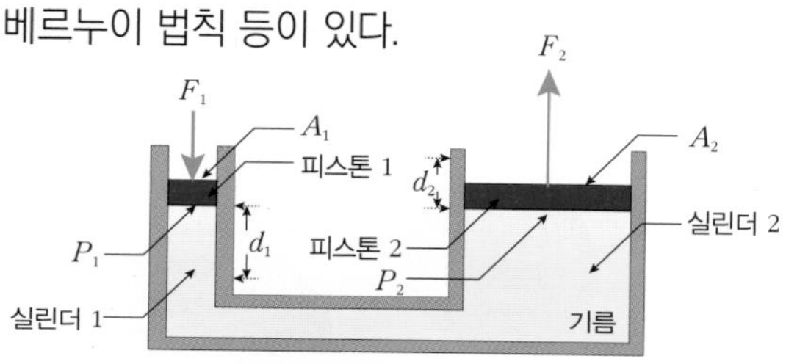

▲ 유압 장치

파스칼 법칙 : 유체는 모든 방향으로 같은 크기의 압력이 작용하므로 단면적이 커지면 받는 힘도 커진다.

$$P_1 = P_2 \Rightarrow \frac{F_1}{A_1} = \frac{F_2}{A_2}$$

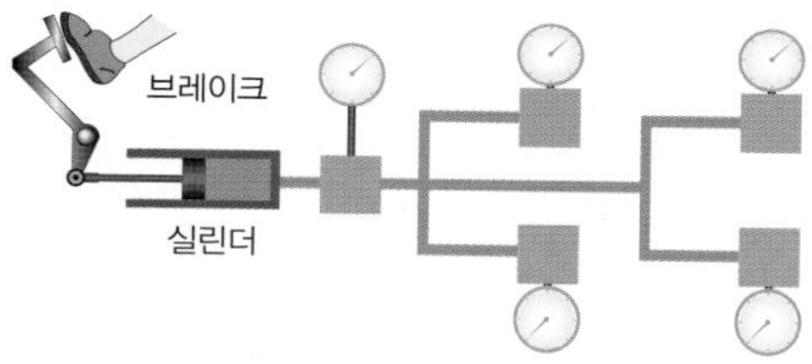

▲ 유압식 브레이크

브레이크 페달을 밟으면 발로 누르는 적은 힘으로도 네 개의 바퀴에 커다란 제동력을 동시에 전달할 수 있다.

베르누이 법칙 : 유체가 관을 따라 흐를 때 관의 양쪽에서 받고 있는 압력 차가 클수록, 높이가 낮아질수록 흐르는 속력이 증가한다는 법칙이다.

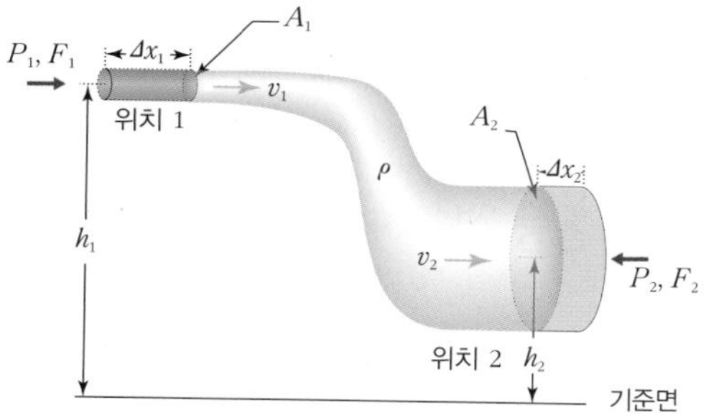

$$P + \rho gh + \frac{1}{2}\rho v^2 = \text{일정}$$

압력과 높이에 관계하지 않는 원리로는 '연속방정식'이 있다. 이것은 유체흐름관의 단면적과 흐름 속도는 반비례한다는 것이다.

$$A_1 v_1 = A_2 v_2 = \text{일정}$$

집중 탐구 문제

01 물 표면에서 대기압이 1기압일 때 물속 20m 지점에서의 압력은 얼마일까?

02 그림은 서로 다른 모양의 투명한 관이 서로 연결되어 액체가 담겨 있는 모습을 나타낸 것이다. 기준면에서의 압력(대기압+수압)은 A~D 중 어느 관에서 가장 높겠는가?

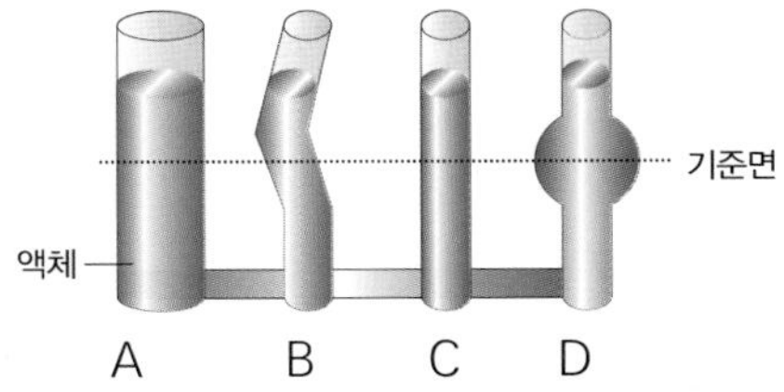

03 유압 장치에서 피스톤의 단면적 비가 2 : 1 일 때, 각각 피스톤에 작용하는 힘의 비를 구하시오.

04 그림은 이상 유체가 단면적이 2 m^2 인 관을 통해서 5 m/s 의 속력으로 흐르다가 단면적이 5 m^2 인 관으로 빠져나올 때의 모습을 나타낸 것이다. 이상 유체가 빠져나올 때의 속력 v 는 얼마인가?

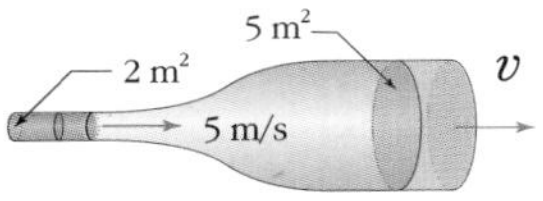

05 그림은 투수가 던진 야구공의 주변에 흐르는 공기 흐름을 나타낸 것이다.

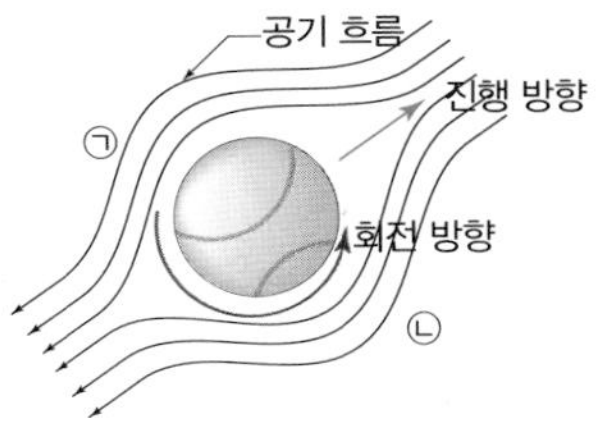

㉠ 부분의 압력과 ㉡ 부분의 압력 중 어디가 더 높은가?

발명 아이디어 정리

Q1 지금까지 주어진 자료들을 읽고 '욕실 샤워기 장치'에 관한 생각이나 느낌, 궁금증 등을 자유롭게 적어 보자.

Q2 '욕실 샤워기'에 관한 내용 중 개선 방안이 있는가? 있다면 구체적으로 설명해 보자.

Q3 '욕실 샤워기'의 개선 방안이 발명품으로 실현이 가능할까? 실현 가능성을 써 보자.

Q4 구상한 '욕실 샤워기 발명품'이 유용한 것일까? 어떤 점에서 유용할 지 써 보자.

Q5 '욕실 샤워기 발명품'의 여러 특징을 적어 보자.

발명계획서 작성해 보기

구상한 발명품의 개선 목적과 예상 결과를 생각하면서 발명계획서를 완성해 봅시다.

발명 주제

발명 동기 및 목적

발명품 설명

발명품 제작 과정

준비물

제작 과정

발명품의 효과

활용성과 전망

B. 주제 집중 탐구

주제2 가방 안에 뭐가 들었나?

지갑을 어떻게 꺼내?

Q1 가방 안에 있는 물건을 꺼낼 때 뒤적댔던 경험을 이야기해 보시오.

가방이란?

물품을 넣어 보관하거나 휴대하는 용도로 만들어진 용구이다. 넓은 의미로는 자루와 배낭 등을 모두 포함하는 단어이며, 좁은 의미로는 손잡이나 어깨끈이 달린 것만을 가방이라 지칭하기도 한다. 실용적인 목적 외에도, 보기 좋게 만들어진 가방을 장신구처럼 휴대하는 경우도 많다. 현대인들은 항시 휴대할 물건(휴대전화 등)이 점점 많아지면서 이를 수납하는 가방을 필수적으로 휴대하는 경우가 늘어나고 있다.

'가방' 의 어원

첫째로 중국어 夾板을 일본에서 캬방(キャバン)이라고 읽었고 이것이 가방이 되었다는 설이 있다. 둘째로 네덜란드어 kabas가 일본에 전해져 가방이 되었다는 설이 있다. 두 가지 모두 그 이후 한국에 전래되었다고 본다. 국립국어원에서는 두 번째 설을 취하고 있다.

▲ 고대 문명의 유물에서 자주 나타나는 가방의 미스테리

가방의 역사

인류는 선사시대부터 가방을 제작해 사용하였으며, 동물의 털가죽이나 식물의 덩쿨 등을 엮어 만든 가방에 채집한 열매 등을 넣어 운반하였다. 가방은 토기에 비해 가벼워 휴대성이 우수하므로, 채집 활동 중에는 가방을 운반용으로 사용하였을 것이라 추측한다. 석기시대 유적에서 가방이 발견되었으며, 특히 요르단에서 발견된 14,000년전의 도구 가방은 그 보존 상태가 매우 양호해 옛 인류의 솜씨를 잘 보여주는 보물이다.

고대 이집트에서는 패션 용품으로 가방이 사용되었으며, 이집트 외에도 수메르, 마오리, 올멕 문명의 벽화에 핸드백만 한 가방을 든 사람들의 모습이 묘사되어 있다. 14세기 르네상스 시대 유럽인들은 작은 가방을 옷 안에 숨겨 휴대하였는데, 여성은 페티코트(속치마) 안에, 남성은 바지 안에 이런 소형 가방을 넣고 다녔다. 이 소형 가방을 불어로 'poque(포케)'라 불렀으며, 이 소형 가방이 남자 옷 자체의 부품인 '포켓'으로 발전된 것은 19세기 말로 뜻밖에 최근이다. 여성의 경우 포케가 포켓이 되는 것은 한참 뒤의 일로, 대부분의 여성은 20세기 중반까지도 포켓이 없는 옷을 입었으며 별도의 가방을 휴대하고 다녔다. 이러한 것은 오늘날의 여성들에게도 해당되는 이야기이기도 하다.

학생용

전체 여성용

전체 남성용

Q1 가방의 공통적인 특징이 무엇일까?

어두운 곳에서 물건을 찾을 때 이용하는 도구

- 손전등 : 일반적으로 어두운 곳에서 물건을 찾을 때 필수적인 도구이다. LED 전구가 많이 쓰인다.
- 금속탐지기 : 안보이는 곳에 금속이 존재하는 경우 자기장의 변화를 이용하여 금속을 찾을 수 있다. 금속을 찾으면 소리가 들리거나 빛이 들어온다.
- 동작감지 센서 : 움직이는 물체를 탐지할 때 유용한 도구이다. 적외선 센서, 초음파 센서를 이용한다.
- 적외선 센서 : 물체 표면에서는 전자기파가 방출되는데, 물체의 온도가 낮을수록 긴 파장의 전자기파가 방출된다. 움직이는 생명체에서는 주로 적외선이 방출되는데, 이것을 감지하여 생명체(온도가 있는 물체)가 존재하는지 파악할 수 있다. 이것을 이용하면 장애물 탐지기로도 사용 가능하다.
- 초음파 센서 : 초음파를 내어 물체 표면에서 반사되어 돌아오기까지의 시간을 재서 장애물까지의 거리를 재는 데 주로 사용한다. 태아감별장치에도 사용되며, 물체의 비파괴 검사 시에도 사용된다.
- 가속도 센서 : 이동하는 물체의 가속도나 충격의 세기를 측정하는 센서이다. 물체 속도의 변화를 탐지한다. 코일과 자석에 의한 전자기 유도 현상을 이용한다. 가속도가 감지되면 전류 흐름이 변하면서 물체의 가속도의 값이 계기판에 나타난다.
- 압력 센서 : 외부 압력을 감지하여 소리를 내거나 빛을 발생시킨다. 압전 소자 등이 사용된다.
- 생체모방 촉각센서(Biomimetric tactile sensor) : 생체를 모방하여 촉각을 느끼는 센서이다. 여러 센서가 한꺼번에 사용된다.

▲ LED 손전등

▲ 동작 감지 센서의 이용

▲ 가속도 센서의 이용

▲ 생체모방 촉각센서의 이용

- 생체모방 촉각센서의 이용

① 인공 피부
③ 외과 수술용 로봇
④ 가상현실
⑤ 인공지능 로봇
⑥ 산업로봇

집중탐구 문제

01 14세기 르네상스 시대 유럽인들은 작은 가방을 옷 안에 숨겨 휴대하였는데, 여성은 페티코트(속치마) 안에, 남성은 바지 안에 이런 소형 가방을 넣고 다녔다. 이 작은 가방을 무엇이라고 하는가?

02 물체 사이의 거리를 재는 기능이 있는 센서를 〈보기〉에서 있는 대로 고르시오.

〈 보기 〉

㉠ 동작감지 센서 ㉡ 적외선 센서 ㉢ 초음파 센서 ㉣ 가속도 센서 ㉤ 레이저 센서

03 우리 몸의 감각 기관인 귀의 기능이 포함된 센서를 〈보기〉에서 있는 대로 고르시오.

〈 보기 〉

㉠ 동작감지 센서 ㉡ 적외선 센서 ㉢ 초음파 센서 ㉣ 가속도 센서 ㉣ 압력 센서

04 여러 센서가 한꺼번에 작동되어 산업용 로봇이나 외과 수술용 로봇, 인공 피부 등에 사용되는 센서를 무엇이라고 하는가?

05 동작을 감지하기 위해서는 다음 중 어떤 센서가 필요할 지 있는 대로 고르시오.

〈 보기 〉

㉠ 소리 센서 ㉡ 적외선 센서 ㉢ 초음파 센서
㉣ 가속도 센서 ㉤ 압력 센서 ㉥ 온도 센서

발명 아이디어 정리

Q1 지금까지 주어진 자료들을 읽고 드는 생각이나 느낌, 궁금증 등을 자유롭게 적어 보자.

Q2 어두운 곳에서 가방을 열었을 때 가방 안을 볼 수 있는 방안을 다양하게 제시하고 각각 설명해 보자.

Q3 각 방안 중 발명품으로 실현이 가능한 것을 하나 골라 실현 가능성을 구체적으로 써 보자.

Q4 위 단계에서 구상한 발명품이 유용한 것일까? 어떤 점에서 유용할지 써 보자.

Q5 위 발명품을 실현시킬 때의 문제점을 구체적으로 써 보자.

발명계획서 작성해 보기

구상한 발명품의 개선 목적과 예상 결과를 생각하면서 발명계획서를 완성해 봅시다.

발명 주제

발명 동기 및 목적

발명품 설명

발명품 제작 과정

준비물

제작 과정

발명품의 효과

활용성과 전망

B. 주제 집중 탐구

주제3

지진은 무서워!

더이상 지진에 안전하지 않다

Q1 지진 대피 훈련을 해 본 적이 있는가? 무엇이 불편했는지 써 보시오.

지진이 무서운 이유

최근 중국과 일본의 지진 : 중국 중원 일대와 일본 본토는 판의 가장자리에 위치해 지진이 빈번하다. 대표적으로 탕산 대지진과 토호쿠 대지진이 발생했다.

① 탕산 대지진 : 1976년 20세기 지진 중 최악의 피해를 낸 것으로 추정되는 탕산 대지진이 일어났다. 규모 7.8, 15초에 걸친 지진으로 중국 정부는 24만~25만5000명이 죽었다고 발표했다.

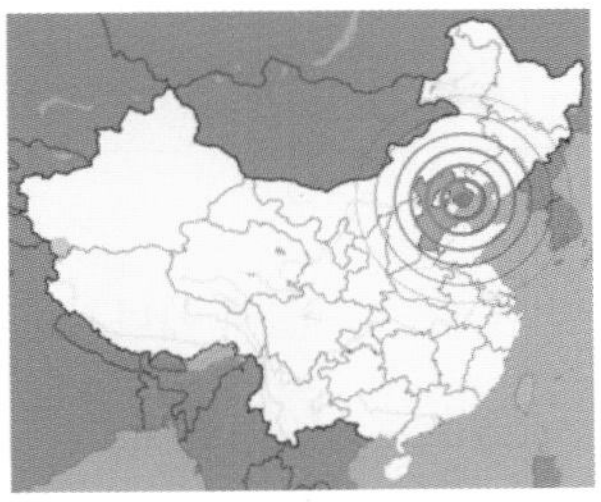
▲ 탕산 대지진

▲ 도호쿠 대지진

② 도호쿠[東北] 대지진 : 2011년 3월 11일 일본의 주요 섬 중 하나인 혼슈[本州]의 북동쪽 해안에서 규모 9.0의 강진이 발생했다. 이 지진은 육지에 광범위한 피해를 입혔으며 지진성 해일인 쓰나미가 몰려와 일본의 많은 해안 지역을 휩쓸어버렸다. 이 지역의 원자력발전소도 피해를 입어 방사능이 누출, 그 일대가 폐허의 땅이 되었고, 바다도 오염시켰다.

지진과 내진 설계

① **지진의 종류** : 발생 원인에 따라 인공 지진과 자연 지진으로 나눈다. 인공 지진으로는 땅 속 폭탄 폭발, 지하 핵실험에 의한 것이 있고, 자연 지진으르는 땅 속 단층 생성, 화산 폭발, 지반 함몰 등에 의한 것이 있다.

② **내진 설계** : 각종 구조물의 지진 피해를 최소화 하기 위한 설계를 말한다.

· **내진 구조** : 구조물의 강성을 높여 지진에 견디는 구조. 큰 지진이 발생하면 2차 피해가 커질 수 있다.

· **면진 구조** : 구조물에 진동 등의 전달을 줄여주는 장치를 설치하여 견디는 구조. 건축물과 땅을 분리하여 고무 패드, 스프링과 같은 완화 장치를 설치하기 때문에 시공이 매우 까다롭다.

· **제진 구조** : 구조물의 진동을 제어하는 장치등을 설치하여 견디는 구조. 건물과 주기가 같은 추나 버팀 장치 등을 사용하며 초기 비용이 높고 제진 장치를 계속 유지 보수해야 한다.

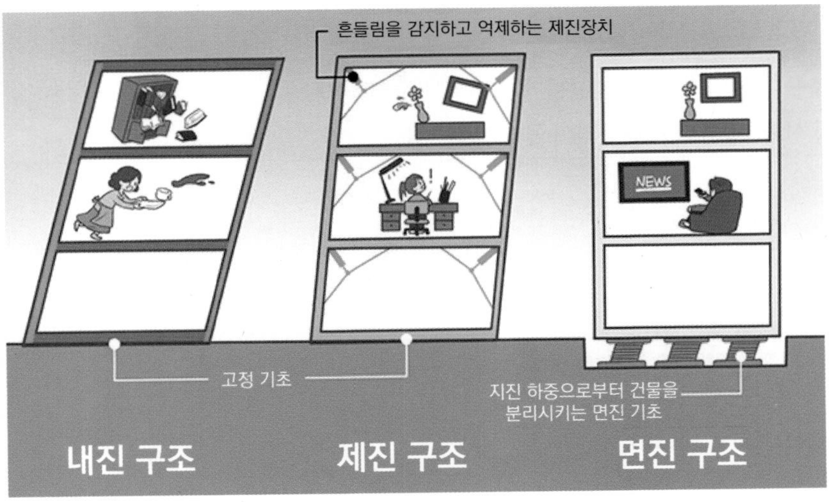

◀ 제진 장치

◀ 면진 장치

Q2 지진이 났을 때 건물 안에 있으면 위험하다. 무엇이 가장 위험할지 적어 보자.

지진의 세기/대처 방법

지진의 규모와 진도

	규모	진도
정의	지진이 발생할 때 나오는 실제 에너지를 나타낸 것	지진이 발생할 때 사람의 느낌이나 주변 물체의 흔들림 정도를 나타낸 것
표기	아라비아 숫자	로마자
진원과의 관계	진원과 상관없이 일정	진원으로부터 멀수록 작아짐

지진의 규모와 진도에 따른 영향

규모	진도	인체, 구조물, 자연계 영향
2.9 미만	Ⅰ	평상 시 극소수의 사람만이 느낌.
3.0~3.9	Ⅱ	건물의 위층에 있는 소수의 사람만 느낌.
	Ⅲ	건물의 위층에 있는 사람들이 뚜렷하게 느낌.
4.0~4.9	Ⅳ	창문이 흔들리며 많은 사람들이 느낌.
	Ⅴ	거의 모든 사람이 느낌. 그릇과 창문이 깨지기도 하며, 물체가 넘어지기도 함.
5.0~5.9	Ⅵ	모든 사람이 느낌. 많은 사람이 놀라 대피함.
	Ⅶ	모든 사람이 놀라 뛰쳐나옴. 보통 건축물은 약간의 피해 발생.
6.0~6.9	Ⅷ	일반 건축물은 부분적인 붕괴 등 상당한 피해 발생.
	Ⅸ	특수 설계된 건축물에도 상당한 피해 발생. 지표면에 균열 발생.
7.0 이상	Ⅹ	대부분의 건축물이 부서짐. 지표면에 심한 균열이 생김. 철로가 휘고 산사태 발생.
	ⅩⅠ	남아 있는 건축물이 거의 없으며, 지표면에 광범위한 균열 발생.
	Ⅻ	전면적인 파괴 상황. 수평면이 뒤틀리며 물건이 하늘로 던져짐.

지진의 피해를 줄이기 위한 대처 방법

집안에 있을 때	· 방석으로 머리를 보호하거나, 책상 밑으로 가서 몸을 웅크린다. · 불을 끄고 가스 밸브를 잠근다. · 불이 났을 때 침착하고 빠르게 불을 끈다. · 비상 시 대피를 고려해 문을 열어서 출구를 확보해 둔다.
야외에 있을 때	· 야외에서는 머리를 보호하고 위험물로부터 몸을 피한다. · 담이나 대문, 기둥 가까이에 가지 않는다.
백화점, 극장, 지하, 운동장에 있을 때	· 안내자의 지시에 따라 행동한다. · 지진을 느끼면 좌석에서 즉시 머리를 감싸고 진동이 멈출 때까지 그대로 있는다. · 엘리베이터를 이용하지 말고, 비상계단을 이용한다.

Q3 지진의 규모와 진도의 차이 점을 쓰시오.

집중탐구 문제

01 다음 중 지진을 일으키는 원인이 아닌 것은?

① 단층 생성 ② 화산 폭발 ③ 지구의 자전 ④ 땅 속 화약 폭발 ⑤ 지하에서의 핵실험

02 다음 중에서 강진에 가장 잘 견딜 수 있는 구조는 무엇인가?

① 내진 구조 ② 제진 구조 ③ 면진 구조

03 지진이 일어났을 때 집안에서의 대처 방법이 아닌 것은?

① 방석으로 머리를 보호하거나, 책상 밑으로 가서 몸을 웅크린다.
② 불을 끄고 가스밸브를 잠근다.
③ 불이 났을 때 침착하고 빠르게 불을 끈다.
④ 비상 시 대피를 고려해 문을 열어서 출구를 확보해 둔다.
⑤ 지진을 느끼면 즉시 머리를 감싸고 진동이 멈출때까지 그대로 있는다.

04 규모 5 에 진도 Ⅵ 인 지진 A 와 규모 7 에 진도 Ⅴ 인 지진 B 를 비교할 때 어떤 것이 피해가 더 심한 것인가?

05 다음은 지진이 일어난 지점에서 서로 다른 거리에 위치한 A, B 두 지점에서 관측된 지진 기록을 나타낸 것이다. 단, 지진파의 P파는 종파이며, 고체와 액체 물질을 모두 통과할 수 있으나, S파는 횡파이며 액체 물질은 통과할 수 없는 특징을 가진다.

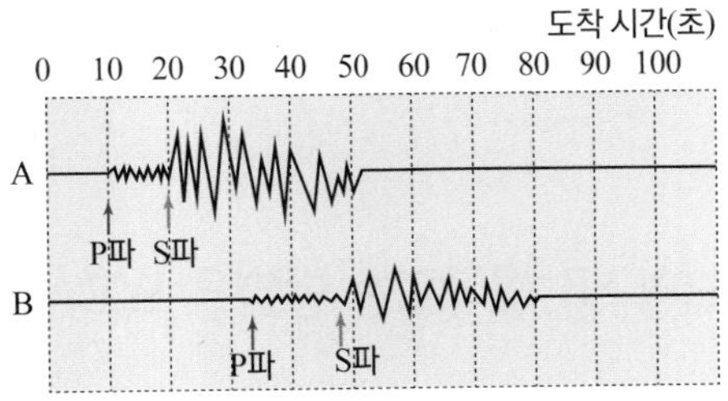

이에 대한 설명으로 옳은 것만을 〈보기〉에서 있는 대로 고르시오. (단, A, B 지점은 진원으로부터 거리 이외의 조건이 모두 같다.)

보기

ㄱ. P파의 속도는 S파의 속도보다 빠르다.
ㄴ. 지진의 피해는 A 지점이 B 지점보다 크다.
ㄷ. 지진의 규모는 A 지점과 B 지점이 같다.

발명 아이디어 정리

Q1 지금까지 주어진 자료들을 읽고 드는 생각이나 느낌, 궁금증 등을 자유롭게 적어 보자.

Q2 지진이 났을 때 선반 위의 물건이나 책장의 책이 떨어지지 않게 할 수 있는 방법을 다양하게 적어 보자.

Q3 그 방법 중 가장 실현 가능하다고 생각드는 방법을 쓰고, 구체적으로 설명하여 보자.

Q4 구상한 발명품이 유용한 것일까? 어떤 점에서 유용할 지 써 보자.

Q5 위 발명품을 실현시킬 때의 문제점을 구체적으로 써 보자.

발명계획서 작성해 보기

구상한 발명품의 개선 목적과 예상 결과를 생각하면서 발명계획서를 완성해 봅시다.

발명 주제

발명 동기 및 목적

발명품 설명

발명품 제작 과정

준비물

제작 과정

발명품의 효과

활용성과 전망

아이앤아이

누구나 마음속에

고래 한 마리가 살지

가끔은

마음 속에 살고 있는 고래를 위해서

밤 하늘의 별들을 바라보렴~

무한상상

http://cafe.naver.com/creativeini

무한상상

i&i 아이앤아이

꾸러미 과학대회

과학토론대회 과학탐구산출물대회 발명품대회

해설/예시 답안

중/고등

i&i 아이앤아이

꾸러미 과학대회

해설 및 예시답안

중/고등

01 과학 토론 대회 예비 논제 찾기 (문제인식)

예비 논제 자료 1

드론은 하늘을 나는 소방관일까, 흉기일까? (본문 24쪽)

[서술1]

· 드론을 화재 현장에 투입하면 소방관 대신 인명 사고 없이 건물에 갇힌 사람을 구할 수 있어서 좋을 것 같다.

· 드론이 너무 많아지면 공중에서 서로 부딪치는 사고가 일어날 것이다. 하늘길을 정해야 한다.

· 드론은 우리에게 이득만 되지 않고 해롭게 될 수도 있다. 몰래 집안을 훔쳐보는 목적으로 쓰인다면 난감할 것이다.

· 아마존에서 택배에 드론이 쓰인다고 하니 우리나라도 드론 택배가 멀지 않았다.

[논제 뽑아보기1]

- 드론을 이용해 사람을 촬영하는 것이 유익하다. / 유익하지 않다.
- 드론과 GPS, 인공지능을 이용한 범죄자 색출은 권장할 일이다. / 아니다. 그 과정에서 부작용이 더 크다.
- 드론으로 국방의 업무를 대부분 대치할 수 있다. / 단순한 일 밖에 대치할 수 없다.
- 드론의 기술과 기능을 중심으로 드론의 사용이 인류에게 유용한 점과 부작용을 토론해 보시오.

예비 논제 자료 2

윗층의 소리가 들린다. (본문 27쪽)

[서술2] (다음과 같은 내용을 포함시켜 자유로운 서술을 해 보자.)

· 층간소음때문에 폭행 등의 사건이 일어나고 있는 것은 뭔가 잘못된 것 같다.

· 아파트를 지을 때 층간소음 문제를 더 신경써야 했다. 앞으로는 아파트 지을 때 층간소음에 대한 기준을 따라야 한다.

· 우리도 매일 쿵쾅쿵쾅하는 위층의 소리를 듣고 산다. 달리 해결 방법이 없다.

· 위층에 항의하면 매우 언짢게 '그때는 그랬지만 한 번인걸요'라고 대답한다.

· 위층도 위위층으로부터 층간소음 피해를 받을 텐데 스스로가 피해 주는 것은 잘 모르는 것 같다.

[논제 뽑아보기 2]

- 층간소음 문제는 물리적으로 해결 가능하다. / 아니다.
- 아파트를 지을 때 층간소음 문제 해결을 최우선으로 하여 법제화시켜야 한다. / 아니다. 다른 문제도 있다.
- 현재의 층간소음 문제를 해결하기 위해서는 이웃과의 의사소통이 가장 절실하다. / 그렇지 않은 점도 있다.
- 층간소음을 해결할 수 있는 방법을 여러 개 생각해 보고 각 방법의 기술적 사회적, 법제적 타당성에 대해서 토론해 보시오.

예비 논제 자료 3

라돈(Rn)은 얼마나 위험한가요? (본문 30쪽)

[서술3] (다음과 같은 내용을 포함시켜 자유로운 서술을 해 보자.)

· 지구는 온통 방사성 물질로 이루어져 있다.

· 우리가 그 동안은 라돈의 위험성을 모르고 있었으나 라돈이 위험해 질 수 있는 것이라는것을 알았다.

· 방사선은 약할 경우 우리 인체의 방어시스템을 활성화해서 오히려 도움이 될 수 있다.

· 사람의 진화 과정에는 항상 자연방사선이 있었고, 인체도 그에 적응되었다고 봐야 되지 않을까?

· 우리나라가 너무 라돈에 대해서 유난떨고 있는 것 같다.

· 여태까지도 우리는 주변에 라돈 물질과 많이 접하고 살고 있었다. 그렇지만 딱히 라돈에 의한 피해라는 것이 없었지 않나? 라돈에 의한 피해를 너무 강조하는 것이 아닐까?

[논제 뽑아보기 3]

– 라돈 제품 사용을 금지해야 한다. / 아니다. 제한적으로 실시해야 한다.

– 라돈 제품은 인체에 유해하다. / 꼭 그런 것만은 아니다.

– 라돈 제품 사용에 대해 엄격한 규칙을 적용하고 법제화시켜야 한다. / 그럴 수 없다. 어디서나 나오는 물질이기 때문이다.

– 라돈 발생이 적으면 인체에 이롭게 작용한다. / 아니다. 유사과학일 뿐이다.

예비 논제 자료 4

화학 제품은 살생 물질?! (본문 33쪽)

[서술4] (다음과 같은 내용을 포함시켜 자유로운 서술을 해 보자.)

· 우리 주변에는 정말로 많은 유해 화학물질이 있다.

· 화학물질을 적게 사용하는 것이 쉬운 일이 아니다.

· 인류의 과학 기술 발전과 화학물질의 사용은 비례하는 것이다. 주변에서 유용하게 쓰는 화학물질은 모두 인간의 편의를 위해 만들어진 것이다.

· 유해 화학물질로 인해 사람은 보이지 않는 사이에 모르는 질병에 걸릴 수도 있겠다.

· 페브리즈를 뿌렸더니 다른 냄새가 없어지는 것은 좋은데, 머리가 지끈거리는 이유를 알겠다.

· 모기약을 사람에게 뿌리면 안된다.

[논제 뽑아보기 4]

– 유해 화학물질의 제조를 전면적으로 금지해야 한다. / 금지할 수 없다.

– 유해 화학물질을 다른 무해한 화학물질로 대체가 가능하다. / 가능하지 않다.

– 유해 화학물질을 계속 사용해야 하는지 찬성과 반대의 입장에서 토론해 보시오.

02 실전처럼 토론 준비하기

주제1 지구온난화

논제 뽑아보기

(본문 41쪽)

· 지구온난화는 과학적인 방법으로 막을 수 있다. / 자연적인 현상이므로 막을 수 없다.
· 화석연료 사용을 전면적으로 금지해야 한다. / 산업활동이 위축되므로 금지하면 안된다.
· 화석연료 사용을 금지해야 하는지 허용해야 하는지를 2팀으로 나누어서 토론해 보시오.

Q1

1. 지구온난화를 막을 수 있는가 없는가는 보는 사람의 관점에 따라서 달라질 수 있으므로 토론의 주제로 할 수 있다.
   (토론 : 찬성과 반대의 입장으로 나뉘는 주제에 대하여 각각 서로의 입장을 관철시키기 위하여 근거를 들어 자기의 주장 을 논리적으로 펼치는 말하기)
2. 지구 온난화의 원인은 매우 다양하다고 할 수 있다. 온실 가스 만으로 지구온난화를 설명할 수는 없다. 보는 사람의 관점에 따라 달라질 수 있으므로 토론 주제로 가능하다.
3. 화석연료의 사용 이외에도 지구온난화의 원인이 다양할 수 있으므로 토론 주제로 가능하다.
4. 교토의정서에 미국이 가입하지 않는 이유는 널리 알려져 있으므로 토론 주제라기보다는 논술 주제이다.
5. 나무를 심는 이유는 이산화 탄소의 저감 외에도 많은 다른 이유가 있다. 토의 주제로 적당하겠지만 토론 주제로는 가능하지 않다.

Q2

논제 : (출제자 예시 답안)-각자 논제를 생각해 보고, 설명해 보자.

1, 지구온난화는 과학적인 방법으로 막을 수 있는가?

이유 : 지구온난화의 가장 큰 원인으로는 화석연료의 사용 때문에 대기 중 이산화 탄소 농도 증가가 일어났고 이로 인한 온실효과 때문이라는 것이다. 그러나 이산화 탄소는 화석연료의 사용뿐만 아니라 산업활동에서 발생하는 측면도 있고, 생물의 호흡과정에서 발생하는 측면도 있다.
한편, 지구의 평균 기온은 과거로부터 계속 상승해 왔다. 그것이 이산화 탄소 농도의 증가 때문인지는 불확실하다. 현재의 지구의 평균 기온 상승이 온전히 온실효과 때문이다라는 주장도 타당하다고 볼 수는 없다.
여러 가지 과학적인 기법을 동원하여 지구온난화에 대한 정확한 원인 파악을 먼저 해야 한다. 만약 이러한 작업이 성과를 거둔다면 지구온난화를 막을 수 있는 과학적인 기법들이 등장할 수도 있다.
그렇지만 지구는 너무나 광범위하고 측정불가 영역도 많다. 현재까지의 과학으로는 지구온난화의 정확한 원인을 파악하기에는 역부족일지 모른다. 그렇다면 지구온난화는 막을 수 없다는 것일까?
이 주제는 지구온난화에 관심있는 사람들이 모여서 충분히 토론할만한 주제라는 생각이 들었다.

주제 깊이 알기

(본문 46쪽)

01 온실효과

해설 온실효과는 이산화 탄소(CO_2), 메테인(CH_4), 아산화 질소(N_2O), 불화 탄소(PFC), 수소화불화 탄소(HFC), 불화 유황(SF_6), 오존(O_3) 등의 온실기체에 의해 파장이 짧은(가시광선) 태양 복사에너지는 통과시키되, 파장이 긴(적외선) 지구 복사에너지는 흡수하여 다시 지면으로 재방출하는 등 지구 대기의 온도를 올리는 현상을 말한다. 지표에 설치된 온실 내부의 온도가 태양 복사에너지에 의해 올라가는 것과 흡사하여 이렇게 이름을 붙였다.

02 탄소발자국(Carbon Footprint)

해설 탄소발자국은 탄소라벨이라고도 하는데, 사람이나 동물이 걸을 때 발자국을 남기는 것처럼 상품을 생산, 소비하고 폐기하는 데까지 걸리는 전 과정에서 발생하는 이산화 탄소의 총량을 제품에 라벨 형태로 표시해 소비자가 쉽게 인식하도록 하는 제도를 말한다. 표시의 단위는 무게 단위인 kg 혹은 탄소 제거를 위해 심어야 하는 나무 수로 나타내며, 2009년부터 시행되어 오고 있다.

03 ①, ②

해설 온실기체에는 이산화탄소(CO_2), 메테인(CH_4), 아산화질소(N_2O), 불화 탄소(PFC), 오존(O_3), 프레온(CFC), 수소화불화 탄소(HFC), 불화 유황(SF_6) 등이 포함된다. 질소(N_2)는 대기의 주요한 성분이며, 수소(H_2)는 가장 가벼운 기체이다. 이산화 질소(NO_2)는 자동차 배기 가스 성분으로 대기오염을 일으키는 물질이다.

04 ①, ④, ⑤

해설 지구 온난화에 의해 지구 생태계가 변하여 수많은 동물 종이 멸종하며, 많은 지역에서 가뭄 등으로 인해 심한 물부족 현상이 나타난다. 온도가 높아지면 해충과 질병의 발생률을 높여서 농작물의 수확량이 줄어들게 된다. 또한 극지방의 빙하가 녹아서 해수면이 높아져 태평양의 작은 섬 국가 투발루는 2001년 국토 포기 선언을 한 바 있다. 또한 적도 지방의 에너지 과다로 태풍이 빈번해지고, 그 위력도 강해진다.
태양 활동은 과거에나 지금이나 거의 변하지 않았다. 지구온난화는 주로 산업활동에 의한 온실가스의 배출에 의해 나타난다.
바다에 떠다니는 빙하는 녹아도 해수면의 높이는 변하지 않는다. 물에 얼음을 띄우고 녹였을 때 물의 높이는 변하지 않는다.

05 지구온난화 허구설은 크게 두 가지로 나눌 수 있다. 하나는 지구온난화 자체가 허구라는 주장이고, 다른 하나는 지구온난화 자체는 인정하지만 아직 과학적 증거가 부족하거나 위험성이 과장되어 있다고 믿는 의견이다.
첫번째 입장을 가진 사람은 미국의 도널드 트럼프 대통령이 대표적인데, 지구온난화의 원인이 인간의 활동 때문이 아니라고 하며, 이산화 탄소의 온실효과의 비중이 작다고 하며, 온난해진 기후가 위기는 아니라는 것이다.
두 번째는 2001년 덴마크의 통계학자 비외른 롬보르가 펴낸 책 '회의적 환경주의자' 에서 묘사하고 있는 환경에 대한 입장이다. 이 주장은 지구온난화 자체는 부정하지 않지만, 지구온난화 연구 방법에 문제가 있다고 하고, 세계 곳곳에서 추진되고 있는 이산화 탄소 절감 정책이 너무 급진적이며, 지나치게 높은 비용을 요구하고 있다고 한다. 이산화 탄소 증가가 지구온난화를 가져오는 것이 아니라 거꾸로 상승된 온도로 인해 이산화 탄소가 증가하는 것이며, 지구온난화는 활발한 태양 활동 때문이라고 주장한다. 지난 50년간 지구의 평균기온이 겨우 0.9 ℃ 상승하였고, 지난 수십억 년간 끊임없이 변동했던 지구 온도의 역사를 고려해 봤을 때 최근 50년 동안 1 ℃ 도 되지 않는 상승 폭(즉, 1년에 0.02 ℃)은 별로 심각한 정도가 아니라는 것이다. 지구 온난화의 피해자로 자주 언급되는 북극곰의 개체수는 오히려 지난 수십 년 간 꾸준히 증가하고 있으며, 빙하가 녹아서 나타나는 해수면의 상승도 1년에 겨우 수 mm 정도로 지구 온난화 지지자들의 지적처럼 육지 면적이 줄어든다고 하기에는 터무니없이 작은 상승 폭이라고 주장한다. 이러한 경우 이산화 탄소 농도를 줄이기 위해 많은 사회적 비용을 지불해야 하는가? 라고 되묻는다.

토론 개요서 작성하기

(본문 47쪽)

마인드맵을 통해 '지구온난화'에 대한 자신의 생각 쓰기

사회적

[예시 답안]

· 지구온난화는 사회적으로 커다란 문제이다.

· 지구온난화가 심각하다는 것을 사람들이 모두 깨달아야 한다.

· 이산화 탄소 절감을 위해 사회 구성원이 모두 노력해야 하지 않을까?

· 지구온난화를 막기 위해서는 온실가스를 대량 방출하는 에너지 사용기기나 산업 구조를 바꾸는 노력이 필요하다.

· 최근 50년 동안 지구 기온이 0.9 ℃ 상승한 것이 정말 심각한 것일까?

기술적

[예시 답안]

· 지구온난화를 막기 위해서 화석연료 대신 수력, 풍력, 수소 등을 이용한 신재생에너지 창출에 힘써야 한다.

· 온실가스가 방출되지 않도록 산업구조를 바꾸려면 고도의 과학 기술이 필요할 것이다.

· 온실가스를 과학적인 방법으로 제거할 수 있지 않을까?

· 이산화 탄소와 반응하여 인체에 무해한 다른 물질로 화학 변화하는 방법이 있을까?

· 기술적으로 이산화 탄소를 줄이는 일은 불가능할 지도 모른다.

개인적

[예시 답안]

· 에너지를 절약하고 환경친화적인 상품을 이용해야겠다.

· 이산화 탄소를 줄이기 위해 물도 아껴 써야 하고, 불필요한 전등 끄기 등 내가 할 수 있는 일부터 해야겠다.

· 그런데 정말 지구온난화가 전부 이산화 탄소 때문인가?

윤리적

[예시 답안]

· 미국이 교토의정서 협약에 가입하지 않은 것은 윤리적이지 않다.

· 미국의 트럼프 대통령은 지구온난화가 그리 위험하지 않다고 하는데, 직접 피해를 안당해 봐서 그렇다.

· 연구비를 더 타내기 위해서 지구온난화에 대한 위기 위식을 조장한 것이라면 정말 나쁜 일이다.

기 타

[예시 답안]

· 이산화 탄소는 내가 숨쉬는 과정에서도 나오는데 어떡한다?

· 이산화 탄소는 식물들에게서도, 동물들에게서도 호흡 과정에서 발생한다.

· 이산화 탄소는 제품을 생산하는 등 모든 산업활동 과정에서 나온다. 이를 막기란 쉬운 일이 아니다.

· 환경친화적인 상품만을 이용하면 다른 상품을 만드는 회사들은 어떻게 되나?

· 지구온난화에 대해서 너무 사람들에게 과대 광고하는 것은 아닌가?

· 엘고어의 다큐멘터리 영화 '불편한 진실' 은 지구온난화의 원인이 대부분 사람들이 돈을 벌기 위해서 하는 일에서 나온다는데 그러므로 사람들은 지구온난화의 심각성을 애써 외면하는 듯하다.

논제 '이산화 탄소 배출을 줄이기 위해 산업활동을 억제해야 한다' 에 대한 찬성, 반대 입장 쓰기

(본문 48쪽)

찬성입장

[예시 답안]

1. 지구온난화를 일으키는 온실기체 중 가장 비중이 큰 것은 이산화 탄소이다.

지구온난화를 일으키는 온실기체로는 이산화 탄소(CO_2), 메테인(CH_4), 아산화 질소(N_2O), 불화 탄소(PFC), 오존(O_3), 프레온(CFC), 수소화불화 탄소(HFC), 불화 유황(SF_6) 등이 있고 이 중 이산화 탄소는 온실 효과율은 낮으나 대기 중의 농도가 가장 높아서 온실 효과 기여도가 가장 크다. 따라서 지구온난화를 막기 위해서는 이산화 탄소를 저감하는 것이 급선무라 할 수 있다.

2. 모든 생명체가 이산화 탄소를 배출하지만 산업활동에 의한 이산화 탄소 배출 비중이 크고 우리가 통제할 수 있는 것은 산업활동에 의한 이산화 탄소 배출이다.

지구상의 모든 생명체가 호흡을 하면서 생장하고, 그 과정에서 이산화 탄소를 배출한다. 그렇지만 이러한 과정의 이산화 탄소를 줄일 수는 없다. 생명활동에 영향을 받기 때문이다.
이산화 탄소를 배출하는 또 다른 루트는 제철소, 공장, 발전소 등의 산업활동 현장이다. 여러 가지 산업활동의 공정이 있겠지만 이 공정들을 정밀하게 나누어 이산화 탄소를 배출하는 공정을 축소하거나 대체하면 다량의 이산화 탄소 감축이 가능할 것이다.

3. 현재 전세계적으로 과학적으로 대기 중 이산화 탄소를 저감하기 위해 많은 연구와 노력을 해오고는 있으나 실질적인 효과를 보기 위해서는 많는 시간이 걸린다.

현재 전세계적으로 과학기술을 통한 이산화 탄소 저감 방법을 연구개발하고 있다. 인공광합성이나 효소를 이용하는 방법, 또는 신농업기술을 적용하여 이산화 탄소를 다른 화합물로 바꾸고 유용한 물질을 얻는 방식 등이다. 또한 이산화 탄소를 액화시켜 지하 깊이 묻는 기술도 계속 연구 중이다. 다만 시간이 문제이다. 아직 뚜렷히 이산화 탄소가 감소하는 효과를 나타낸 연구는 나타나고 있지 않다. 언제까지 기다릴 것인가? 대기 중 이산화 탄소는 늘어만 가고 인류에게 커다란 재앙이 도래하고 있다. 지금 이 시점에서 우리는 과감한 결단을 내려야 한다. 산업활동의 전 공정 중에서 이산화 탄소를 배출하는 공정을 과감히 축소라고 이산화 탄소를 배출하지 않는 공정으로 대체하는 것을 법제화하여 치솟고 있는 대기 중 이산화 탄소의 농도 증가를 억제해야 한다.

4. 산업활동에 필요한 에너지를 신재생에너지로 대체하는 노력과 산업활동에서 발생하는 이산화 탄소를 저감하는 노력이 병행되어야 한다.

지금까지 산업활동에 필요한 에너지는 주로 화석연료를 이용해 만들어 왔다. 원자력에너지, 신재생에너지로 바뀌고는 있지만 아직 주류는 화석연료를 사용한 에너지이다. 신재생에너지를 서둘러 개발해야 한다. 독일에서는 벌써 사용 에너지의 상당 부분을 신재생에너지로 대체했다. 그러나 지구온난화의 위기를 제대로 느끼고 대체하는 것이라면 사용 에너지를 신재생에너지로 바꿔감과 동시에 산업활동에서 필수적으로 나타나는 이산화 탄소를 줄여가는 것이 최선이다.

(본문 49쪽)

반대입장

[예시 답안]

1. 이산화 탄소 증가량을 억제하기 위해 산업활동을 억제하는 것은 다른 더 큰 부작용을 야기시킬 수 있다.

배출되는 이산화 탄소를 줄이자는 주장에는 동감하나 산업활동을 억제하면 비용에 의한 산업활동의 위축, 고용 감소 등 더 큰 부작용이 나타날 것이 명백하므로 산업활동을 억제하여 이산화 탄소를 줄이는 방법은 동의할 수 없다.

2. 산업활동에 의한 이산화 탄소 배출 비중이 크긴 하나 지구상의 모든 생명체가 이산화 탄소를 배출하므로 산업활동을 억제하여 이산화 탄소를 저감한다는 것이 과연 효과적이라고 말할 수는 없다.

이산화 탄소를 배출하는 비중이 어디가 크냐에 관한 확실한 연구는 없다. 또한 산업활동에 의한 이산화 탄소의 배출이 대기 중 이산화 탄소 농도를 높이는 가장 큰 원인이라는 것도 설득력이 없다. 지구상의 모든 생명체가 호흡을 하면서 생장하고, 그 과정에서 이산화 탄소를 배출하고 있다. 이렇게 배출되는 이산화 탄소의 양을 산업활동에서 배출되는 이산화 탄소의 양과 어떻게 비교할 수 있겠는가?

3. 전 세계 과학자들이 이산화 탄소를 처리하기 위한 기술을 열심히 개발하고 있다. 이산화 탄소를 오히려 자원으로 활용하는 기술까지 나왔다고 한다.

과학자들은 식물의 광합성 과정을 모방하여 인공적으로 광합성을 할 수 있는 기술이 개발되고 있다. 말 그대로 '인공 광합성'이다. 태양광과 이산화 탄소, 광촉매, 광전극으로 산소와 수소 고부가가치 화합물을 생산하는 방식이다. 아직 이 기술을 실용화하기 위해서는 비용 문제 등 해결해야 할 과제가 아직 많기는 하다. 하지만 이산화 탄소를 감축하는 동시에 유용한 화학 물질을 생산할 수 있는 것이므로 각국에서 적극적으로 기술 개발에 매진하고 있다.
우리나라에서는 생촉매물질, 즉 살아있는 효소를 이용해 이산화 탄소를 유용한 물질로 바꾸는 기술도 개발되고 있다. 이때 사용한 효소는 탄산무수화효소(Carbonic Anhydrase)인데, 이 효소는 이산화 탄소와 물을 탄산수소 이온과 수소 이온으로 바꿔줄 수 있다. 발전소나 제철소 등 이산화 탄소를 많이 배출하는 곳에 탄산무수화효소 반응기를 설치하면 이산화 탄소가 반응기를 통과하면서 빠르게 중탄산 이온으로 전환된다. 이를 광합성 배양에 사용하거나, 탄산염 합성 등에 쓸 수 있다. 탄산염이란 시멘트, 제지, 페인트, 제철산업 등에 활용할 수 있는 화합물이다.
해로운 온실가스 배출을 관리할 수 있는 신 농업기술의 핵심에 작은 미생물이 자리 잡고 있다. 과학자들은 어떻게 미생물을 이용해서 이산화 탄소가 공중으로 배출되지 않게 하고 그것을 전환해서 흙을 비옥하게 하는 석회석으로 바꿀 수 있는지를 발견했다. 연구자들은 서아프리카 같은 열대 지방에서 잘 자라는 이로코 (Iroko) 나무가 건조한 산성 토양에서 자랄 때 자연 곰팡이와 세균을 조합해서 처리하면 나무가 잘 자랄 뿐만 아니라 뿌리 주위 토양에 미네랄 석회석이 만들어진다는 것을 발견했다. 이로코 나무는 땅속의 칼슘과 공기 중의 이산화 탄소를 결합해서 어떤 미네랄을 만든다. 그러면 그 세균은 이 미네랄이 석회석으로 변하는 조건을 만들어낸다. 이 발견은 계속해서 대기 중에서 탄소를 뽑아내어 지속적으로 탄소를 토양 속에 가두는 새로운 방법을 알려주고 있다. 나뭇잎 속에 그리고 석회석 형태로 탄소를 저장할 뿐만 아니라 토양 속에 있는 그 미네랄은 토양을 농업에 더 적합하게 해준다.
중국 충칭시 탄소 포집 분야의 선도기업인 '중전원달환보공정 유한공사'는 최근 1200만 위안을 투자해 고효율 이산화 탄소 포집장비를 설치했으며 현재 시범운행 중이다. 매년 이산화 탄소 처리 용량은 5000㎥에 달하며, 농도 99.5% 이상의 반액체 상태의 이산화 탄소 1만 톤을 포집 가능한 상황이 되었다. 이렇게 포집된 이산화 탄소는 지상에 직경 약 20㎝의 구멍을 뚫은 뒤 반 액체 상태로 만들어 1000~3000m 깊이의 지하로 압축해 내려 보내는 것이다. 이것이 바로 CCS(carbon capture & storage)라고 하는 것이다.

4. 산업활동의 억제보다는 신재생에너지의 개발과 생활속에서 이산화 탄소를 억제하는 노력이 더 절실하다.

과학기술에 의한 이산화 탄소 저감 방법을 믿고 있을 수는 없다. 아직 효과적인 결과가 나타나지도 않았고, 시간이 오래 걸릴 수도 있기 때문이다. 산업활동을 억제하기보다는 신재생에너지 개발에 주력하고, 대중교통 이용하기, 물 아껴쓰기 등 에너지를 창출하기 위해 발생하는 이산화 탄소의 양을 줄이는 생활 속의 활동이 더 중요해 보인다.

발표 및 토론하기

(본문 53쪽)

발표하기 (논제 : 이산화 탄소 배출을 줄이기 위해 산업활동을 억제해야 한다.)

[예시 답안]

찬성입장

1. 지구온난화를 일으키는 온실기체 중 가장 비중이 큰 것은 이산화 탄소입니다. 따라서 지구온난화를 막기 위해서는 이산화 탄소의 배출을 줄여야 합니다. 물론 이산화 탄소는 곳곳에서 배출되고 있습니다. 첫째로 지구상의 모든 생물은 생존하기 위해 호흡활동을 통해서 에너지를 얻어야 합니다. 이 과정에서 이산화 탄소가 배출됩니다. 지구상의 생태계는 유지되어야 하므로 이 과정의 이산화 탄소는 줄일 수 없습니다. 둘째로 산업활동에서 많은 이산화 탄소가 배출됩니다. 에너지를 얻는 과정, 제철소, 공장, 발전소 등에서 많은 이산화 탄소가 배출됩니다. 이때 발생하는 에너지는 우리가 제어할 수 있다고 생각합니다. 발전 과정이나 제조 과정을 정밀화하여 이산화 탄소가 배출되는 공정을 과감히 없애거나 이산화 탄소가 배출되지 않는 다른 공정으로 대체하여 이산화 탄소를 줄이는 것입니다. 물론 사회적 비용이 많이 들어갑니다. 그 비용을 우리가 떠안을 수 있어야 합니다.

2. 더욱 효과적으로 이산화 탄소를 줄이기 위해서는 산업활동을 억제함과 동시에 신재생에너지 개발에 박차를 가해야 합니다. 에너지를 어떻게 개발하느냐 하는 것은 이산화 탄소 저감에 커다란 영향을 미칩니다. 에너지 발생에 가장 많은 화석연료가 쓰이고 있기 때문입니다. 신재생 에너지는 이산화 탄소가 발생하지 않는 청정공법을 이용합니다. 그러므로 효과적으로 이산화 탄소를 줄이기 위해서는 산업활동의 감시 외에 산업 에너지의 구조를 신재생 에너지로 바꾸는 것이 필요합니다.

3. 세계 도처에서 이산화 탄소를 사용하여 유용한 물질을 만들어 내는 방법을 연구해왔습니다. 그러나 실제 사용할 수 있는 방법이 개발되기에는 시간이 많이 걸리고 실용화까지는 또 어떤 난제가 있을 지 모릅니다. 언제까지 기다려야 할까요? 지구는 더워져 가고 뚜렷한 해법이 없이 시간만 보낼 수도 있는 것입니다.

반대입장

1. 배출되는 이산화 탄소를 줄이기 위해서 대책도 안세우고 산업활동을 억제하는 것은 업체마다 많은 비용이 들고 산업활동이 위축되어 GNP가 감소되고, 이로 인하여 고용이 감소되는 등 사회적으로 더 큰 부작용이 나타나게 되므로 동의할 수 없습니다. 이산화 탄소를 배출하는 업체는 실로 셀 수 없을 만큼 많습니다. 이 모든 업체들에게 비싼 이산화 탄소 저감 장치를 달게 한다거나 공정 자체를 바꾸게 하는 것은 업체마다 커다란 부담이 되지 않을 수 없습니다. 당장 공정을 바꿀 수 없는 업체도 있을 것입니다. 이러한 비용을 대기 위해서 고용이 감소되는 것 또한 어쩔 수 없는 일일 것입니다. 말은 쉬울지 모르나 실행했을 때의 시행착오는 누가 책임지겠다는 것인지요?

2. 산업활동에 의한 이산화 탄소 배출 비중이 크긴 하나, 이산화 탄소은 모든 생물의 호흡과정에서 배출되는 것이므로 산업활동을 억제하여 이산화 탄소 배출을 억제한다는 발상이 과연 효과적이라고 보기는 어렵습니다. 산업활동에 의한 이산화 탄소 배출 비중이 얼마나 되느냐하는 것에 관한 연구는 없습니다. 지구 전체를 놓고 봤을 때 산업활동에 의한 이산화탄소의 배출이 가장 비중이 크다라는 것도 설득력이 없습니다. 좀더 면밀하고 객관적인 자료가 필요합니다.

3. 전 세계 과학자들이 이산화 탄소를 처리하기 위한 기술에 전념하고 있습니다. 이산화 탄소를 사용하여 유용한 물질을 만들고 산소까지 발생시키는 기술도 나왔다고 합니다. 중국에서는 이산화 탄소를 땅에 묻는 기술을 사용하기 사작했다고 합니다. 머지 않아 이산화 탄소를 없앨 수 있는 획기적인 기술이 나오리라는 것은 주지의 사실입니다.

4. 생활 속에서 이산화 탄소를 줄이기 위한 운동을 강력하게 펼치는 방법이 먼저입니다. 그 외에 신재생에너지 개발에 박차를 가해야 합니다. 우리가 사용하는 에너지가 대부분 신재생에너지가 되면, 화석연료에 의한 이산화 탄소 배출이 최소화될 것입니다. 독일에서는 이미 에너지의 상당 부분을 신재생 에너지로 교체했다는 소식도 있습니다.

질의 응답하기

(본문 54쪽)

[예시 답안]

찬성측이 반대측에 질의 / 응답

Q. 이산화 탄소 처리 기술이 머지 않아 나올 수 있다고 하였는데 그것을 어떻게 증명할 수 있나요?

A. '인공 광합성' 기술은 태양광과 이산화 탄소, 광촉매, 광전극으로 산소와 수소 고부가가치 화합물을 생산하는 방식입니다. 아직 이 기술을 실용화하기 위해서는 비용 문제 등 해결해야 할 과제가 아직 많이 있기는 하나, 이산화 탄소를 감축하는 동시에 유용한 화학 물질을 생산할 수 있는 것이므로 각국에서 적극적으로 기술 개발에 매진하고 있고 성과가 나타나고 있다는 소식이 있습니다. 이로코 나무는 땅속의 칼슘과 공기 중의 이산화탄소를 결합해서 어떤 미네랄을 만드는 것으로 이미 시험 단계에 있다고 합니다. 이산화 탄소를 매장하는 기술도 이미 실행 중에 있다고 합니다. 어떤 방법이든 조만간 나올 수 있으리라 확신합니다.

Q. 전 세계적으로 수 많은 업체들이 있습니다. 이들이 배출하는 이산화 탄소가 지구온난화를 일으키는 커다란 원인이 아닐까요?

A. 물론 무시할 수 없을 것입니다. 그러나 지구 상에는 엄청난 수의 생명체가 있고 그 생명체는 각각 양은 다르겠지만 이산화 탄소를 배출합니다. 생명체가 배출하는 이산화 탄소의 양은 얼마나 될까요? 과연 업체가 배출하는 이산화 탄소의 양이 생명체가 배출하는 이산화 탄소의 양보다 많을까요? 업체의 이산화 탄소의 배출을 억제한다고 했을 때, 과연 그것이 지구온난화를 막을 수 있을까요? 그렇지 않다면 인류는 사회적 비용을 엄청나게 지불하고 아무것도 얻지 못하는 결과를 가져올 것입니다.

반대측이 찬성측에 질의 / 응답

Q. 신재생 에너지 개발 등 머지않아 이루어 질일이 많은데 굳이 위험을 무릅쓰며 이산화 탄소 배출을 줄이기 위해 산업활동을 억제해 할까요?

A. 우리가 할 수 있는 것을 먼저 하자는 겁니다. 산업활동 과정에서 이산화 탄소를 발생시키는 공정을 없애거나, 이산화 탄소가 발생하지 않는 다른 방법으로 공정을 대체하기는 쉽지만은 않을 것입니다. 업체들은 반대하고 싶을 것입니다. 많은 비용이 들기 때문이지요. 아마도 고용 감소 효과도 있을 것입니다. 그렇지만 지구온난화는 사회적으로 더 많은 비용을 요구할 것입니다. 생물 종이 줄어들고, 가뭄이 들며, 해수면이 높아져 경작지가 줄어드는 등 그 해악은 헤아릴 수 없습니다. 거기에 비하면 산업활동의 억제에서 오는 비용이 훨씬 저렴하다는 것입니다. 물론 과학자들의 이산화 탄소 처리 방법을 기대할 수는 있습니다. 그러나 아직 눈에 띌만한 결과는 없습니다. 그러한 것을 믿고 있다가 아무런 대책 없이 지구온난화의 진행을 바라만 보고 있을 수는 없는 것입니다.

Q. 신재생에너지의 개발, 일상생활에서의 이산화 탄소 배출 억제 등의 노력이 있다면 굳이 산업활동을 억제할 필요가 있을까요?

A. 현재 눈에 띄는 성과가 없다는 것이 문제입니다. 신재생에너지는 아직 우리나라의 경우 전체 사용 에너지 대비 차지하는 비중이 미미합니다. 전세계적으로는 더욱 미미합니다. 신재생에너지가 주력 에너지가 되려면 많은 시간이 필요할 것입니다. 일상생활에서의 이산화 탄소 배출 억제 활동도 마찬가지로 눈에 띄는 성과가 나타나고 있지는 않습니다. 무엇인가 획기적인 조치가 필요합니다. 산업활동에서 나오는 이산화 탄소의 양을 억제하면 신재생에너지에 의한 에너지원의 대체로 인한 이산화 탄소의 저감이나, 생활 속에서의 이산화 탄소 배출 억제 노력에 의한 성과보다 훨씬 눈에 띄는 이산화 탄소 억제 효과를 가져올 것으로 기대됩니다.

주제2 인공지능(AI) 로봇

논제 뽑아보기

(본문 59쪽)

· 인공지능 로봇은 사람의 전부를 실현할 수 있을까(사람을 100% 대체 가능한가)?

· 인공지능 로봇은 자기 인식이 가능할까?

· 사람보다 뛰어난 인공지능 로봇(다방면으로 뛰어난)을 만들 수 있을까?

Q1

1. 인공지능 로봇은 앞으로의 응용과정에서 자기인식을 하는 강한 인공지능이 탄생할 수도 있고, 기계의 한계 밖으로 나올 수 없다고도 볼 수 있으므로 찬반 토론을 할 수 있다.
2. 인공지능 로봇이 사람의 역할을 100% 대체할 수 있을지 없을지에 대한 찬반 토론을 할 수 있다.
3. 인공지능 로봇이 사람보다 뛰어날 수 있을지 없을지에 대한 각각의 주장을 내세워 각각 그 근거(문제점, 장점 등)를 제시하여 토론을 할 수 있다.
4. 인공지능 로봇이 인간을 대신하여 할 수 있는 기능은 기술발전에 따라 다양하게 나타나는 것이므로 토의 주제로는 가능하나 토론의 논제가 될 수는 없다.
5. 로봇이 인간의 일을 하게 되면 실업자가 발생하게 되므로 실업자를 위한 기금 마련을 목적으로 로봇을 소유한 사람 또는 기업으로부터 세금을 받아야 하는지 받을 필요가 없는지에 대해 찬반 토론을 할 수 있다.

Q2

(예시)

논제 1. 인공지능 로봇은 자기 인식을 할 수 있을까?

이유 : 영화에 보면 자기 인식을 하고 고민하는 로봇이 등장한다. 그것이 과연 가능할 일일까? '강한 인공지능'영역인 자기 인식과 진정한 의미의 지능에서 사람 뇌의 특징을 흉내 낼 수 있는가?

알파고는 빅데이터를 여러 줄기로 분류하고 가장 적합한 데이터를 수집하여 판단을 하는 것으로 알려져 있다. 따라서 데이터를 생성하고 그것을 응용하는 능력을 가지고 있으므로 학습이 가능한 인공지능이다. 그러나 알파고가 자기 인식을 하고 있다고 말할 수는 없다.

사람들은 인공 신경 네트워크를 작동시키려는 노력을 하고 있다. 인간두뇌 매커니즘을 컴퓨터에 심는 노력도 하고 있다. 그리하여 우리 두뇌의 신경세포가 자극을 통해 연결을 강화하고, 자극이 약해지면 연결이 약해지는 우리 두뇌의 학습하는 방법을 흉내내려 하고 있다. 인공지능이 진화한다면 이것은 불가능한 일도 아닐 것이다.

이 논제는 인공지능 시대에 사는 우리가 한번쯤은 고민하고 넘어가야 하는 주제라는 생각이 들었다.

주제 깊이 알기

(본문 64쪽)

01 인공지능(AI)

02 튜링테스트

03 (1) O (2) O (3) O (4) X

해설 로봇의 3원칙은 로봇을 만들 때 지켜야하는 원칙으로 아이작 아시모프가 자신의 소설 '아이로봇'에서 제안하였다.
* 원칙 1 : 로봇은 인간에게 해를 입혀서는 안되며, 위험에 처한 인간을 모른 척해서도 안 된다. (1), (2)
* 원칙 2 : 원칙 1에 위배되지 않는 한, 로봇은 인간의 명령에 복종해야 한다. (3)
* 원칙 3 : 원칙 1,2에 위배되지 않는 한, 로봇은 자신을 지켜야 한다. (4)

04 (1) O (2) X (3) X

해설 (1) 인공지능(AI)은 인간의 지능이 갖는 학습 · 추론 · 지각능력 등을 컴퓨터 프로그램으로 실현한 기술이다.
(2) 약한 인공지능은 인간의 다양한 능력 중 특정 능력만 구현할 수 있지만 컴퓨터 기반의 인공지능으로 방대한 데이터와 정보를 빠르게 수행할 수 있다. 대표적인 예는 알파고이다.
(3) 강한 인공지능이 진화하여 인간의 두뇌를 월등히 능가하는 능력을 갖춘 인공지능은 초인공지능이며, 알파고는 약한 인공지능에 해당한다.

05 ①

해설 ① 강한 인공지능 : 지성, 이성, 감성 등 인간의 다양한 능력을 모두 갖추고 있다.
② 약한 인공지능 : 인간의 다양한 능력 중 특정 능력만 구현할 수 있지만 컴퓨터 기반의 인공지능으로 방대한 데이터와 정보를 빠르게 수행할 수 있다. 대표적인 예는 알파고이다.
③ 초인공지능 : 강한 인공지능이 진화하여 인간의 두뇌를 월등히 능가하는 능력을 갖추고 있다.

06 ④

해설 ① 1차 산업혁명 : 18세기 영국에서 제임스 와트가 증기기관을 이용하여 면직물을 대량 생산하기 시작한 것이 산업혁명의 계기가 되었다.
② 2차 산업혁명 : 19세기 후반 백열등을 개발한 것부터 시작되어 전기의 시대가 도래하였다.
③ 3차 산업혁명 : 20세기 후반에 일어난 컴퓨터와 인터넷을 기반으로 한 지식정보화 혁명이다.
④ 4차 산업혁명 : 인공지능, 사물인터넷과 같은 정보통신기술이 이끄는 차세대 산업혁명으로 생산의 저비용 및 고효율이 극대화되는 시대이다.

(본문 65쪽)

토론 개요서 작성하기

마인드맵을 통해 '인공지능 로봇'에 대한 자신의 생각 쓰기

사회적

[예시 답안]

· 정부적 차원에서 로봇 관리가 필요할 것이다.

· 지능을 갖는 로봇에 대한 법률이 필요해질 것이다.

· 인공지능 로봇이 휴대폰처럼 사용될 날이 머지 않았다.

· 영화에서처럼 인간과 인공지능 로봇이 서로 섞여서 살아가게 될 듯하다. 서로 구별되지도 않을 것 같다.

· 로봇이 인간대신 많은 일을 하면 인간이 할 일이 없어지겠다.

개인적

[예시 답안]

· 다양한 로봇 친구를 만날 수 있다.

· 인공지능 로봇과 경쟁해야 한다.

· 인공지능이 알파고처럼 수학이나 과학은 훨씬 잘 할 것이다.

· 역사는 인공지능 로봇이 월등히 잘 할 것이다. 인간은 인공지능 로봇에게 역사를 물어봐야 할 것이다.

· 우리가 인공지능 로봇보다 더 잘할 수 있는 것이 무엇일까?

· 예술이나 감성적인 것은 우리가 더 잘할 수 있을 것이다.

문제점

[예시 답안]

· 로봇이 전반적인 일을 다 떠맡으면 인간의 할 일이 줄어들고 고용이 대폭 감소할 것이다.

· 로봇이 저지른 사건, 사고 발생은 어떻게 해결해야 할까?

· 로봇을 제어하지 못하면 영화에서처럼 로봇이 반란을 일으킬 수 있을 것이다.

· 사이보그는 인간일까? 로봇일까?

미래의 변화

[예시 답안]

· 사람은 로봇을 이용한 일자리에서 일을 하고 있을 것이다.

· 지능을 갖는 로봇으로 인해 인간의 삶이 편해진다.

· 미래에는 태풍이나 기상의 변화도 제어할 수 있다.

기 타

[예시 답안]

· 로봇는 많은 일을 해도 힘들다고 하지 않으므로 로봇을 이용한 여러 가지 불법적인 일이 행해질 듯 하다.

· 인공지능 로봇이 의사가 되면 사람보다 더 잘할 수 있을까?

· 인공지능 로봇이 판사가 되어 사람을 심판한다면 심판당한 사람의 심정은 어떨까?

논제 '인공지능 로봇과 인간은 공존할 수 있는가?' 에 대한 찬성, 반대 입장 쓰기

(본문 66쪽)

찬성입장

[예시 답안]

1. 인공지능 로봇이 사람을 대체할 수 있어 탈노동의 미래를 현실화 할 수 있다.

- 인공지능 로봇이 사람을 대체할 수 있어 로봇이 사람의 일자리 역할을 수행하여 인간은 지금처럼 일에 얽매이지 않고, 자신의 시간을 충분히 갖게 되어 삶의 질이 향상될 것이다.

2. 사람이 하기 꺼리는 일(3D 직업)을 수행하여 인간은 삶의 질이 향상되어 로봇의 주인은 로봇에 의해 질 높은 생산량을 창출할 수 있다.

- 화재진압에 로봇이 투입되면 인명피해를 최소화할 수 있다.

3. 사람이 직접 가기 어려운 영역의 개척에 로봇을 이용할 수 있다.

- 사람이 직접 투입하기 어려운 우주개발, 불모지 개발에 로봇이 유용하게 사용된다.

4. 인공지능 로봇의 학습능력을 이용하여 인간의 연구가 훨씬 창의적이 되어 과학기술의 획기적인 발전이 가능하다.

- 인공지능 로봇은 특정 분야에서 사람보다 훨씬 뛰어나므로 그 능력을 사람이 이용할 수 있다.

반대입장

[예시 답안]

1. 인공지능 로봇에 의해 일자리가 빼앗겨 결국 인간이 설 자리가 사라진다.

- 로봇이 모든 일을 완벽하게 수행하게 되므로 실수가 많은 인간이 할 일이 사라지게 된다. 인간은 산업 현장에서 인공지능 로봇보다 훨씬 효율이 떨어져서 일을 할 수 없게 되거나 일을 하더라도 적은 월급만 받게 된다.(실업률 급증)

2. 인공지능 로봇의 오작동(입력한 프로그램의 오류)에 의해 예상치 못한 문제가 발생하면 인간이 수행하는 것보다 일 처리가 훨씬 떨어지게 된다.

3. 사이보그가 등장하여 운동이나 격투기 등에서 인간과 비교가 안되는 힘과 기술을 사용하여 인간을 굴복시킬 수 있다.

4. 인공지능 로봇의 자아 형성에 의해 인간과 로봇의 구분이 모호해질 수 있으며, 인공지능 로봇과 인간은 결국 충돌하게되어 인류파괴를 초래할 수 있다.

5. 인공지능 로봇과 사람은 공존하는 것이 아니라 인간이 프로그램을 짜고 인간의 목적에 맞추어 로봇에 일을 시키는 것이다. 그런 점에서 강한 인공지능이나 초인공지능이 나타날 확률은 매우 적으며, 같이 쇼핑하고 거리를 활보하게 되는 일은 공상 소설에서나 나타날 일이다.

발표 및 토론하기

(본문 69쪽)

발표하기 (논제 : 인공지능 로봇과 인간은 공존할 수 있는가?)

[예시 답안]

찬성입장

1. 인공지능 로봇이 사람을 대체할 수 있어 로봇이 사람의 일자리 역할을 수행하여 인간은 지금처럼 일에 얽매이지 않고, 자신의 시간을 충분히 갖게 되어 삶의 질이 향상될 것입니다. 즉, 인공지능 로봇이 사람을 대체할 수 있어 탈노동의 미래를 현실화할 수 있게 될 것입니다.

2. 사람이 하기 꺼리는 일(3D 직업)을 수행하여 인간은 삶의 질이 향상되어 로봇의 주인은 로봇에 의해 질 높은 생산량을 창출할 수 있습니다. 예를들어 화재진압에 로봇이 투입되면 인명피해를 최소화할 수 있습니다.

3. 사람이 직접 가기 어려운 영역의 개척에 로봇을 이용할 수 있습니다. 예를들어 사람이 직접 투입하기 어려운 우주개발, 불모지개발에 로봇이 유용하게 사용되어 인류 발전에 도움이 될 것입니다.

4. 인공지능 로봇은 로봇대로 인간은 인간대로 할 일이 있는 것입니다. 더구나 로봇은 인간이 만든 것이기 때문에 그 기능도 인간이 통제할 수 있는 것입니다. 서로서로의 영역을 지키며 충분히 공존 가능합니다.

5. 인간의 신체 및 장기도 사이보그처럼 대체가 가능할 것입니다. 그것은 엄청난 의료혁명인 것입니다.

반대입장

1. 로봇이 모든 일을 완벽하게 수행하게 되므로 인간의 필요성이 점차 사라져 실업률이 급증하여 결국에는 인공지능 로봇에 의해 인간은 일자리를 빼앗기게 되어 일을하고 싶어도 일할 자리가 없어질 것입니다.

2. 인공지능 로봇이 사람처럼 일을 하게 되려면 아직 갈 길이 멉니다. 사람이 하는 일은 단순해 보여도 여러 경험이 축적되어 판단 로직으로 설명할 수 없는 부분이 많은 것입니다. 예를 들어 가사로봇이 차를 가져와서 주인에게 주는 단순한 작업도 주인이 언제 받을지, 이야기하고 있으면 언제 줄지, 인간이 차를 다 받기 전에 떨어뜨릴지, 인간이 받을 듯 하다가 갑자기 다른 일 때문에 받지 않을 때는 어떻게 할지 등의 상황입니다. 인공지능 로봇이 학습을 통해서 극복한다고 할지라도 많은 시간이 걸리거나 오늘날 우리가 기대하는 것처럼 완벽한 인공지능 로봇이 탄생할지는 지켜봐야 하는 일인 것입니다.

3. 인공지능 로봇의 오작동(입력한 프로그램의 오류)에 의해 예상치 못한 문제가 발생할 가능성도 큽니다. 컴퓨터도 오래 쓰면 버그가 나고 다시 업그레이드를 해야 하는 것처럼 로봇도 완벽한 것이 아니라 업그레이드 해야 하는 컴퓨터라는 것입니다. 중요한 일을 할 때 버그가 나면 낭패를 보는 경우도 많이 생길 것입니다.

4. 점차 인공지능 로봇의 자아 형성에 의해 인간과 로봇의 구분이 모호해질 것이며, 결국에는 인공지능 로봇과 인간은 충돌하게되어 인류파괴를 초래할 수 있습니다.

5. 인공지능 로봇과 인간이 공존한다는 것은 서로 구별하지 않고 거리를 함께 활보하며, 쇼핑도 하고, 게임도 하는 그런 상황을 말하는 것인데 그건 공상 소설에나 존재하는 것입니다. 인공지능 로봇은 인간이 프로그램을 짜고 인간의 목적에 맞추어 일을 시키는 진화된 컴퓨터인 것입니다.

질의·응답하기

(본문 70쪽)

[예시 답안]

찬성측이 반대측에 질의 / 응답

Q : 로봇이 일을 완벽하게 수행한다면 사람들의 일자리가 줄어드는 것이 아니라 오히려 로봇에 의해 일자리가 증가할 수 있지 않을까요? 예를 들어 휴대폰이 나왔을 때 없어지는 직종도 많이 생겼지만 휴대폰 관련 일자리가 더 많이 생기지 않았나요?

A : 인공지능 로봇은 휴대폰하고 차원이 다릅니다. 현재 인간이 하고 있는 일들은 무척 종류가 많습니다. 그런 일들을 모두 로봇이 한다고 생각해 보십시오. 휴대폰은 인간이 손 안에서 작동하여 이 기기를 통해서 만족을 얻는 것 아니겠습니까? 그렇지만 인공지능 로봇은 스스로 휴대폰을 챙겨서 다닐 수도 있는 것입니다. 육체노동 관련 일은 물론이고, 상담사, 의사, 판검사도 인공지능이 한다고 생각해 보십시오. 오롯이 사람만이 할 일이 무엇이 있을까요?

Q : 인공 신경네트워크 등의 등장으로 결국 자기 인식을 하는 인공지능 로봇이 등장할 것이고 결국 사람과 로봇은 공존하게 되지 않을까요?

A : 신경을 무생물로 만들고 생명체가 되도록 기원하는 형상일까요? 생명체와 반도체는 엄연히 영역이 다릅니다. 마치 2차원과 3차원의 관계라고 할까요? 두 영역을 엮을 생각을 하는 것은 굉장히 창의적이라고는 할 수 있으나 공상소설인 것입니다. 사람의 감각기관에서 신경세포가 뇌에 보내는 신호가 과연 전기신호 하나일까요? 자기 인식을 하는 로봇은 탄생이 불가능합니다. 그런 면에서 인공지능 로봇과 인간은 공존할 수 없는 것입니다.

반대측이 찬성측에 질의 / 응답

Q : 로봇의 개발 및 발전으로 사람이 일하지 않고 살게 된다면 점차 나태한 삶을 살게 되어 인류의 발전이 이루어지지 않을 것이라 생각하지 않습니까? 이에 대해 어떻게 생각하십니까?

A : 그동안 인간이 하는 일은 반복적이고 기계적인 일이 많았습니다. 예를 들어 제품을 생산하는 일을 놓고 보면 분업화라고 해서 하는 일을 하루에 수백 번 수천 번 반복하곤 하지 않습니까? 가사일만 해도 그렇습니다. 아이를 키우는 것도 그렇고 빨래, 청소하는 것도 그렇고 반복적이고 기계적인 일이지 않습니까? 거기에 소방관이 하는 위험한 일, 경찰이 범인을 쫓는 일 등을 인공지능 로봇에게 실수없이 시키자는 것입니다. 그러면 사람은 더 창의적인 일을 할 수 있습니다. 그것은 나태한 삶하고는 거리가 먼 것입니다.

Q : 인공지능 로봇과 인간이 함께 차도 마시고, 거리도 활보하고, 쇼핑도 섞여서 하는 그런 일은 인공지능 로봇이 사람처럼 자아를 갖게 되어야 가능할 것입니다. 인공지능 로봇이 자아를 가질 수 있다고 생각하십니까?

A: 인류의 과학기술이 발전하면 할수록 그 가능성은 커진다고 생각합니다. 이미 학습을 통해 사고의 영역을 넓히는 알파고의 등장을 보았지 않습니까? 학습이 얼마까지 가능할까요? 그것은 끝이 없다고 생각합니다. 만약 인공 신경네트워크가 사람의 신경세포를 대신할 수 있게 되면 감각기관의 신호를 중앙 장치가 인식하여 학습하고 결국 감정을 갖는 인공지능 로봇이 나타날 것으로 봅니다. 그때가 되면 인간과 인공지능 로봇을 구별하는 것이 의미가 없을 것입니다. 결국 인간은 인공지능 로봇과 공존하며 생활하는 것입니다.

주제3 자율주행 자동차

논제 뽑아보기 1

(본문 · 75쪽)

· 자율주행 자동차의 사고는 완전히 방지될 수 있는가?

· 자율주행 자동차가 사고를 냈을 때 책임은 차주에게 있다.

· 자율주행 자동차 산업은 고용을 감소시킬 것이다.

Q1

1. 보는 사람에 따라 자율주행 자동차의 사고는 완전히 방지될 수 있기도 하고 사고가 나면 자율주행 자동차의 치명적인 결함이 될 수 가 있다. 따라서 찬반 토론 주제로 할 수 있다.
2. 자율주행 자동차는 운전자가 없으므로 사고의 책임에 있어서 법적인 규정이 필요하다. 어디까지 정해 놓을 것인지 찬반 토론할 수 있다.
3. 자율주행 자동차의 개발에 있어 최대의 난제를 물어보는 것은 과학기술적인 측면이다. 서로 토의는 할 수 있으나 찬반 토론 논제로는 부적당하다.
4. 자율주행 자동차 산업의 발달은, 그동안의 자동차의 개념으로 보면, 운전자의 대폭적인 감소로 이어진다. 택시업계나 렌트업계의 고용감소가 일어날 것이다. 하지만 센서 등 각종 장치가 더 많이 필요하므로 장치의 개발 산업 분야에서는 오히려 고용이 증가할 것이다. 어떤 것이 더 우세할까하는 측면에서 찬반 토론이 가능하다.

Q2

(예시답안)

논제 : 1. 자율주행 자동차의 사고는 완전히 방지될 수 있는가?

논제로 선정한 이유 : 우버나 테슬라의 자율주행 자동차의 운전 중에 발생한 인명 사망 사고는 두 회사의 자율주행 자동차의 개발 방향을 바꿀만큼 치명적인 것이었다. 자율주행 자동차 사고가 빈번히 발생한다면 자율주행 자동차를 이용하는 사람은 극히 제한적일 것이다. 그러나 과연 자율주행 자동차 사고를 완전히 방지할 수 있을까?

교차로에서 주행하는 상황에서 자율주행 자동차는 사람의 행동에 어떻게 반응할지 생각해야 하고, 사람의 행동에 자동차가 어떻게 반응해서 다음으로 나아갈지 등등을 생각해야 한다. 만약, 사고가 난다면 자율주행 자동차의 판단이 틀린 것이다.

또 다른 경우는 10명의 사람을 피해 바깥의 한 사람과 충돌하는 상황, 보행자를 피해 벽에 부딪쳐 탑승자가 사망하는 상황, 10명의 보행자를 피해 벽에 부딪쳐 탑승자가 사망하는 상황 등에서 자율주행 자동차는 어떤 판단을 할 것인가? 최악의 위기 상황은 피하겠지만 인명 사망 사고가 나는 것은 어쩔 수 없는 것인가?

자율주행 자동차의 출현은 필수적이다. 여러 시행착오를 거쳐 점검하고 정밀한 센서를 달아 인간의 판단보다 더 최적화된 판단을 하는 자율주행 자동차가 나오는 경우도 생각할 수 있다.

사고가 완전히 배제된 자율주행 자동차를 생각하면서 이러한 토론 논제를 선택하게 되었다.

주제 깊이 알기

(본문 80쪽)

01 라이다(LIdar)

이유 : 라이다는 자율주행 자동차에 있어 사람의 감각 기관과 같은 역할을 하기 때문이다. 정확한 감지 능력이 있어야 상황에 대한 최적화된 판단이 가능하기 때문이다.

02 ③

해설 ① AEB 는 능동적 브레이크 시스템이다
② Lidar 는 자율주행 자동차의 주변 인식 장치이며, 전파에 가까운 레이져 광선을 이용한다.
③ ABS 는 현재 자동차나 항공기에 쓰이고 있는 잠김방지 브레이크 시스템이다.
④ SCC 는 자율주행 자동차의 속도 유지 시스템으로 앞차와의 거리를 일정하게 유지해 준다.
⑤ LKAS 는 자율주행 자동차의 차선이탈방지 시스템이다.

03 4개

해설 공간 상에서 한 지점의 정확한 위치 계산을 위해서는 3개의 위성이 필요하다. 그러나 위치의 정보를 서로 주고받을 때 시간적인 오차가 발생하므로 시간을 보정하기 위한 위성이 1개 더 필요하다.

04 ⑤

해설 사람의 귀가 들을 수 있는 음파의 주파수는 일반적으로 16Hz~20kHz의 범위이다. 주파수가 20kHz를 넘는 음파를 초음파라고 한다. 생활 속의 이용 예로는 초음파 세척이 있는데, 물속에서 초음파를 발생시키면 음파의 진동에 의해 수많은 거품이 발생한다. 이때 거품이 진공청소기 같은 역할을 해서 물체 표면에 붙어 있는 이물질을 떼어낸다.
또 모기 같은 해충의 퇴치에 이용한다. 사람의 피를 빠는 모기의 암컷은 여름철 알을 낳을 때가 되면 수컷 모기를 피한다. 그러므로 수컷 모기가 내는 초음파를 방안에서 발생시키면 암컷 모기가 접근하지 않는다.
임신했을 때 태아의 형상을 보기 위해서도 초음파를 사용한다. 초음파를 복부에 발생시키고 태아로부터 반사되어 온 음파를 분석하여 아기의 모습을 영상으로 보여준다.
또한 건축물의 안정성이나 수명 등을 조사할 때 초음파를 이용한 비파괴검사를 한다.
바다의 깊이를 재기 위해서 초음파를 사용하는데, 물 위에 떠 있는 배에서 초음파를 발생시켜 바다 밑바닥에서 반사되어 돌아올 때까지의 시간을 측정하여 바다의 깊이를 측정할 수 있다. 초음파도 음파의 일종이므로 물질 속에서 일정한 속력을 가진다.
소음과 초음파는 모두 소리의 영역이다.

05 a 상황 :

① SCC(스마트 크루즈 컨트롤)장치를 장착시켜 장애물과의 거리를 유지시키며, 그래도 장애물과의 거리가 좁혀지는 경우 AEB(능동적 제동 장치)를 작동시켜 피해를 최소화한다.
② SCC 나 AEB 가 제대로 작동하지 않아 어쩔 수 없이 무단횡단하는 10명과 바깥에 서있는 1명을 선택해야 하는 경우라면 Ridar 로 사람의 남녀, 노소를 판단하여 미리 정해진 보호할 등급 중 최하위 등급의 사람을 선택한다.

b 상황 :

① SCC(스마트 크루즈 컨트롤)장치를 장착시켜 장애물과의 거리를 유지시키며, 그래도 장애물과의 거리가 좁혀지는 경우 AEB(능동적 제동 장치)를 작동시켜 피해를 최소화한다.
② SCC 나 AEB 가 제대로 작동하지 않아 어쩔 수 없이 무단횡단하는 보행자와 탑승자 중에서 선택해야 하는 상황이라면 Ridar 로 보행자를 판단하여 승자와 보행자 중에서 보호등급이 낮은 사람을 선택한다.

토론 개요서 작성하기

(본문 81쪽)

마인드맵을 통해 '자율주행 자동차'에 대한 자신의 생각 쓰기

사회적

예시

· 운전을 못하는 사람도 다른 사람의 도움이 없이 자율주행 자동차를 타고 목적지까지 갈 수 있겠다.
· 개발할 때는 비용이 많이 들지만 일단 개발이 성공하면 사회적으로 많은 이득이 있을 것이다.
· 자율주행 자동차는 스스로 판단해야 하므로 인공지능을 탑재할 수 밖에 없다.
· 인공지능도 스스로 판단하기 위해서는 많은 노력이 필요한데, 자율주행 자동차가 나오려면 한참 걸리겠다.
· 자율주행 자동차를 이용한 범죄가 나타나겠다.
· 스마트폰을 이용해서 호출할 수 있으므로 주차장이 없어도 될 것 같다.

개인적

예시

· 학원까지 엄마가 직접 운전하여 가지 않아도 되겠다.
· 숙제를 차 안에서 편안하게 할 수 있겠다.
· 친구들과 어디 멀리 놀러가기 편하겠다.
· 각종 장치를 탑재했으므로 비싸겠다.
· 자동차 운전면허를 따지 않아도 되겠다.

윤리적

예시

· 무단횡단하는 10명을 피하면 바깥에 서 있는 다른 사람이 다치는 경우 그 사람은 법규위반을 하지 않았는데 너무 억울할 것 같다. 자율주행 자동차는 그때 무단횡단하는 사람들 중에서 다치는 사람을 선택해야 하지 않나?
· 자율주행 자동차가 사고를 내면 자율주행 자동차 회사가 책임을 져야 할 것 같다. 왜냐하면 각종 장치를 더 정밀하게 만들어야 하지 않았을까?
· 자율주행 자동차도 인공지능이므로 자아의식이 생길 수 있지 않을까?

경제적

예시

· 가난한 사람은 자율주행 자동차를 구입할 수 없을 것 같다.
· 비싼 자율주행 자동차와 싼 자율주행 자동차의 차이는 무엇일까?
· 자율주행 자동차의 개발을 위해 많은 사회적 비용을 지불한 만큼 많은 세금을 거둬들일 것이다.

기 타

예시

· SCC (스마트크루즈컨트롤)이 아주 잘 작동하면 자율주행 자동차 사고는 일어나지 않을 것 같다.
· 차선이탈방지 시스템(LKAS)이 작동되기 위해서는 전 세계의 도로의 차선을 다시 그려야 할 것 같다.
· 상황을 정확하게 판단하기 위해서는 ridar 의 성능이 무척 좋아야 할 것 같다.
· '전격 Z 작전' 의 '키트' 처럼 하늘을 나는 기능도 있었으면 좋겠다.

논제 '자율주행자동차 사고는 완전히 방지될 수 있는가?' 에 대한 찬성, 반대 입장 쓰기

(본문 82쪽)

찬성입장

예시 1. Ridar 와 ECU 장치의 획기적인 개선이 기대된다.

- 데이터를 토대로 판단 및 제어를 하는 자율주행 차량 내 컴퓨터 제어장치(ECU)는 인지단계를 통해 획득한 데이터에 전적으로 의존하여 작업을 수행하게 된다. 최근 발생한 자율주행 사고는 데이터를 획득하게 되는 부분인 '센서의 오작동'에 의한 사고가 대부분이다. 우버의 자율주행 사고는 당시 차량에 탑재된 카메라 센서(LIDAR)가 충돌 6초 전 보행자를 인식했지만, 어두운 상의 차림의 보행자를 사물로 인식해 AEB를 작동하지 않았고 이 때문에 보행자와 충돌하는 사고가 발생했으며, 테슬라의 자율주행 사고는 차량이 중앙분리대를 인식하지 못했는데 당시 햇빛에 따른 역광으로 인해 센서가 전방의 사물을 제대로 인식하지 못했고, 그대로 감속할 수 없었습니다.

이러한 사고의 예는 ECU나 Ridar 장치를 획기적으로 개선함으로써 사고가 방지될 수 있음을 역설적으로 보여준다. 센서가 오작동하지 않고 제대로 사물을 인식하여 판단한다면 자율주행 자동차의 사고는 완전하게 방지될 수 있다.

(본문 83쪽)

반대입장

예시 1. 기계가 판단하는 것이라 한계가 있으므로 자율주행 자동차 사고는 완전히 방지할 수 없다.

- Ridar 또는 ECU 가 치밀하게 개선된다고 할지라도 주행 운전 중에 발생하는 모든 상황에 대처하는 것은 불가능하다고 여겨진다. 로터리같은 상황에서 자율주행 자동차는 보행자의 자율주행 자동차에 대한 행동이 어떻게 나타날지 생각해야 하고, 또 그들의 행동에 자율주행 자동차는 어떻게 반응해서 다음으로 나아갈지 등등을 생각해야 한다. 사고가 난 후에 자율주행 자동차는 결국 첫 행동이 틀렸다는 것을 인식하게 될 것이다. 이러한 경우 자율주행 자동차는 사고를 피해갈 수 없다.

2. 기계의 오작동 문제는 생각보다 심각하다.

- 자율주행 자동차에 장착된 장치가 완전하다면 대부분의 사고는 줄일 수 있다. 그러나 그 장치들도 빠르게 반응하는 컴퓨터인 것이다. 버그를 먹을 수도 있고 누군가가 해킹하여 불량프로그램을 깔아서 작동을 늦추거나 정지시킬 수 있다. 그럴 경우 사고의 위험은 극도로 높아질 수 있다. 사람이 운전하는 경우 한눈을 판다거나 조작을 잘못하여 사고를 내는 경우와 흡사하다.

이런 경우를 종합했을 때 자율주행 자동차의 사고는 항상 일어날 위험이 있다.

발표 및 토론하기

(본문 85쪽)

발표하기

(논제 : 자율주행 자동차 사고는 완전히 방지될 수 있는가?)

예시

찬성입장

최근 발생한 우버나 테슬라의 사고는 자율주행 자동차의 센서가 오작동을 일으켰기 때문에 발생하였습니다. 과학기술이 발전되고 있고 Ridar 나 ECU 의 획기적인 개선이 이루어진다면 사고를 100% 없앨 수 있으리라 확신합니다. ECU에 의해 작동하는 SCC 나 LKAS, AEB 같은 장치도 있지 않습니까? 자율주행 자동차는 여러 가지 방어적인 장치들을 탑재하고 있으므로 사고가 일어나지 않게 제작될 수 있습니다.

반대입장

자율주행 자동차가 탑재한 많은 장치나 센서를 획기적으로 개선하여 주변의 사물을 인식하고 판단하는데 오류가 없다고 해도 그러한 장치들은 반응빠른 컴퓨터에 불과하므로 완전성을 기대할 수는 없습니다. 인공지능이 발전한다고 해도 자아 의식을 가질 수 없듯이 장치의 개선만으로는 그 많은 상황에서의 사람과 같은 유연한 대처를 기대하기 힘들다고 생각합니다. 사람도 판단하기 어려운 문제에 직면했을 때 자율주행 자동차는 패배한 알파고처럼 엉뚱해 질 수도 있다고 생각합니다.
또한, 각종 장치는 각각 고도의 컴퓨터이므로 버그를 먹거나 누군가 해킹하여 불량프로그램을 심어 상황에 대처할 수 없게 만들거나 뒤늦게 대처하게 만들 수 있는 위험도 가지고 있는 것입니다.
이러한 여러 가지 측면을 고려했을 때 자율주행 자동차에 의한 사고는 완전히 방지될 수 없다고 생각합니다.

질의·응답하기

예시

찬성측이 반대측에 질의 / 응답

Q : 인공지능이 학습하여 자아 의식을 가지게 되는 가능성이 있는 것처럼 각종 장치도 인공지능이므로 사고를 예측하고 미연에 방지할 수 있는 능력이 생길 수 있습니다. 그것에 대해 말씀해 주시면 고맙겠습니다.

A : 각종 장치라는 것도 고도화된 컴퓨터의 일종일 뿐입니다. 즉, 사람이 만들고 프로그래밍한다는 것이지요. 그럴 경우 그 장치의 완전성을 어떻게 보장하겠습니까? 인공지능이 자아 의식을 갖고, 사람과 전쟁을 벌인다는 것은 공상과학 소설에 불과한 것입니다. 자율주행 자동차의 각종 장치가 스스로를 보호하고 판단하는 단계는 오지 않을 것입니다. 그렇게 된다면 결국 프로그래밍에 의해서 판단해야 할텐데, 각종 버그를 먹을 수도 있고, 해킹을 당하여 프로그램이 훼손될 수 있을 것입니다.

반대측이 찬성측에 질의 / 응답

Q : 자율주행 자동차의 각종 장치도 각각 고도화된 컴퓨터의 일종일 뿐이라고 생각합니다. 그러한 컴퓨터가 오작동을 일으킬 때는 프로그램과 관련 없이도 일어날 것입니다. 그럴 경우 사고로 이어질 텐데요. 어떻게 생각하십니까?

A : 장치를 완벽하게 개선한다는 것은 그러한 위험도 고려한 것입니다. 인공지능이 진화하여 스스로 판단하고, 스스로 보호하는 시스템으로 진화할 수 있는 것처럼 스스로 판단하고 스스로 보호하는 장치를 만드는 것입니다. 물론 시간이 필요하다는 것은 인정합니다. 그러나 결국 인간의 자율주행 자동차에 대한 기대와 목표는 거기에 있는 것입니다. 각종 상황에서 인간만큼, 인간보다 월등한 장치의 출현을 기대하는 겁니다. 이것이 왜 불가능하겠습니까?

02 대회 준비하기

주제1 신재생 에너지

Q1

p.104

예시
· 돛단배, 뗏목 : 바람의 힘을 이용하여 물 위를 이동하였다.
· 장작, 아궁이 : 나무를 이용하여 불을 피웠다.

Q2

p.107

예시
· 바람이 많은 제주도나 강원도의 해안 지대에는 바람을 이용한 풍력 발전소가 적합하다.
· 가축을 많이 키우고 있는 지역에서는 축산 분뇨를 이용한 바이오에너지를 이용한다.
· 일조량이 풍부한 지역에서는 태양전지를 이용하여 전기 에너지를 얻는다.
· 밀물과 썰물 때 해수면의 높이 차가 큰 서해안에서는 조력 발전소가 적합하다.

Q3

p.107

예시
· 자원 고갈의 우려가 없어야 한다.
· 이산화 탄소가 발생하는 등 환경 오염 문제를 일으키지 않아야 한다.

Q4

p.111

예시
· 마우스를 클릭하는 반복적인 움직임을 전기 에너지로 저장하여 사용한다.
· 한 여름철 아스팔트에서 발생하는 열에너지를 전기 에너지로 변환하여 사용한다.

해설
에너지 하베스팅의 활용은 다양한 곳에서 확인할 수 있다.
2001년 국제전자제품 박람회에서는 버튼을 누르는 운동 에너지를 전력으로 바꿔 건전지가 필요 없는 TV 리모컨을 선보였으며, 브라질 리우데자네이루의 빈민가 축구장에는 아이들 이 축구장을 뛰어다니며 발생하는 진동 에너지를 6개의 LED 조명 전력으로 전환하여 사용하고 있다. 그리고 이스라엘에서는 도로, 철도, 공항 활주로에 압력, 진동 에너지 하베스팅을 적용하여 1km의 도로에서 시간당 200kWh의 전력을 생산하고 있다.
일본 음지발전사는 2006년 자동차, 자전거, 사람 등이 지나갈 때 생기는 압력을 활용해 에너지를 생산하는 '발전 마루'를 개발했다. 도쿄역 개찰구 앞에는 이용자들이 밟고 지나가는 지하철역 바닥에서 전기를 얻기 위해 발전마루가 설치됐는데 이용자가 많은 날에는 하루 960kW의 전력을 생산한다고 알려졌다.

언차티드플레이라는 회사에서 개발한 '소켓볼(Soccket Ball)'은 공이 구를 때마다 발생하는 회전 에너지가 밖으로 빠져나가지 않도록 잡아줘 30분간 공놀이를 하면 3시간 동안 사용할 에너지를 모을 수 있다. 축구공에 플러그를 꽂으면 LED 조명이나 휴대전화를 충전할 수 있다.

전기를 만드는 신발로 유명한 '에코스텝'도 압전 기술을 활용해 자가 발전을 할 수 있는 기술이다. 보행을 통해 땅과 발 사이에 압력이 발생하는데 그것을 에너지로 전환하는 것이다. 이 외에도 사람의 호흡을 이용한 풍력발전 마스크 등 다양한 아이디어가 기술화되고 있다.

영국의 보다폰에서는 안에 들어가 잠자는 것만으로도 핸드폰 충전이 가능한 침낭을 개발하였다. 이 침낭 원단은 마찰로 인해 생기는 열이나 사람의 체온을 이용하여 전력을 생산하는 구조이다. 같은 원단으로 만든 핫팬츠는 하루 동안 걷거나 춤을 추기만 해도 스마트폰 네 시간 분량의 전력을 만들 수 있다고 한다.

Q5

p.111

예시
· 샤워 시간을 줄인다.
· 사용하지 않는 전자제품의 플러그를 뽑는다.
· 겨울철에는 실내에서도 내복과 양말을 챙겨입는다.
· 비닐 봉지나 일회용품 사용을 자제한다.
· 양치컵을 이용한다.
· 화장실이나 주방에 들어 갔다 나오면서 전등을 끈다.
· 잠시 물건을 사러밖에 나갈 때 집 안의 전등을 끝다.
· 컴퓨터는 절전모드로 설정하여 사용한다. 등

해설 전기를 절약하는 방법

① 여름철 26 ~ 28℃, 겨울철 18 ~20℃ 실내 적정 냉난방 온도를 준수한다.

② 겨울철 내복 입기로 겨울철 난방 온도를 3℃ 낮추면 난방 에너지의 20%를 절감할 수 있다.

③ 겨울철 전열기는 전구식 형광등(20W) 50개 이상의 전력을 소비하는 전력 과소비기기이다. 따라서 전열기의 사용보다는 내복 또는 무릎담요를 사용한다.

④ 제품의 전원을 켜지 않아도 꽂혀 있는 플러그를 통해 새어 나가는 에너지를 대기 전력이라고 한다. 대기 전력으로 낭비되는 에너지는 가정에서 사용하는 에너지의 10% 에 해당한다. 따라서 충전이 완료된 어댑터들의 플러그는 반드시 뽑아두고, 사용하지 않는 전자 제품의 플러그도 뽑는다.

⑤ 효율 1등급 제품을 사용하면 5등급 제품보다 약 30~40%의 에너지를 절약할 수 있으며, 특히 에너지 절약 마크가 부착된 대기 전력 저감 우수 제품을 사용하면 대기 전력을 최소화할 수 있다.

⑥ 진공 청소기는 가전 기기 중 전력 소비량이 상대적으로 큰 기기이다. 무엇보다도 진공 청소기 사용 시 먼저 필터 및 먼지 통을 청소하면 좀 더 낮은 강도로 청소를 할 수 있으며 전력 소비 역시 절감할 수 있다.

⑦ 다리미는 처음에 켜서 가열할 때 대부분의 에너지가 소모되므로 최대한 많은 분량을 한꺼번에 모아서 다림질한다면 연간 사용 시간을 20%가량 줄여 전기 절약을 실천할 수 있다. 소비전력이 큰 세탁기의 잦은 가동 또한 전력 낭비의 큰 원인이 되므로 한번에 많은 세탁물을 모아서 전력 피크가 예상되는 낮시간을 피해 밤에 세탁한다면 전력 피크 예방에 도움을 줄 수 있다.

p.115

주제 깊이 알기

Q1

정답 ②, ③, ④

해설 신재생에너지란 기존에 사용하지 않았던 새로운 에너지인 신에너지와 고갈의 위험이 없고 계속해서 재생하여 사용할 수 있는 에너지인 재생 에너지의 합성어이다.
① 은 화석 연료이다.
② 태양 에너지, ④ 해양 에너지는 재생 에너지이다.
③ 수소 에너지는 신에너지이다.

Q2

정답 화석연료

Q3

정답 (1) ㅁ (2) ㄱ (3) ㄹ (4) ㄷ (5) ㄴ

Q4

예시 휴대용 플러그 – 태양전지가 연결된 휴대용 플러그를 만들어 태양이 비추는 곳에 놓아두고 전기가 필요한 제품을 연결하여 사용할 수 있을 것이다.

전기를 생산하는 방음벽 – 도로 방음벽에 태양전지를 붙여 방음벽 역할뿐만 아니라 전기도 생산할 수 있도록 한다.

태양광 백팩 – 백팩 전면에 태양전지를 붙여 적은 전력으로 사용 가능한 기기에 사용한다.

태양광 양산 – 태양빛도 피하고, 전기를 충전할 수도 있을 것이다.

태양광 전지 휴대용 보조 배터리 – 보조 배터리에 태양 전지를 부착하여 충전한다.

해설 태양 전지는 태양 빛만 있다면 전기를 생산해 낼 수 있는 장점 때문에 대용량의 발전소뿐만 아니라 소규모로도 다양하게 활용되고 있다. 초기에는 우주 비행선이나 무인 등대에서 사용되었으며, 현재는 항공, 기상, 통신분만 아니라 가로등, 배터리 충전기, 휴대 전화, 주택이나 건물의 지붕에 사용되고 있다.

염료를 입힌 투명 유리가 태양 에너지를 전기 에너지로 바꿔주는 염료감응형 태양전지도 활발하게 개발 중이다. 염료감응형 태양전지는 기존 태양전지와 달리 투명하므로 건물이나 자동차 창문에 부착할 수 있고 유리를 대신해 마감재로 쓸 수 있다

Q5

예시 광전 효과 – 태양광, 압전 효과 – 움직임과 진동, 자동차 진동, 다리의 진동, 방송 전파(음압), 열전 효과 – 폐열, 방송 전파

해설 에너지 하베스팅의 종류로는 다음과 같은 것들이 있다.

· 신체 에너지 하베스팅 : 신체의 움직임을 통해 발생하는 체온, 정전기, 운동에너지 등을 이용하는 방법
· 광 에너지 하베스팅 : 태양광을 이용하는 방법
· 진동 에너지 하베스팅 : 진동이나 압력을 가해 압전 소자를 발전시키는 방법
· 열 에너지 하베스팅 : 산업 현장에서 발생하는 수많은 폐열을 이용하는 방법
· 전자파 에너지 하베스팅 : 방송전파나 휴대전화 전파 등의 전자파 에너지를 수집하여 이용하는 방법
· 중력 에너지 하베스팅 : 도로의 과속 방지턱, 횡단보도 일시정지선 등에 공기 압력 펌프를 설치하여 차량의 중량을 이용해 공기를 압축시킨 후 압축 공기 발전을 하는 방법
· 위치 에너지 하베스팅 : 수력발전소의 방수구 및 화력발전소 냉각수 방수로에서 발생하는 위치에너지 차이를 이용하는 방법

에너지 하베스팅에 주로 사용되는 반도체

· 압전 소자 : 압전 효과를 나타내는 반도체(소자)이다. 압전소자가 사용된 대표적인 기기는 라이터이다. 라이터 내부에 설치된 압

전 소자에 엄지로 누르는 힘이 가해지면 전압이 전달되고, 이 전압은 전기 에너지로 이어져 스파크가 발생하여 가스가 점화되는 것이다.

· 열전 소자 : 열전 소자란 열에너지를 전기 에너지로, 전기 에너지를 열에너지로 직접 변환하는 효과를 이용한 반도체이다. 전기 저항의 온도 변화를 이용한 소자인 서미스터, 온도 차에 의해 기전력이 발생하는 현상인 제베크 효과를 이용한 소자, 전류에 의해 열의 흡수가 생기는 현상인 펠티에 효과를 이용한 소자인 펠티에 소자가 있다.

Q6

예시 (1) 지붕 : 옥상에 정원을 꾸민다, 지붕에 태양광 발전기나 태양열 집열판을 설치한다.

(2) 외벽 : 성능이 좋은 단열재를 사용하고, 단열재를 이용하여 두껍게 만든다. 벽에 태양 전지를 설치한다.

(3) 창문 : 이중·3중창을 설치한다. 창문을 빛이 잘 들어오는 남향으로 설치한다. 자연 채광을 활용하여 낮에 조명을 켜지 않아도 생활할 수 있도록 한다.

(4) 기타 의견 : 지열을 모아 물을 데워 난방 및 온수로 사용한다. 빗물을 저장하는 장치를 만들고 이를 이용한다. 실내의 열이 빠져나가지 않는 환기 시스템을 설치한다. 등

탐구 주제 찾기

p.118

Q1

예시 · 화석연료를 사용하기 전에 조상들은 난방이나 냉방을 위해 어떤 방법을 사용했을까?
· 화석연료를 사용하기 전에 조상들은 무거운 물건을 나르거나 이동을 위해 어떤 방법을 사용했을까?
· 에너지 절감에 도움이 되는 자연 재료는 무엇이 있을까?
· 우리 집을 에너지 제로 주택으로 만들기 위해서는 어떻게 해야 할까?
· 에너지 제로 주택이 환경 개선에 도움이 될까?
· 신재생 에너지의 사용이 환경에 주는 악영향은 없을까?
· 우리나라에 가장 적합한 신재생 에너지는 무엇일까?
· 전기를 아껴쓰는 것이 화석연료의 사용을 줄이는데 도움이 될까?
· 화석연료의 사용을 줄이기 위해 우리가 할 수 있는 일은 무엇이 있을까?
· 휴대 전화를 충전하기 위해 휴대 전화 크기만한 태양전지를 태양빛에 몇 시간 정도 노출시켜야 할까?
· 태양 전지판은 왜 대부분 네모 모양일까?
· 우리 주위에 버려지는 열에너지는 얼마나 될까?
· 우리 몸에서 나는 열과 움직임으로 발생하는 진동을 쓸 수 있는 에너지로 활용할 수 있을까?

Q2

예시 · 가로등에 태양 전지를 부착하여 낮 동안은 전기를 저장하고, 밤에는 그 전기를 이용하여 길을 밝혀준다.
· 매일 아이들이 뛰어노는 학교 운동장에 압전 소자를 설치하여 전기를 저장하고, 그 전기를 필요할 때 사용한다.

Q3

예시 · 창문이나 문틈을 잘 막아준다.
· 벽을 두껍게 만든다.
· 단열이 잘되는 소재로 만든 벽지로 도배를 한다.
· 벽 내부에 단열이 잘 되는 물질을 넣는다.
· 태양 빛은 들어오고, 내부의 열은 밖으로 빠져나가지 않는 유리창을 개발한다.
· 겨울철에 사용할 수 있도록 실내에 설치할 수 있는 액체가 고체로 변하는 응고열이 발생할 수 있는 장치를 개발한다.

Q4 예시 [Q2] 1. 주변에서 버려지는 에너지를 조사한다.
2. 각 에너지를 저장할 수 있는 원리와 방법을 탐구한다.
3. 압전 소자를 이용하여 발판을 제작한다.
4. 발판에 가하는 충격에 따라 전력 발생 정도를 실험한다.
5. 전기 에너지를 저장할 수 있는 장치를 이용하여 전기 에너지를 저장한 후 활용도를 탐구한다.
[Q3] 1. 단열에 효과적인 친환경 벽 재료를 조사한다.
2. 조사를 통해 알게된 재료를 이용하여 간단한 집 모형을 제작한 후 단열 실험을 진행한다.
3. 설계도를 그리고, 단열이 가장 잘 되는 재료를 이용하여 집 모형을 제작한다.

Q5 예시 · 압전소자를 활용한 발판 제작
· 친환경 재료를 이용한 집 모형 제작

Q6 예시 · 에너지 하베스팅을 이용한 전기 에너지 활용 탐구
· 친환경 에너지를 이용한 미래형 친환경 주택 탐구

신재생 에너지를 주제로 한 실제 제출된 또래 친구의 탐구 보고서

p.120

탐구주제

1. 산업혁명 이전 사람들이 주변 자연환경을 활용하여 생활에너지를 어떻게 얻었는지 조사
2. 생활공간의 냉난방에 대한 개선 방안
3. 기화열과 지열을 이용한 냉난방 시스템의 환경 문제를 개선한 시스템 제작하기

탐구동기

전 세계에 매장되어 있는 화석 연료의 사용 가능 년수는 석유가 약 41년, 석탄이 약 169년, 천연 가스는 약 61년 정도입니다. 이렇게 화석연료는 계속해서 사용할 수 없는 연료이고, 많은 환경문 제를 일으키는 연로로 이를 대체할 수 있는 에너지가 필요하다는 것을 알 수 있었습니다. 이번 과학탐구토론대회를 기회로 우리는 화석연료로 인한 환경 문제를 개선하는 방안을 탐구해 보게 되었습니다.

탐구계획

기간	탐구 내용
20OO. X. XX. ~ 20OO. X. XX.	산업혁명 이전 생활에너지에 대한 조사(냉·난방, 동력원)
20OO. X. XX. ~ 20OO. X. XX.	환경오염 문제를 개선을 위한 회의
20OO. X. XX. ~ 20OO. X. XX.	탐구 과제 선정을 위한 자료 조사
20OO. X. XX. ~ 20OO. X. XX.	탐구 과제 선정과 탐구 방법 계획을 위한 회의

20OO. X. XX. ~ 20OO. X. XX.	탐구와 관련된 여러 가지 실험 실행
20OO. X. XX. ~ 20OO. X. XX.	완성품 제작
20OO. X. XX. ~ 20OO. X. XX.	보고서 작성 및 수정

탐구하고자 하는 내용

1. 각 재료마다 물 흡수 능력에 대하여 탐구하기
2. 이끼가 외부의 열을 얼마나 흡수하는지에 대하여 탐구하기
3. 특수 벽으로 지은 집의 내부 온도 측정
4. 설계도를 따라 집 모형 제작 - 완성품

준비물

1. 재료의 물 흡수 능력을 알아보는 실험 - 벽 제작

아크릴판(30cm x 30cm x 0.5cm)4개, 약솜, 이끼, 펠트지, 전자저울, 고무관, 글루건, 천

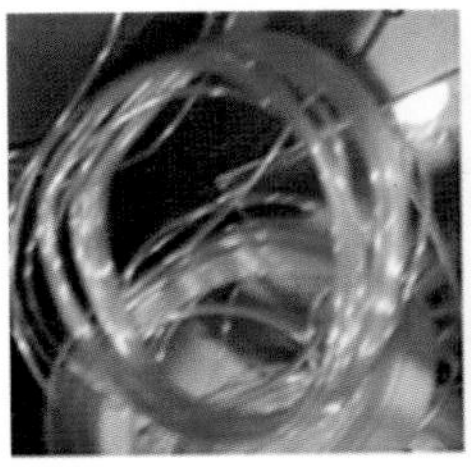			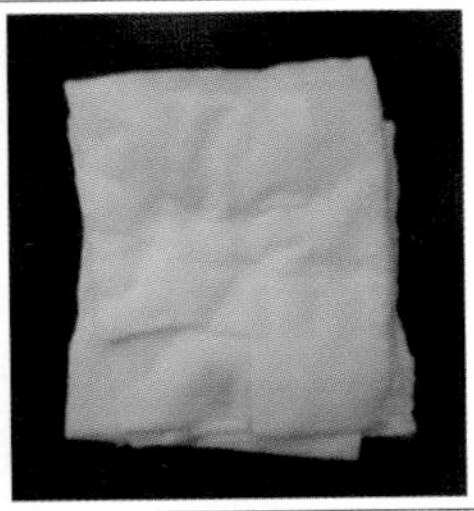
고무관	글루건	전자저울	약솜
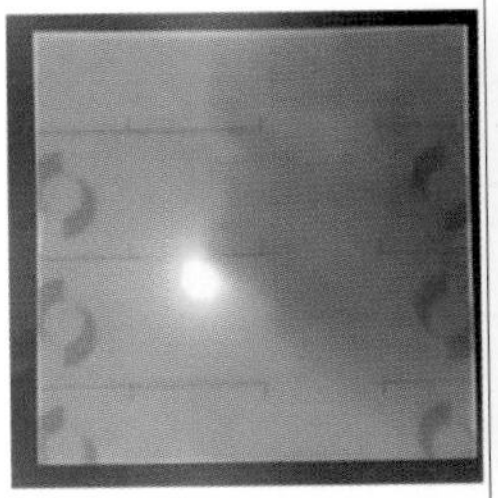		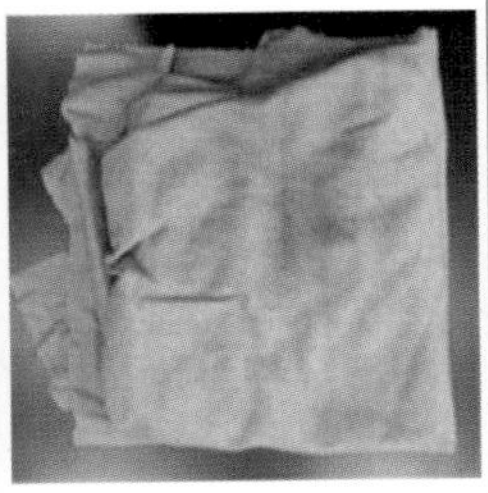	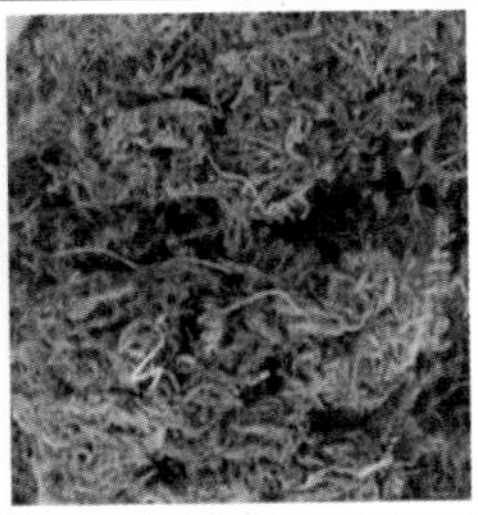
아크릴판	펠트지	천	이끼

2. 이끼가 외부의 열을 얼마나 흡수하는지에 대하여 탐구하기/ 3. 특수 벽으로 지은 집의 내부 온도 측정

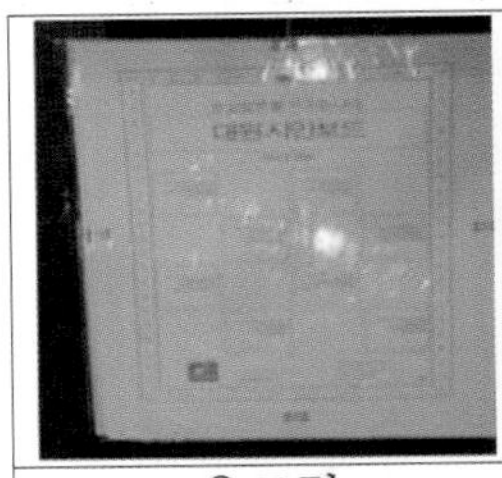	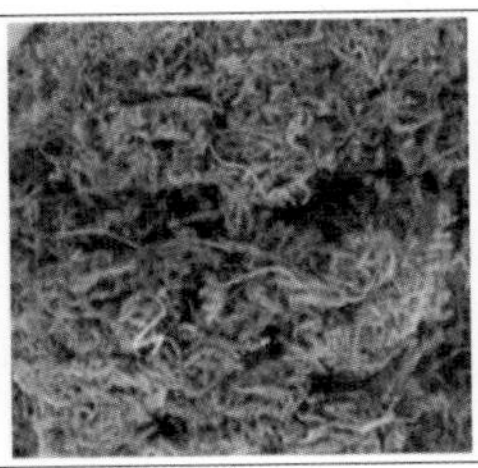	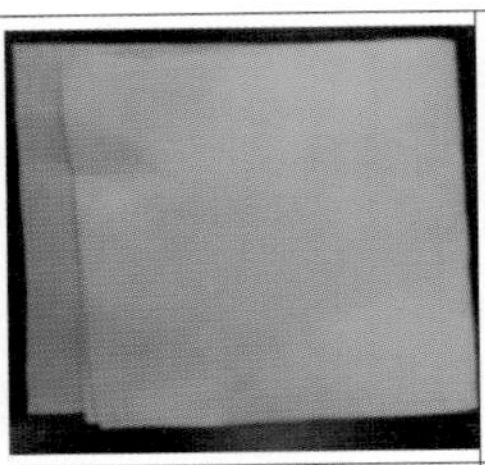	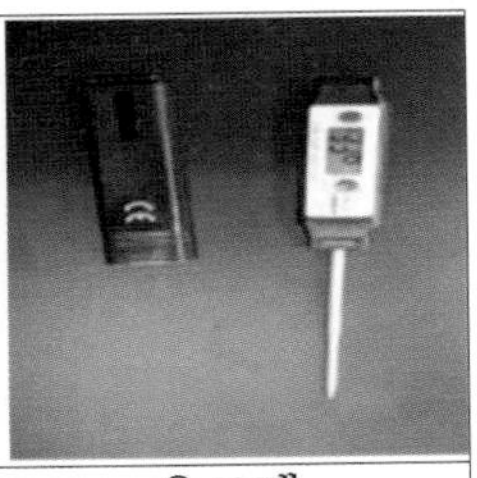
우드락	이끼	펠트지	온도계

실험 과정

1. 물 흡수 능력을 알아보는 실험 - 벽 제작

(1) 각 재료들의 면적을 50cm^2 으로 맞추어 각각 전자저울로 질량을 측정한다.

(2) 각 재료들을 물에 적신 후 질량을 각각 측정한다.

(3) 흡수율을 구해본다. (흡수율 = $\frac{\text{흡수한 물의 질량}}{\text{물을 적시기 전의 질량}}$)

(4) 설계도를 따라 각 재료들을 이용하여 벽을 각각 제작하여 물을 흘려본다.

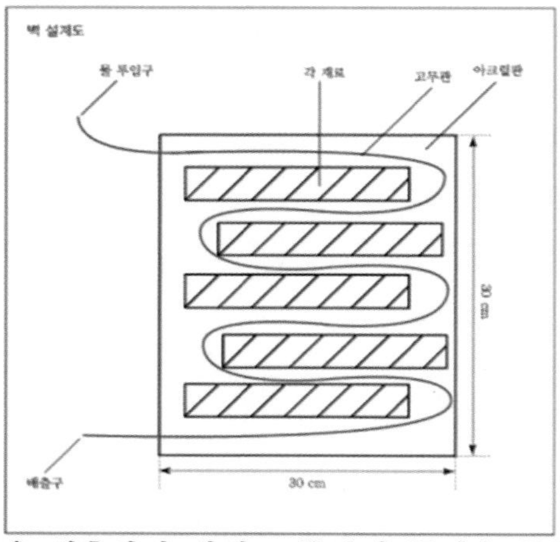

*물을 배출하기 위해 고무관에 구멍을 뚫는다.

물의 배출을 원활하게 하기 위해 구멍의 모양을 달리하여 물을 뿌려보았습니다. 구멍의 모양은 삼각형, 원형, 일자형 세 가지의 모양으로 선정하였습니다.

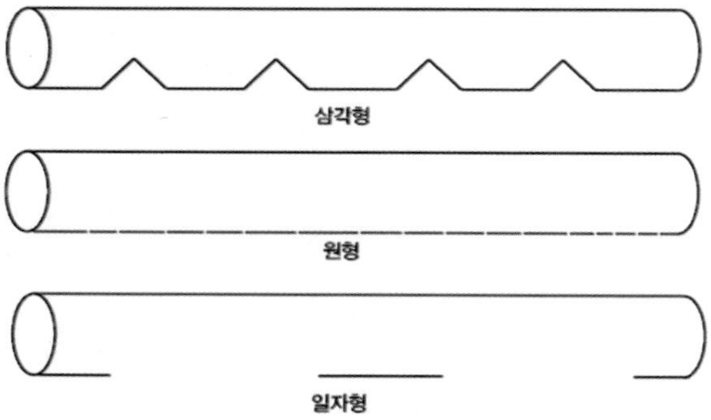

세 가지경우의 관 형태에 물을 흘려본 결과 삼각형의 경우 물이 너무 많이 흘러 나왔고 원형의 경우 구멍이 너무 좁아 물이 나오지 않았습니다. 마지막으로 일자형인 경우 우리가 필요한 양만큼의 물이 흘러나와 일자형태의 구멍모양으로 뚫었습니다. 구멍을 뚫고 물을 흘려본 결과 약솜으로 만들어진 벽의 경우의 물이 가장 잘 머물고 있었습니다. 하지만 약솜의 경우 물이 너무 많이 고여 있어 물이 넘쳐 안쪽 벽안으로 넘쳐흐를 수도 있습니다. 따라서 우리는 펠트지와 이끼 사이에 고무관을 설치하는 형태의 벽으로 제작을 할 것입니다.

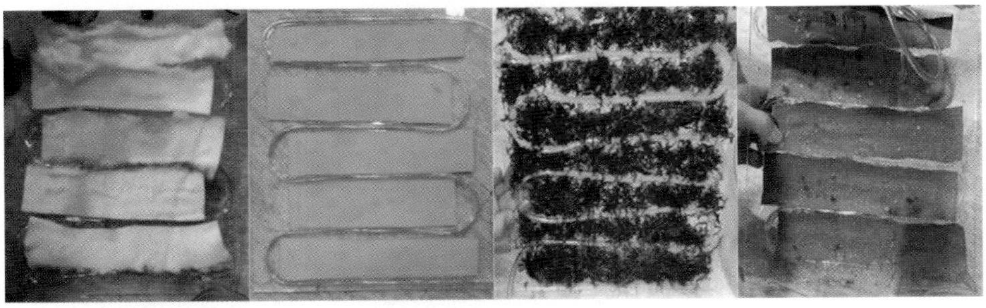

약솜 펠트지 이끼 천

2. 이끼가 외부의 열을 얼마나 흡수하는지에 대하여 탐구하기

(1) 우드락으로 한 변의 길이가 20cm인 정육면체를 2개를 만들어 한쪽의 정육면체 전체에 이끼를 두른다.

(2) 5분마다 두 집의 온도차를 측정하여 표를 작성한다.

3. 특수 벽으로 지은 집의 내부 온도 측정

(1) 우드락으로 한 변의 길이가 20cm인 정육면체를 2개를 만들어 한쪽의 정육면체 전체에 이끼와 펠트지를 두르고, 다른 한쪽의 정육면체에는 펠트지만 두른다.

(2) 이끼와 펠트지를 두른 정육면체에 물을 계속 뿌려주고, 다른 한쪽의 정육면체는 그대로 두고 5분마다 내부의 온도를 측정하여 표를 작성한다. 뜨거운 열기는 온풍기로 대신한다.

*뜨거운 수증기를 밖으로 내보내기위해 뚜껑을 약간 열어 놓는다.

실험 결과

1. 재료의 물 흡수 능력을 알아보는 실험 - 벽 제작

(1) 각 재료들의 면적을 50cm^2 으로 맞추어 각각 전자저울로 질량을 측정한다.

약솜(1.00g) 펠트지(0.92g) 이끼(1.21g) 천(1.20g)

각 재료의 면적을 50cm^{2}으로 맞추고 질량을 각각 측정하였을 때, 질량은 약솜의 경우 1.00g, 펠트지의 경우 0.92g, 이끼의 경우 1.21g, 천의 경우 1.20g으로 측정되었습니다.

(2) 각 재료들을 물에 적신 후 질량을 각각 측정한다.

약솜(12.80g) 펠트지(5.84g) 이끼(11.20g) 천(5.93g)

물을 적신 후 각 재료들을 영점조절 한 페트리접시위에 올려놓고 질량을 측정하였습니다. 물을 적신 후의 질량은 약솜의 경우 12.80g, 펠트지의 경우 5.84g, 이끼의 경우 11.20g, 천의 경우 5.93g으로 측정되었습니다.

	약솜	펠트지	이끼	천
① 물을 적시기 전의 질량 (g)	1.00	0.92	1.21	1.20
② 물을 적신 후의 질량 (g)	12.80	5.84	11.20	5.93
③ 흡수한 물의 질량 = ② - ① (g)	11.80	4.92	9.99	4.73
④ 흡수율 = $\frac{③}{①}$	11.80	5.35	8.26	3.94

위의 흡수율을 구하는 식을 이용하여 각 재료마다 흡수율을 계산하였습니다. 먼저 흡수한 물의 질량을 계산해 보면 약솜의 경우 11.80g, 펠트지의 경우 5.35g, 이끼의 경우 8.26g, 천의 경우 3.94g의 물을 흡수하였습니다. 다음으로 흡수율을 계산한 결과 약솜의 경우 11.80, 펠트지의 경우 5.35, 이끼의 경우 8.26, 천의 경우 3.94의 값이 나왔습니다. 이 결과로 약솜의 흡수율이 가장 좋게 판단되고, 천의 흡수율이 가장 나쁘게 판단되었습니다.

마) 실험결과

흡수율은 약솜 11.80, 펠트지 5.35, 이끼 8.26, 천 3.94로 약솜의 흡수율이 가장 좋았습니다. 실험을 해본 결과 첫 번째 재료 약솜은 물이 넘칠 만큼 물을 흡수하였습니다. 두 번째 재료 펠트지는 펠트지만큼의 적당한 정도의 물을 흡수하였습니다. 세 번째 재료 이끼의 경우 우리가 필요한정도의 물을 흡수하였습니다. 네 번째 재료 천은 기화열을 이용하기에는 부족할 만큼의 물을 흡수하였습니다. 흡수율 실험을 마치고 벽을 만들어 재료를 달리하여 각각 설치해보고 물을 흘려보았습니다. 재료 각각 물을 적셨을 때와 벽을 만들어 물을 적셨을 때를 비교하였을 때 겉보기의 흡수율은 같았습니다. 약솜이 가장 잘 흡수하였고 다음으로 이끼, 펠트지, 천 순서대로 흡수율이 좋았습니다.

2. 이끼가 외부의 열을 얼마나 흡수하는지에 대하여 탐구하기

이끼를 붙이지 않은 집의 온도	0분	5분	10분	15분	20분
	21.5	29.7	34.8	36.8	38.7
	25분	30분	35분	40분	45분
	40	44.1	44	47.3	49
이끼를 붙인 집의 온도	0분	5분	10분	15분	20분
	21.6	26.1	32	34.6	34.9
	25분	30분	35분	40분	45분
	35.2	34.4	34.8	33.2	33.7

우리의 예상대로 이끼를 붙인 집의 온도가 이끼를 붙이지 않은 집의 온도보다 낮게 측정되었습니다. 즉, 이끼는 뜨거운 열기를 잡아 집 내부의 온도를 낮춰주는 역할을 한다는 것을 알 수 있었습니다.

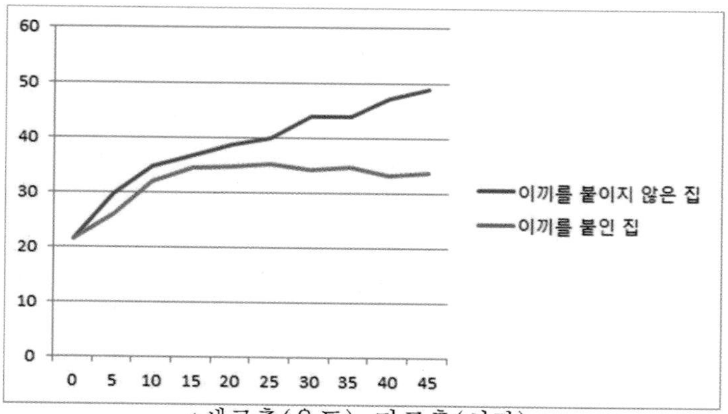

*세로축(온도), 가로축(시간)

3. 특수 벽으로 지은 집의 내부 온도 측정

	0분	5분	10분	15분	20분	25분	30분
펠트지 집의 온도	23	26.4	29	32	33	33.5	34
펠트지+이끼+물집의 온도	19	20.4	20.3	20.3	20	19.8	19.8

사) 실험 결과

우리의 예상대로 물을 흘려준 집 내부의 온도가 더 낮게 측정되었습니다. 즉, 물이 증발하면서 주변의 온도를 흡수하여 집 내부의 온도를 낮춰준다는 것을 알 수 있었습니다.

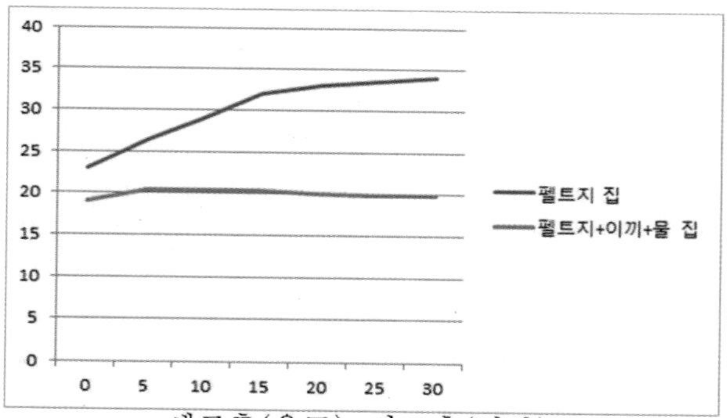

*세로축(온도), 가로축(시간)

분석 및 결론

1. 재료의 물 흡수 능력을 알아보는 실험 - 벽 제작

약솜의 흡수율이 가장 좋았지만 물이 너무 많이 오랫동안 머물고 있어서 벽을 만들기에는 부적합합니다. 너무 많은 양의 물이 부적합한 이유로는 자칫하면 물이 안쪽 벽의 기화열을 밖으로 내보내기 위한 구멍을 통해 분출될 수 있기 때문입니다. 따라서 우리는 네 개의 재료 중 중간 정도의 흡수율을 가지는 펠트지와 이끼를 사용하여 벽을 만들어야 합니다. 또 벽을 만들 때 실험에는 중간중간에 펠트지를 붙였지만 이는 벽 전체를 적시기에는 부족하다고 느껴집니다. 따라서 우리는 기화가 더 잘

일어날 수 있게 펠트지를 먼저 벽 전체에 붙여 표면적을 늘려야합니다. 그 위에 관을 설치한 후 물이 튀는 것을 방지하고 이끼의 추가적인 기능인 외부에서 들어오는 열을 흡수하는 것을 이용하기위해 그 위를 이끼로 덮는 것이 좋을 것 같습니다.

2. 이끼가 외부의 열을 얼마나 흡수하는지에 대하여 탐구하기

우리가 처음에 예상했던 것과 같이 이끼는 뜨거운 열을 흡수하여 온도를 낮출 수 있다는 것이 증명되었습니다. 따라서 우리는 옥상에 그린커튼 역할을 할 수 있게 이끼를 설치할 것입니다. 이끼를 붙일 때 자꾸 부스러기가 생기고 이끼가 부서지는 현상이 일어났습니다. 이를 방지하기 위해 이끼대신 담쟁이덩굴이나 견고하고 물을 잘 머물고 있을 수 있는 식물을 사용하는 것이 좋을 것 같습니다.

3. 특수 벽으로 지은 집의 내부 온도 측정

우리가 처음에 예상했던 것과 같이 펠트지+이끼+물을 흘려준 집 내부의 온도가 펠트지만 설치한 집 내부의 온도보다 낮게 측정되었습니다. 따라서 우리의 집 내벽은 펠트지+이끼를 설치하고 고무관을 통해 물을 흘려주면 될 것입니다. 물의 온도로 인해 집 내부의 온도가 낮게 나타났다고 생각 할 수 있습니다. 하지만 우리의 특수한 벽은 계속해서 물이 순환을 합니다. 따라서 꼭 기화열만을 이용한 것이 아니라 물의 비열이 온도를 일정하게 유지시켜주고 물의 온도로 인한 집 내부의 온도를 낮춰 줄 수 있는 것도 이용한 것입니다.

산출물 제작

설계도

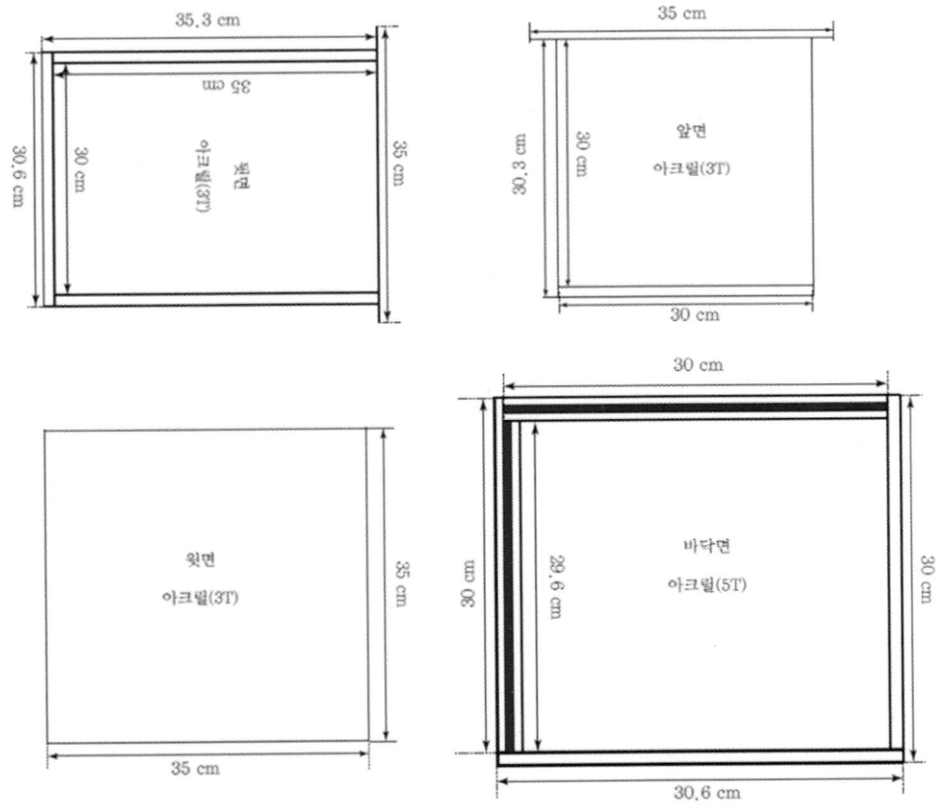

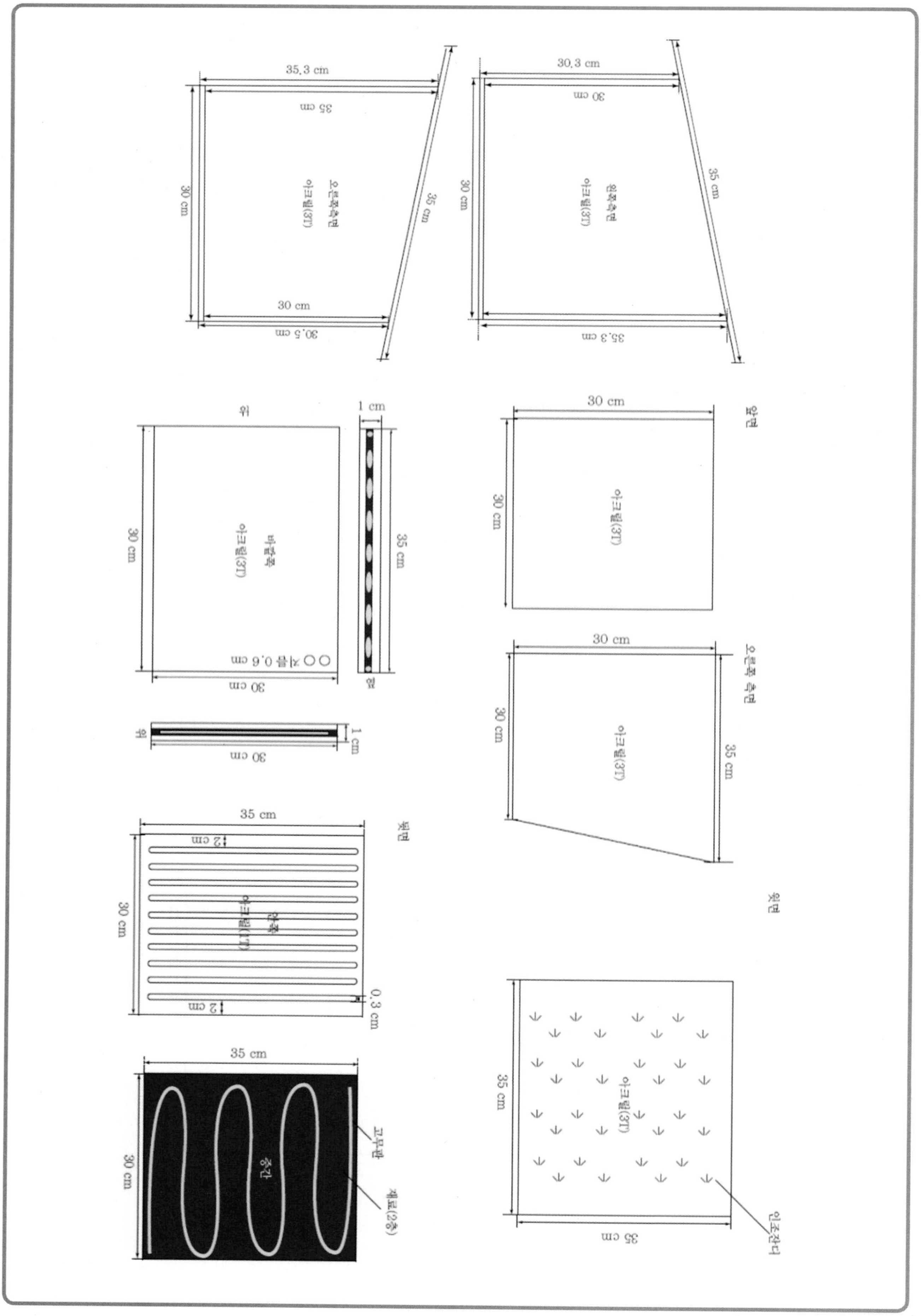
35.3 cm
35 cm
30 cm
오른쪽측면
아크릴(3T)
35 cm
30 cm
30.5 cm
30.3 cm
30 cm
30 cm
왼쪽측면
아크릴(3T)
35 cm
35.3 cm
위
1 cm
30 cm
바깥쪽
아크릴(3T)
35 cm
○○ 지름 0.6 cm
30 cm
옆
위
30 cm
1 cm
30 cm
앞면
30 cm
아크릴(3T)
30 cm
오른쪽 측면
30 cm
아크릴(3T)
35 cm
35 cm
뒷면
2 cm
30 cm
안쪽
아크릴(3T)
2 cm
0.3 cm
윗면
35 cm
30 cm
고무판
중간
재료(2층)
35 cm
아크릴(3T)
35 cm
인조잔디

왼쪽 측면

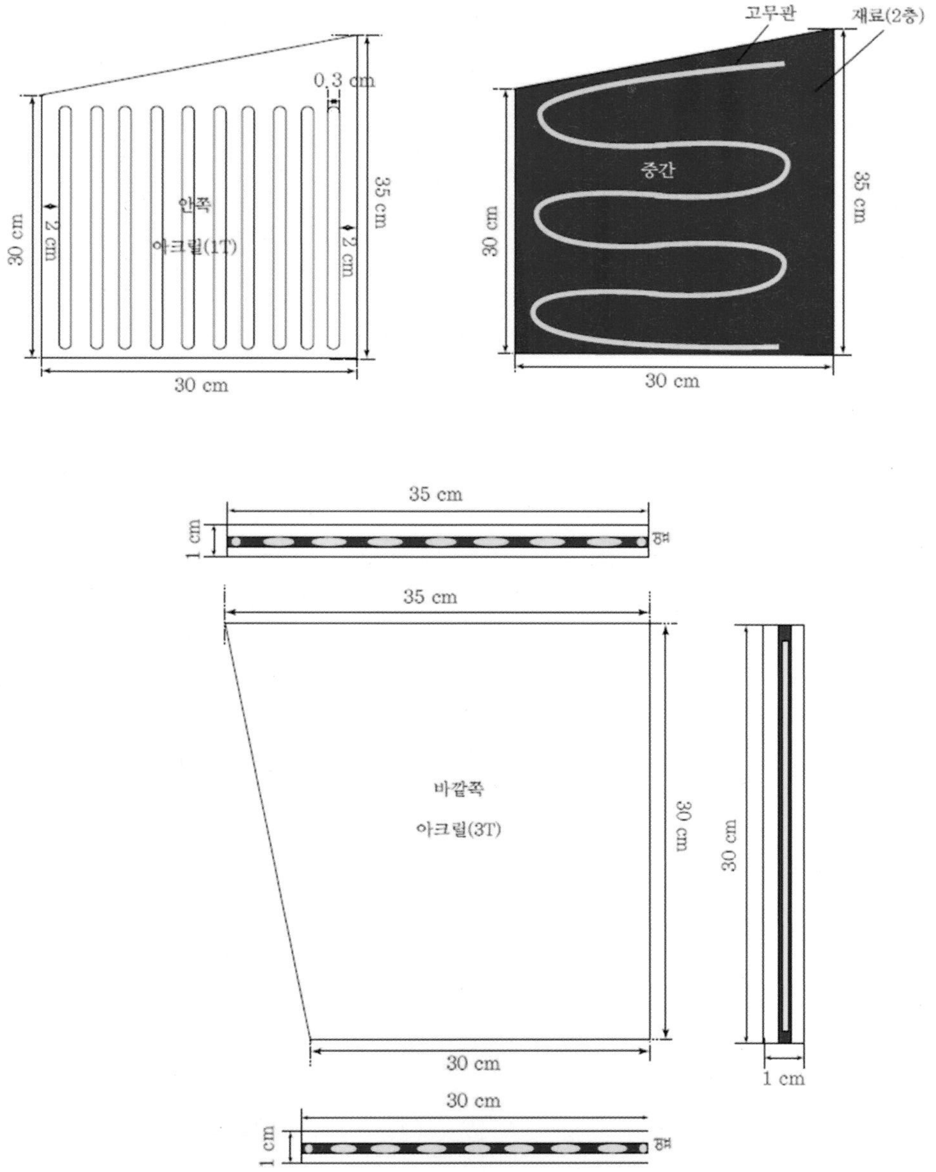
0.3 cm
안쪽
아크릴(1T)
30 cm
2 cm
2 cm
35 cm
30 cm
고무관
재료(2층)
중간
30 cm
35 cm
30 cm
35 cm
1 cm
35 cm
바깥쪽
아크릴(3T)
30 cm
30 cm
30 cm
1 cm
30 cm
1 cm

바닥면

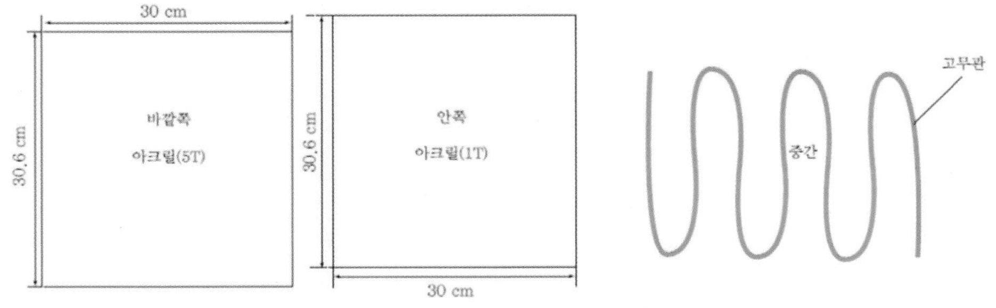
30 cm
바깥쪽
아크릴(5T)
30.6 cm
30.6 cm
안쪽
아크릴(1T)
30 cm
고무관
중간

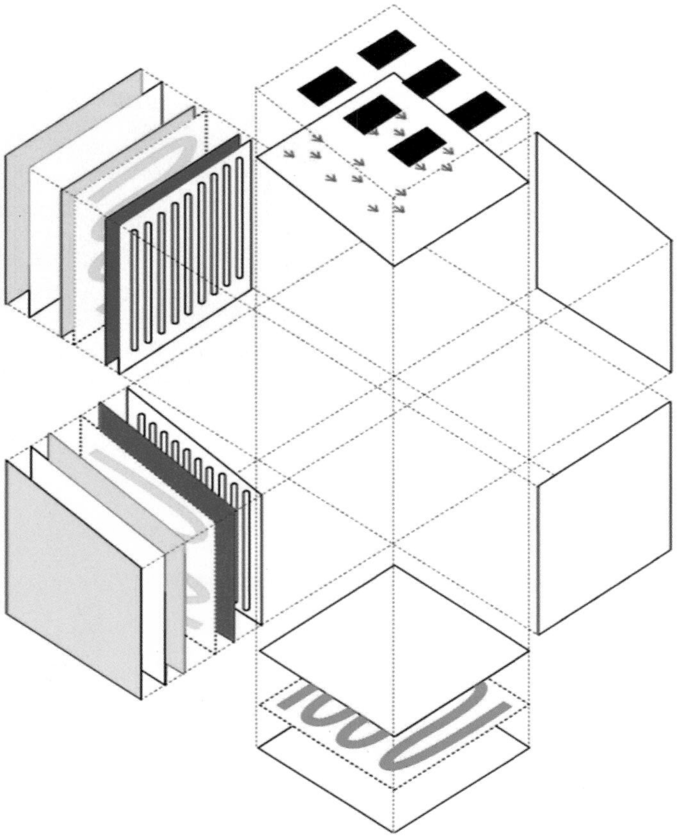

완성품

다) 완성품 모습

라) 완성품 설명

(1) 벽의 구성

여름철 기화열을 이용하기위해서는 벽에 물이 머물고 있어야한다. 따라서 우리는 벽에 펠트지와 이끼를 이중으로 설치하여 물이 잘 머물고 있을 수 있도록 한다. 집 내부의 열을 빼앗기 위해 안쪽 벽에 구멍을 뚫어놓는다. 벽에 물이 흘러야 하므로 고무관에 구멍을 뚫어 물이 벽을 적실 수 있게 한다.

(2) 천장

여름철 그린커튼을 이용하기위해 이끼를 붙이고 태양광을 이용하기위해 태양전지모듈을 설치한다. 그린커튼을 이용하면 외부로부터 들어오는 열을 차단시킬 수 있다. 태양전지모듈로 전기를 생산하여 지열에너지를 끌어 올린다.

(3) 바닥

겨울철 지열에너지를 이용하기위해 바닥 중간에 고무관을 설치하여 뜨거운 물이 흐를 수 있도록 한다. 이는 바닥에 열을 전달하여 집 내부의 온도를 올리기 위함이다.

(4) 기타

우리는 물의 순환을 위해 펌프를 사용하였습니다. 바닥 아랫부분에 새로운 공간을 하나 만들어서 그 공간에 펌프와 건전지 그리고 물통을 설치하여 물이 관을 통하여 순환할 수 있게 하였습니다. 이 공간은 지열에너지를 이용한 공간입니다. 또한 도로에 있는 과속방지턱에 운동에너지가 가해지면 전기가 생성되는 것을 이용하여 우리는 압전소자를 이용하여 그것을 누르면 집안에 있는 전등이 켜지게 했습니다.

결과 및 기대 효과

앞에서 차례대로 서술한 탐구과정을 통하여 집을 시원하게 유지시켜줄 수 있는 RCS(Room Cooling System)의 탐구가 끝났습니다. 간단하게 우리 모델의 특성을 정리하면

1. 여름철 우리가 제작한 벽이 집 내부의 열을 빼앗아 집 내부의 온도를 낮출 수 있습니다.
2. 여름철 옥상의 그린커튼이 외부로부터 들어오는 뜨거운 열기를 잡아 온도를 낮추는 기능을 해줍니다.
3. 겨울철 지열에너지를 이용하여 뜨거운 물이 바닥을 통하여 흐르면서 집 내부의 온도를 따뜻하게 유지 시켜줍니다.
4. 태양전지 모듈이 태양광에 의해 전기를 생산하여 필요한 곳에서 사용합니다.

우리의 RCS는 환경오염의 주범인 화석연료를 전혀 사용하지 않은 친환경적인 시스템이고 무한히 사용할 수 있는 재생에너지를 이용한 시스템으로 자원이 고갈될 염려가 없습니다.

탐구를 마치며

완성품을 만들어 놓고 관찰해 본 결과 여러 가지 개선해야 할 점들이 보였습니다. 먼저 벽을 타고 물이 흘러 집 내부에 물이 고이게 됩니다. 그래서 우리는 벽에 물이 배출될 수 있게 배수구를 만들었습니다. 그리고 우리의 작품에는 이끼를 사용하였지만, 이끼를 매우 촘촘하게 붙이지 않으면 부스러기가 생깁니다. 따라서 이끼를 사용하기보다는 부스러기가 생기지 않는 담쟁이덩굴 같은 식물을 사용하면 더 좋을 것 같습니다.

이번 탐구토론 대회를 진행하면서 우리 스스로가 느낀 점이 많습니다. 다른 팀은 어떻게 탐구를 하였는지 잘 모르지만 우리 팀의 경우는 실제로 적용될 수 있는 모델들을 만들면서 탐구를 진행하였기 때문에 산출물들을 보면서 나오는 뿌듯함이 컸던 것 같습니다. 서로 바쁜 와중에서 시간이 맞지 않아 힘들기도 하였고, 의견이 맞지 않아 갈등이 있기도 하였지만 여기까지 함께 온 우리 모두에게 박수를 쳐주고 싶습니다. 그리고 이번 기회를 통하여 환경오염의 문제점과 재생에너지에 대하여 깊게 알게 되었습니다. 평소에는 무심코 지나쳤지만 이제부터는 어떻게 하면 환경오염을 줄일 수 있을 지에 대하여 자연스럽게 생각해 보는 습관이 생긴 것 같아 더욱 의미 있는 기회였던 것 같습니다. 비록 중학생의 생각을 토대로 만들어진 서투른 아이디어지만 우리의 이러한 노력들과 열정이 반드시 환경오염 문제를 개선하는데 도움을 줄 것이라고 생각합니다.

주제2 소리

Q1

p.126

예시 비오는 소리, 폭포수 소리, 파도치는 소리, 시냇물 소리, 나뭇가지가 바람에 스치는 소리 등

해설 소음의 유형에는 특정 음높이를 유지하는 '칼라 소음(color noise)'과 비교적 넓은 음폭의 백색 소음(white noise)이 있다. 백색광을 프리즘에 통과시키면 7가지 무지개 빛깔로 나뉘듯, 다양한 음높이의 소리를 합하면 넓은 음폭의 백색 소음이 된다. 백색 소음은 우리 주변의 자연 생활환경에서 쉽게 접할 수 있다. 생활환경에 따라 주변 소리가 다르듯이 백색 소음도 다양한 음높이와 음폭을 갖는다.

Q2

p.126

예시
· 엄마는 내가 좋아하는 아이돌 음악이 소음이라고 하지만 나에게는 최고로 듣기 좋은 소리이다.
· 나는 탁상시계의 째깍째깍 소리를 좋아하지만, 엄마께서는 그 소리를 싫어하셔서 무음 탁상 시계로 바꿨다.

해설 소음은 시끄러워서 불쾌감을 느끼게 만드는 소리로 각자의 현재 상태라든가 주위 환경에 따라서 어떠한 소리 든 소음으로 받아들일 수 있다. 이는 개인의 주관적인 감각에 의한 것으로서 어떤 사람에게는 좋은 소리로 들리더라도 다른 사람에게는 소음이 될 수 있다.
· '소음'은 사전적으로 '원하지 않는 소리(undesired sound, 미국(ANSI); unwanted sound, 영국(BS))' 또는 '정신적, 육체적으로 인체에 유해한 소리'를 의미한다.

주제 깊이 알기

p.130

Q1

정답 공기

해설 소리(음파)는 고체, 액체, 기체에서 모두 전파된다.

Q2

예시
1. 우주에서 사용 가능한 펜을 이용하여 메모를 통해 의사소통 한다.
2. 헬멧을 서로 맞대고 대화한다.

해설 우주는 진공 상태이므로 소리를 전달할 수 있는 매질이 존재하지 않는다. 따라서 소리가 전달되지 않는다.
우주에는 중력이 작용하지 않으므로 일반적인 펜은 사용할 수 없다. 따라서 우주에서 사용 가능한 펜인 스페이스 펜을 이용하여 메모한다면 의사소통이 가능해진다.
또한 헬멧을 서로 맞대고 대화를 할 경우 헬멧 안에서 소리를 내면 헬멧 안의 공기가 진동하고, 그 진동이 헬멧을 진동시키게 되어 상대방의 헬멧도 진동시키므로 소리가 전달될 수 있다.

Q3

정답 (1) ㄴ (2) ㄱ (3) ㄷ

Q4

정답 ㉡

해설 ㉡ 건반이 ㉠ 건반보다 높은 소리가 난다. 따라서 ㉡ 건반을 누를 때 진동수가 더 큰 소리가 난다.

Q5

정답 A : B : D = 4 : 5 : 6

해설 A : B : C = 262 : 330 : 349 ≒ 12 : 15 : 16 A : B : D = 262 : 330 : 392 ≒ 4 : 5 : 6
소리의 진동수의 비가 간단한 정수비일 때 화음이 일어난다.

Q6

정답 1000 배

해설 소리의 강도는 10dB 증가할 때마다 10배가 증가한다. 따라서 20dB 증가하면 강도는 100배, 30dB 증가하면 강도는 1000 배가 된다.

p.132

탐구 주제 찾기

Q1

예시
· 소리의 성질을 알면 우리 주변의 소리와 관련된 문제들(도시 소음 방음벽, 아파트 층간 소음 등)을 해결할 수 있을 것 같다.
· 소리와 관련된 속담을 과학적으로 증명해 보이고 싶다.(예 : 낮말은 새가 듣고 밤 말은 쥐가 듣는다.)
· 소리의 모습을 눈으로 볼 수 없을까?
· 주변에서 나는 듣기 좋은 소리(듣기 싫은, 듣기 나쁜 소리)들의 모습의 공통점이 있을까?
· 고음과 저음 중 더 멀리 전달되는 소리는 어떤 것일까?
· 청각 장애인들에게 소리를 보여줄 수는 없을까?
· 실내 공연장이 돔 형태를 이루고 있는 것과 소리는 관련이 있을까?
· 더운 나라와 추운 나라에서(온도 변화에 따라) 소리는 다르게 들릴까?
· 관악기의 구멍을 막는 방법에 따라 소리가 다르게 들리는 이유는 무엇일까?
· 비오는 소리와 전을 부칠 때 나는 소리는 비슷할까?

Q2

예시 · 고체와 액체, 기체 중 어디에서 소리의 속력이 가장 빠를까?

⇨ 소리를 통과시키는 아크릴을 제작하여 아크릴 통 속에 고체, 액체, 기체를 채워 속력을 비교한다.

· 기체 종류(또는 액체 종류)에 따라 소리는 어떻게 변할까?

⇨ 소리를 통과하는 아크릴을 제작하여 아크릴 통 속에 여러 종류의 물질을 채운 후 스마트폰 앱 등을 이용하여 소리의 파형 변화를 비교한다.

· 구조물의 모양과 크기, 재질, 듣는 사람의 위치에 따라 소리가 어떻게 달라질까?

⇨ 구조물 모형을 제작하여 소리의 파형 변화를 비교한다.

· 소리 에너지의 양을 측정할 수 있을까? (소리 에너지를 저장하여 에너지로 활용할 수 있을까?)

⇨ 단열과 방음이 잘 되는 모형을 제작하여 소리 발생 장치와 얼음을 넣은 후 소리에 따라 얼음이 녹는 정도를 비교한다.

Q3

예시 · 물높이가 다른 유리잔을 문지르거나 두드려서 화음을 만든다.

· 휴대전화 키패드 음을 이용하여 화음을 만든다.

· 다른 크기의 유리병 입구를 불어서 화음을 만든다.

Q4

예시 피타고라스는 기본적으로 진동수의 비가 1 : 2인 음들은 같은 음이라고 하고, 이 음들에 더해서 진동수를 $\frac{2}{3}$배씩 증가시켜가면서 음을 만들었다. 이를 이용하여 기본 도의 진동수를 정한 후, $\frac{2}{7}$ 배를 증가시켜 가면서 새로운 음들을 만든다.

Q5

예시 · 내가 만든 음계와 음계로 만든 멜로디(악보)

· 내가 만든 음계를 내는 악기

Q6

예시 나만의 음계 만들기

소리를 주제로 한 실제 제출된 또래 친구의 탐구 보고서

p.134

탐구주제

물리 법칙을 이용한 나만의 음계 만들기

탐구동기

예전부터 음악과 노래에 관심이 많았고, 음악을 이루는 근간인 음계에 대해 궁금한 점이 많았다. 특히 음계의 기준이 진동수라는 것을 알게 된 후로 어떤 근거를 통해 음계의 특정한 진동수가 결정되는 것인지, 또 3도 화음, 딸림7화음 등의 화음은 어떤 원리로 사람들이 듣기에 어울리는 음이 된 것인지 등이 매우 궁금해졌다. 그래서 서양 음악과 동양 음악의 음계의 기원을 알아보고, 음계의 생성 원리를 공부하여 직접 나만의 음계를 만들어보고, 멜로디를 만들어 들어보기로 했다.

탐구계획

기간	탐구 내용
20OO. X. XX. ~ 20OO. X. XX.	음계와 진동수 사이의 관계에 대한 자료를 조사한다.
20OO. X. XX. ~ 20OO. X. XX.	서양 음계의 기원인 피타고라스 음계와 동양 음계의 규칙을 조사하고 순정율, 평균율로의 발전을 조사한다.
20OO. X. XX. ~ 20OO. X. XX.	비커에 물을 부어가며 두드려 진동수를 측정하여 직접 평균율에 따른 온음계 진동수와 같게 맞춰보고 간단한 곡을 연주해 본다.
20OO. X. XX. ~ 20OO. X. XX.	주위에서 자연의 소리나 생활 소음 등 다양한 소리의 진동수와 파형을 조사하고, 사람에게 듣기 좋은 음의 특징을 알아내어 내 음계의 기본음의 진동수를 결정한다.
20OO. X. XX. ~ 20OO. X. XX.	결정한 기본음과 피타고라스 음계의 규칙을 이용하여 기존의 음계와 다른 새로운 음계를 만들고, 기존의 악기를 이용하여 새로운 음계를 연주할 악기를 조율한다.
20OO. X. XX. ~ 20OO. X. XX.	새로운 음계 내에서의 화음을 찾아내고 악기를 이용하여 직접 짧은 멜로디를 작곡해 본다.
20OO. X. XX. ~ 20OO. X. XX.	찾아낸 화음과 작곡한 멜로디를 녹음하여 주위 사람들에게 들려주고 설문조사를 실시하여 수정할 곳을 찾는다.
20OO. X. XX. ~ 20OO. X. XX.	보고서 작성 및 수정

탐구하고자 하는 내용

1. 서양의 대표적인 피타고라스 음계의 규칙과 화음의 원리를 이해한다.
2. 동양 음계의 규칙을 이해하고 서양 음계와의 공통점과 차이점을 비교한다.
3. 나만의 새로운 음계를 만들어 그 음계를 연주할 악기를 제작하고 멜로디를 작곡해 본다.

준비물

각종 자연의 소리 mp3 파일, 다양한 크기의 비커, 물, 식용색소, 휴대폰 안드로이드 어플 'Advanced Spectrum Analyzer PRO', 'Spectrum Analyze', 컴퓨터 프로그램 'Windows Media Player', 캡처 프로그램 '칼무리', 새로 만들 음계를 표현할 기존의 현악기, 컴퓨터 리코딩 프로그램 '큐베이스'

실험 과정

1.자연의 소리 진동수와 파형 관찰

탐구 목표 : 주위에 존재하는 각종 소리들의 진동수와 파형을 측정하여 사람들에게 듣기 좋은 소리의 특징을 파악하고 기본음을 결정한다.

(1) 자연의 소리 mp3 파일을 컴퓨터에 옮긴다.

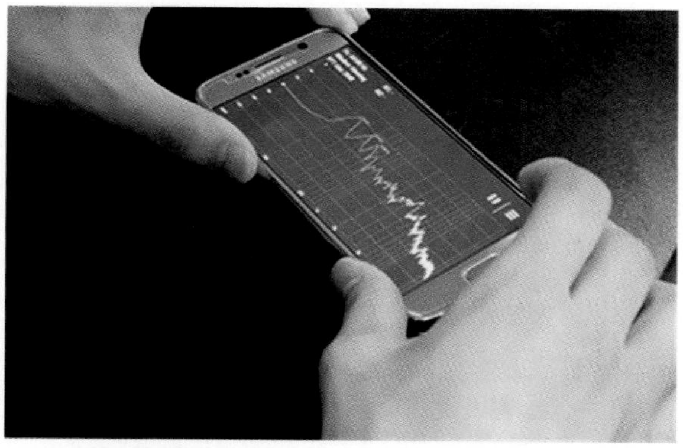
<그림 5> 휴대폰 어플을 이용하여 소리의 평균 진동수를 측정한다.

(2) 스피커 가까이에 휴대폰을 대고 안드로이드 어플 'Advanced Spectrum Analyzer PRO'를 이용하여 소리의 평균 진동수를 측정한다.
(3) 컴퓨터 프로그램 'Windows Media Player'에서 재생하여 시각화 > 막대와 파동 > 한계를 선택하여 파형을 캡처한다.
(4) 다수의 캡쳐가 필요하므로 캡쳐 프로그램은 '칼무리'를 사용하는데, 노트북 문서 폴더 > kalmuri 폴더 안에 있는 kalmuri 프로그램을 실행하고 F11을 누르면 누를 때마다 전체화면이 kalmuri 폴더 안에 저장된다.
(5) 측정한 음원들의 진동수와 파장을 이용해서 음원의 특성을 분석한다.
(6) 분석한 음원들의 특성을 이용하여 새로운 음계의 기본음의 진동수를 결정한다.

2. 피타고라스의 음계 규칙에 따른 음계 찾기

탐구 목표 : 피타고라스의 음계 규칙에 따라 음계를 직접 계산해 보고 왜 현재에 통용되는 음계가 7음계, 12음계인지 이해한다.

(1) 기준음을 진동수 a_1으로 두고 진동수가 2배인 음까지 찾되, 각 음간의 진동수비가 간단한 정수비가 되게 하기 위해 간단한 배율로 각 음을 찾는다.
(2) 음 사이의 진동수 비율을 피타고라스 음계 규칙의 2 : 3로 설정하였으므로, 기준인 a_1에 $\frac{3}{2}$을 계속 곱하면서 $2a_1$을 넘기면 $\frac{1}{2}, \frac{1}{2^2}, \frac{1}{2^3}$.. 등을 곱하여 ($a_1$~ $2a_1$)사이로 진동수가 들어오게 하는 과정을 반복하여 수치가 $2a_1$와 가장 가까워지는 수가 나올 때까지 계산한다. 이렇게 계산하면 각 음계의 진동수 비가 간단한 정수비가 될 수 있다.

3. 비커 연주

비커를 이용하여 진동수와 음계 사이의 관계를 이해한다.

(1) 기준음인 낮은 도의 진동수를 880Hz로 정한 후, 평균률의 규칙에 따라 음 사이의 주파수 간격을 계산한다.

$$x^{12} = 2,\ x = 2^{\frac{1}{12}} \fallingdotseq 1.05946$$

(2) 음 사이의 주파수 간격을 이용하여 12음계의 진동수를 구한다. 이때 소수점 첫째자리에서 반올림한다. 연주의 편의성을 위해 온음계만 비커에 나타내기로 하였다.

음계	진동수(Hz)	음계	진동수(Hz)	음계	진동수(Hz)
낮은 도	**880**	**파**	**1178**	**라**	**1487**
도#	933	파#	1248	라#	1576
레	**989**	**솔**	**1323**	**시**	**1671**
레#	1048	솔#	1403	**높은 도**	**1760**
미	**1111**				

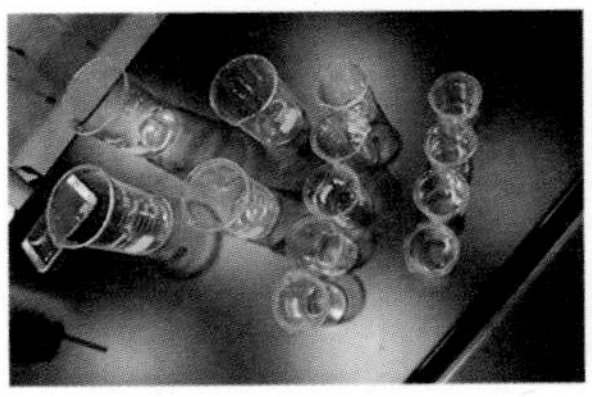		
(3) 다양한 크기의 비커를 준비한다.	(4) 유리막대로 치면서 비커가 비었을 때의 진동수를 측정하여 낮은 순서대로 배열한다.	(5) 비커에 물을 담고 유리막대로 치면서 새로운 음계의 진동수에 맞춘다.

(6) 음계의 진동수를 맞춘 비커에 음계 이름을 적어 붙인다.	(7) 완성된 온음계 비커를 순서대로 나열하고, 식용 색소를 넣어 색을 낸다.

4. 새로운 음계 만들기

피타고라스의 음계 규칙을 이용하여 새로운 7음계를 완성시키고 잘 어울리는 화음을 찾아 직접 멜로디를 작곡한다.

(1) **<탐구 1>**의 소리 관찰을 통해 사람들이 높은 진동수의 음을 듣기 좋아한다는 결론을 내렸으므로 그 중 물 흐르는 소리의 진동수와 비슷한 750Hz를 새로운 음계의 기본음 '나'로 정한다.

(2) 피타고라스의 2 : 3 진동비와 다르게 3 : 4의 진동비와 $a=2a$ 규칙을 이용하여 7음계의 비율을 계산한다. 단, 소수 넷째 자리에서 반올림한다.

(3) 비율을 작은 것부터 나열한 후 각 음계의 진동수를 계산한다. 단, 소수 첫째 자리에서 반올림한다.

(4) 만들어진 음계의 이름을 짓고 진동수의 비가 작은 정수의 비인 두 음의 화음을 찾는다.

(5) 휴대폰 어플로 만들어진 음계의 진동수에 따라 기타줄을 조율하여 만들어진 음계의 음을 연주할 수 있는 악기를 제작하고 이름을 짓는다.

기타의 각 개방줄의 진동수를 측정한다.	750Hz부터 시작하는 높은 음계를 표현하기 위해 기타 중간에 카포를 집어 전체 줄의 진동수를 높인다.	새로운 음계의 진동수를 나타내는 현의 위치를 찾아 스티커로 표시한다.

(6) 새로운 음계의 화음을 찾고 간단한 멜로디를 작곡한다.

<그림 7> 새로운 음계와 화음을 이용하여 멜로디를 작곡한다.

(7) 찾아낸 화음과 불협화음, 멜로디를 녹음하여 주위 사람들에게 들려주고 느낌을 설문조사 한다. (기쁨, 슬픔, 평온, 산만 등의 느낌으로 나누어 표현한다.)

5. 설문 조사

새로운 멜로디가 어떤 느낌인지 설문조사한다.

[참조] 설문지

나만의 음계와 그 멜로디의 느낌 설문

1. 성별 (남 / 여)

2. 연령대 (10대 , 20대 , 30대 , 40대, 50대 이상)

3. 새로운 음계의 화음과 작곡한 멜로디를 듣고 드는 감정을 고르시오.

	기쁨	슬픔	평온	산만
1. '나-다-마' 화음은 어떤 감정/느낌을 줍니까?				
2. '나-다-바 화음은 어떤 감정/느낌을 줍니까?				
3. '나-라-사'화음은 어떤 감정/느낌을 줍니까?				
4. '나-마-자'화음은 어떤 감정/느낌을 줍니까?				
5. '다-마-바'화음은 어떤 감정/느낌을 줍니까?				
6. '다-바-사'화음은 어떤 감정/느낌을 줍니까?				
7. '라-마-자'화음은 어떤 감정/느낌을 줍니까?				
8. '라-바-사'화음은 어떤 감정/느낌을 줍니까?				
9. 새로운 음계로 작곡한 멜로디는 어떤 감정/느낌을 줍니까?				

4. 기타 소감

실험 결과

1.자연의 소리 진동수와 파형 관찰

소리	나뭇잎 소리	물 흐르는 소리	비 내리는 소리
진동수(Hz)	231	769	1092
파형	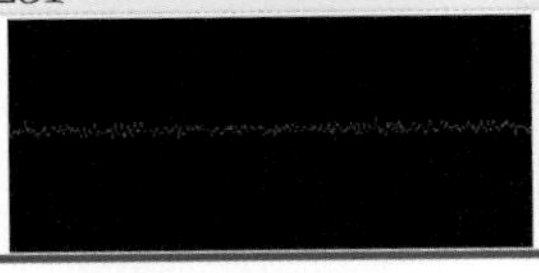		

소리	풀벌레 소리	여자 목소리	남자 목소리
진동수(Hz)	3700	450	220
파형	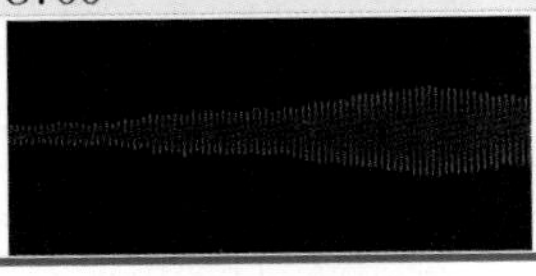	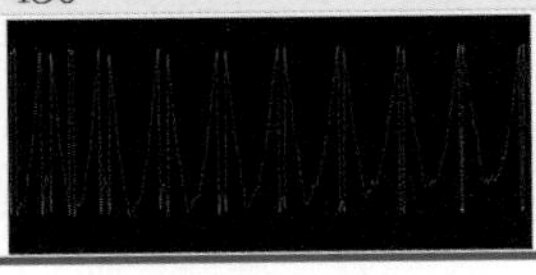	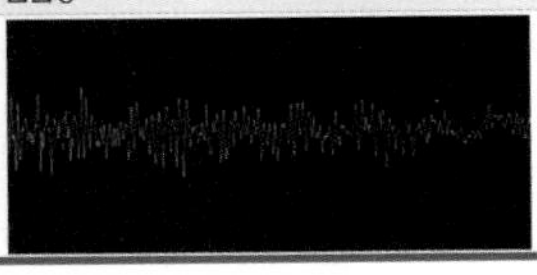

소리	선풍기 바람 소리	자동차 엔진 소리
진동수(Hz)	96	456
파형		

2. 피타고라스의 음계 규칙에 따른 음계 찾기

a_n	배수	a_n	배수	a_n	배수
a_1	1	a_6	$(\frac{1}{2})^2(\frac{3}{2})^5 = 1.8984375$	a_{11}	$(\frac{1}{2})^4(\frac{3}{2})^6 = 1.8020324707$
a_2	$\frac{3}{2} = 1.5$	a_7	$(\frac{1}{2})^3(\frac{3}{2})^6 = 1.423828125$	a_{12}	$(\frac{1}{2})^5(\frac{3}{2})^7 = 1.3515243530$
a_3	$\frac{1}{2}(\frac{3}{2})^2 = 1.125$	a_8	$(\frac{1}{2})^2(\frac{3}{2})^5 = 2.1357421875$	a_{13}	$(\frac{1}{2})^5(\frac{3}{2})^8 = 2.0272865295$
a_4	$\frac{1}{2}(\frac{3}{2})^3 = 1.6875$	a_9	$(\frac{1}{2})^3(\frac{3}{2})^6 = 1.6018066406$	a_{14}	$(\frac{1}{2})^6(\frac{3}{2})^9 = 1.5204648971$
a_5	$(\frac{1}{2})^2(\frac{3}{2})^4 = 1.265625$	a_{10}	$(\frac{1}{2})^4(\frac{3}{2})^5 = 1.2013549805$	a_{15}	$(\frac{1}{2})^7(\frac{3}{2})^{10} = 1.1403486728$

- $2a_1$과의 오차 범위가 작은 순서 : a_{13}, a_8, a_6
- 각 음 사이의 작은 정수의 비 : 3 : 2 혹은 3 : 4

이런 경우 a_{13}이 a_1의 한 옥타브 높은 음이라고 할 수 있는데, 이것은 현재의 도, 도#, 레, 레# 미, 파, 파#, 솔, 솔#, 라, 라# 시, 도의 12음계에 해당한다.

3. 비커 연주

완성된 7음계를 이용하여 간단한 멜로디를 직접 연주해보았다.

4. 새로운 음계 만들기

(1) 새로운 음계 '가람'의 이름과 비율, 진동수

음 이름	나	다	라	마
비율	$(\frac{1}{2})^2(\frac{4}{3})^5 = 1.053$	$\frac{1}{2}(\frac{4}{3})^3 = 1.185$	$(\frac{1}{2})^3(\frac{4}{3})^8 = 1.249$	$(\frac{1}{2})^2(\frac{4}{3})^6 = 1.405$
진동수(Hz)	750	885	938	1050

음 이름	바	사	자	나'
비율	$\frac{1}{2}(\frac{4}{3})^4 = 1.580$	$(\frac{4}{3})^2 = 1.778$	$(\frac{1}{2})^2(\frac{4}{3})^7 = 1.873$	$\frac{1}{2}(\frac{4}{3})^5 = 2.106$
진동수(Hz)	1185	1333	1402	1570

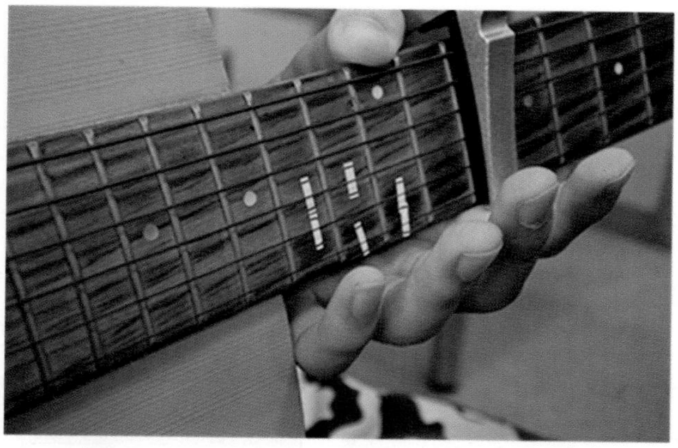

<그림 8> 새로운 음계를 기타에 스티커로 표시한 모습

(2) 새로운 음계의 화음

-화음 A : 나-마-다 -화음 B : 다-바-사 -화음 C : 나-마-자

-화음 D : 나-다-바 -화음 E : 라-마-자

(3) 작곡한 멜로디

기존의 음계와 다른 새로운 음계이지만 그 음계를 나타내는 새로운 악보 규칙까지 만들어서 표현하기에는 지나치게 복잡하기도 하고, 음계와 멜로디에 보다 집중하고 싶었기 때문에 기존의 음계 규칙을 응용할 수밖에 없었다. 그래서 다음과 같이 기존의 음계를 무시하고 새로운 음계의 위치를 정해 악보를 만들었다.

<그림 9> '가람'음계의 악보 표현법

<그림 10> '가람'음계로 작곡한 새로운 멜로디의 악보

작곡의 편의성과 연주를 위해 음계의 음을 하나씩 녹음하여 디지털 오디오의 레코딩 시스템인 '큐베이스'에서 곡을 직접 찍어보기도 했다.

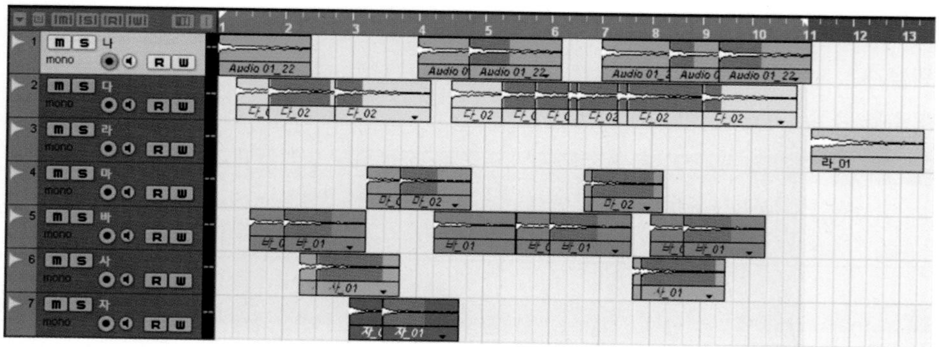

<그림 11> '큐베이스'에서 나타낸 멜로디의 악보

5. 설문 조사

- 총 참가인원 : 14명
- 성별 : 남 9명, 여 5명
- 연령 : 10대 10명, 20대 1명, 30대 1명, 40대 1명, 50대 이상 1명

	기쁨	슬픔	평온	산만
'나-다-마' 화음		6	**7**	1
'나-다-바' 화음	**5**	3	4	2
'나-라-사' 화음	2	**6**		**6**
'나-마-자' 화음	2	4	**7**	1
'다-마-바' 화음	**7**		3	4
'다-바-사' 화음	1	**8**		5
'라-마-자' 화음		**6**	3	5
'라-바-사' 화음	2	4	**5**	3
전체 멜로디	1	**7**	5	1

- 기타 소감 : 몽환적이다, 듣기에 좋다 등

분석 및 결론

1. 자연의 소리 진동수와 파형 관찰

모든 소리를 다 관측한 것은 아니므로 쉽게 단정 지을 순 없지만 높은 진동수를 가진 소리가 대체로 더 듣기 좋다고 인식되었다. 또한 비슷한 진동수를 가진 소리라 해도 1개의 음만 나오는 게 아니다보니 나오는 소리들이 잘 어우러지는 화음으로 들릴 때 더 듣기 좋았다.

이 탐구 결과에 따라 새로 만드는 음계의 기준음은 기존의 음계보다 더 높은 진동수를 이용하기로 결정하였고, 자연의 소리 중에서도 물 흐르는 소리가 가볍고 경쾌한 느낌을 주는 것이 마음에 들어 물 흐르는 소리의 진동수와 비슷한 750Hz를 기본음으로 정했다.

2. 피타고라스의 음계 규칙에 따른 음계 찾기

피타고라스 음계의 2 : 3 은 같은 음의 비율인 1 : 2 를 제외하고 가장 작은 정수의 비이다. 그래서인지 각 음들 사이의 비율이 비교적 작은 정수의 비로 이루어져 있어 화음을 찾기 편했다. 그리고 계산을 반복해 가면서 $2a_1$(a_1 : 기본 진동수의 음)에 가장 가까운 순서로 나열하니 a_{13} 과 a_8 이 나오는 것을 보고 이 두 음을 a_1 과 같은 음으로 보았을 때, a_1 과 그 음 사이의 비율이 반복되면서 7 음계인 온음계와 12 음계인 반음계가 형성된 것임을 이해할 수 있었다. 특히 a_6 이 a_{13} 과 a_8 다음으로 $2a_1$ 과 가까운 것을 보고 우리나라를 비롯한 동양의 음계인 5음 12율 역시 과학적인 탐구를 바탕으로 만들어진 것임을 알 수 있었다.

피타고라스 음계의 규칙에 따라 직접 계산해 본 결과 간단한 정수의 비이자 듣기에 어울리는 음의 조합인 화음이 많이 나오는 풍부한 음계를 만들기 위해서는 각 음의 진동수의 비가 가장 간단한 정수여야 한다는 결론이 나왔다. 그래서 새 음계를 만들 때에는 피타고라스의 음계 비율이 아니면서 가장 작은 정수의 비인 3 : 4 비율을 사용하기로 결정하였다.

3. 비커 연주

처음에는 모두 같은 크기의 비커를 사용해서 물잔 연주를 하려고 했었지만 물잔 연주를 위해 준비한 비커들의 진동수 범위가 물이 들어있지 않은 상태의 같은 크기의 비커임에도 불구하고 모두 달라 불편한 점이 많았다. 물잔 연주에 쓰기 위해서는 모두 같은 진동수를 가지도록 섬세하게 만들어져 있는 것이어야 했는데 모든 비커가 그럴 것이라고 너무 안일하게 생각했던 것

이다. 그래서 원하는 진동수의 음을 내기 위해 각자 다른 크기의 비커들을 모두 꺼내 물을 담기 전의 진동수부터 비교하여 원하는 진동수와 비슷한 진동수를 가진 비커들을 선별하여 음을 맞추었다.
단순히 물이 든 비커일 뿐인데 그 크기와 물을 일정량 붓는 것만으로 내가 기존에 알고 있던 음의 소리가 들리는 것이 신기했다. 비커를 내리칠 때 비커에 발생하는 진동수가 곧 음이며, 물을 부음으로써 압력을 주어 비커의 진동수를 변화시키는 것이 곧 음의 변화인 것을 확인할 수 있었다. 물리적 성질이자 수의 원리를 음악을 연주하기 위해 직접 적용시켜 보는 경험은 매우 새롭고 흥미로웠다.

4. 새로운 음계 만들기/ 5. 설문조사

기타는 평소에도 자주 연주했었기 때문에 기타를 다루는 것은 어렵지 않았지만 기존에 연주하던 음과 전혀 다른 음을 연주하는 것이 어색하기도 했다. 하지만 연습을 거듭하면서 점점 나아져서 마지막에는 꽤 능숙하게 연주할 수 있었다.
새로운 음계의 이름은 '강'이나 '호수'를 뜻하는 순우리말에서 따온 것으로, 강물 소리나 호숫가에서 물소리를 들을 때처럼 마음을 편하게 하는 음계를 만들고 싶다는 취지에 따라 정한 이름이다. 그러면서도 마냥 평온하지만은 않고 조금의 즐거운 기분 전환도 함께 해주길 바랐는데, 설문조사 결과를 보니 생각보다도 슬픔 쪽에 대한 느낌이 많았다. 음계를 만들어내고 처음 의도대로의 느낌을 살리는 음악을 작곡한다는 것은 역시 경험과 지식이 쌓인 전문가여야 가능할 것 같았다. 그러나 내 음악을 듣고 좋다고 말해주는 사람들이 있을 때에는 뿌듯하기도 했다.

탐구를 마치며

탐구를 하면서 가장 힘냈던 부분은 정확한 음계를 만들거나 듣기에 좋은 멜로디를 작곡해 내기 위해 노력했었던 때였다. 처음 작곡을 할 때는 처음 만든 것치고는 그럭저럭 괜찮지 않은가 하는 생각도 했었지만, 설문조사를 하면서 처음 음계를 만들 때 너무 들뜨지 않고 차분하면서도 기분을 가볍게 만들어줄 수 있는 음악을 만들겠다고 다짐했던 것과 달리 슬프다는 감상이 많이 나와 음악적인 한계를 체감할 수 있었다. 그러나 나는 전문적인 음악 지식이 풍부한 음악가가 아니었기 때문에 있었을 부족한 점을 보충하기 위해 최선을 다했다.
많이 부족한 멜로디이지만 탐구를 마친 지금도 아직 휴대폰에 만든 멜로디를 기타를 개조한 새 악기로 연주하며 녹음했던 mp3 파일이 남아있는데, 이것은 원래 설문조사를 할 때 편하게 하기 위해 녹음했던 것이지만 탐구가 끝난 지금도 지우지 않고 남겨두었다. 이따금 생각날 때 꺼내 듣곤 하는데, 마음이 차분해지는 느낌이 들어 좋아한다. 또 이번 탐구활동이 끝난 후로 다른 음악을 들을 때도 음이나 화음, 박자 등에 더욱 집중해서 들어보게 된 것도 변화라고 할 수 있겠다.
보통은 전혀 다른 별개의 분야라고 생각했을 물리와 음악이라는 분야의 연결고리를 찾고 또 그 원리를 직접 응용해본 것은 오랫동안 기억에 남을 것 같다. 만약 또 기회가 된다면 이번에 탐구 활동을 하며 배운 원리와 교훈을 이용하여 더 좋은 음을 내는 악기와 더 완성도 있는 멜로디를 다시 한 번 만들어보고 싶다.
음계의 물리적 특성을 찾다가 우연히 찾은 정보이지만, 유명한 물리학자 알베르트 아인슈타인(Albert Einstein)은 뛰어난 아마추어 바이올린 연주가이기도 했다. 그는 살아생전 다음과 같은 말을 했다고 한다.

If I were not a physicist, I would probably be a musician. I often think in music. I live my daydreams in music. I see my life in terms of music⋯ I cannot tell if I would have done any creative work of importance in music, but I do know that I get most joy in life out of my violin.
· 내가 물리학자가 아니었다면 나는 음악가였을 것이다. 나는 음악 안에서 자주 생각하고, 음악 안에서 몽상하며, 음악적인 면에서 내 삶을 바라본다⋯ 내가 음악 분야에서 어떤 중요한 창조적인 일을 했을는지 판단하지 못하겠지만, 내가 분명히 아는 것은 바이올린으로부터 내 인생의 기쁨 대부분을 누렸다는 것이다.

주제3 모기

Q1

p.141

해설 ● 모기는 혈액형 O형을 좋아한다. : 모기는 영양분이 듬뿍 들어 있는 피를 더 좋아한다. 피에 영양분인 지방이 더 많이 녹아 있으면 체질상 몸에서 기름기인 피지가 많이 분비되는데, 모기가 이 냄새를 맡고 찾아온다. 특히 O형인 사람 중에는 피에 지방이 많아 생기는 병인 고지혈증이나 고혈압 같은 혈관 질환을 앓는 사람이 많다. 그래서 모기에 잘 물리는 사람 중에는 실제로 O형인 사람이 많다. / 모기가 좋아하는 혈액형은 따로 있다는 속설은 널리 알려진 속설이지만 이것은 사실이 아니다. 모기는 혈액형 중에서 O형 혈액형을 좋아한다고 알려져 있는데, 이러한 말이 나온 데에는 연구 결과가 한몫을 하였다. 과거 일본의 한 모기 연구팀이 모기가 선호하는 혈액형을 조사한 결과 O형 혈액형이 다른 혈액형보다 2배 가까이 모기에 더 잘 물렸다는 연구 결과를 발표했기 때문이다. 하지만 그에 대한 뚜렷한 이유를 찾지 못했으며 이후 후속 연구도 없는 상태여서 검증되지 않는 속설이다.

● 모기는 화장품 냄새를 좋아한다. : 화장품이나 향수 냄새를 모기가 더 좋아하지 않을까 싶지만, 모기는 그런 냄새를 일부러 찾지 않는다고 한다. 특히 페퍼민트나 바질 같은 허브 향을 기피한다. 페퍼민트와 바질 속 추출물을 이용하면 모기뿐만 아니라 모기의 유충까지 죽이는 효과가 있다. 또 고양이가 좋아하는 캣닢(개박하)은 네페탈락톤이라는 성분이 있어서 모기가 무척 싫어한다.

● 모기에 물리면 침을 바르거나 손톱으로 누르는 것이 좋다. : 모기는 흡혈을 하기 전에 침을 통해 자신의 타액을 주입하는데, 우리의 몸은 외부로부터 침입을 감지하고 히스타민이라는 성분을 내보낸다. 이 때문에 모기에 물린 부위는 간지러움을 느끼는데, 침을 바르거나 손톱으로 꾹꾹 눌러 열십자 모양을 찍는 행위는 세균에 의한 2차 감염을 유발할 수 있으므로 하지 않는 것이 좋다.

● 임산부는 모기에 물릴 가능성이 더 크다? : 2000년도에 실시한 한 연구에서 모기가 임신한 여성을 좋아한다는 연구 결과가 나왔다. 하지만 이 연구는 임신한 여성 36명과 임신하지 않은 여성 36명을 대상으로 실시했으며, 타당하지만 근거가 불충분해 아직도 논란이 끊이지 않고 있다고 한다. 임산부가 모기에 물릴 가능성이 크다고 한 이유는 임산부가 더 많은 열과 이산화 탄소를 배출하기 때문이다.

● 뚱뚱한 사람은 모기에 더 많이 물린다. : 마른 사람보다 뚱뚱한 사람이 모기에 더 잘 물린다는 속설은 어느 정도 사실이다. 모기는 이산화탄소나 땀, 젖산 냄새로 표적물을 찾는데, 살이 찐 사람은 상대적으로 호흡량과 이산화 탄소 배출량이 많고 땀 냄새를 더 강하게 풍겨 모기에 물릴 가능성이 높다.

● 모기가 에이즈를 전염시킨다? : 많은 사람이 오해하고 있는 모기에 대한 속설 중 하나로, 사실이 아니다. 에이즈 유행 초기부터 모기나 피를 흡혈하는 곤충들이 HIV를 퍼뜨리지 않을까 하는 우려가 있었지만, 미국의 질병관리본부 등에서 수행된 연구에 따르면 모기나 다른 곤충들이 HIV 바이러스를 전파한다는 증거는 전혀 없다. 하지만 황열병 및 말라리아와 같은 질병들은 특별한 종류의 모기 타액을 통해 전염되며, 우리나라에서는 중국 얼룩날개모기 암컷이 말라리아 원충을 전파하는 것으로 알려져 있다.

p.144

주제 깊이 알기

Q1

정답 암컷

해설 모기는 원래 암컷이건 수컷이건 식물의 즙이나 과즙, 이슬을 먹고 산다. 다만 암컷이 수컷과 교미를 하고 수정란(보통 100~400개)을 갖게 되면 동물성 단백질을 필요로 하므로 동물의 피를 먹는 것이다. 따라서 암컷 모기만이 사람을 물며, 흡혈은 수정란의 산란을 통한 종족 보존에 없어서는 안 되는 활동인 것이다. 피를 음식으로 먹는 것은 수혈과는 다른 것으로, 음식으로 먹은 것은 소화기관을 통해 필요한 양분은 흡수되고 찌꺼기는 배출된다.

Q2

정답 ㄴ, ㄷ, ㅁ

해설 ㄱ. 에볼라 · 에볼라는 바이러스성 출혈열의 일종으로 알려진 질병이다. 감염 동물의 혈액이나 체액, 조직과의 가까운 접촉을 통해 인간에게 전염된다. 이 질병은 사람들 간에 전염될 수 있으며, 주로 중앙 및 서부 아프리카에서 발생한다. 주요 증상은 발열, 두통, 몸살, 설사, 구토, 복통, 때로는 비정상적인 출혈을 포함한다. 에볼라 바이러스와 접촉한 후 2 ~ 21일부터 시작된다.

ㄹ. AIDS(에이즈) · Acquired(후천성) Immune(면역) Deficiency(결핍) Syndrome(증후군) 으로 HIV(인체면역결핍바이러스)감염에 의한 결과로 나타나는 여러 가지 증상을 말한다. HIV 에 감염되면 인체 면역 기능이 저하되기 시작하고, 자신의 감염 사실을 모르고 수 년이 지나면 면역 저하로 인해 여러 가지 감염증이나 질환에 걸리게 되어 비로소 AIDS환자가 되는 것이다. 미리 알고 치료한다면 AIDS환자 상태에 이르지 않도록 막을 수 있다. AIDS 는 성접촉을 통한 감염, 감염된 혈액의 수혈에 의한 감염, 오염된 주사 바늘의 공동 사용에 의한 감염, 임신 중 태반을 통해 감염되거나, 분만 과정에서 감염이 일어날 수 있다.AIDS 는 일상 생활을 통해서는 감염되지 않는다.

Q3

정답 ④

해설 모기는 눈이 잘 보이지 않지만 냄새를 맡는 능력은 뛰어나다. 냄새를 통해 피를 빨아먹을 대상을 찾는다. 특히 모기는 땀 냄새를 좋아한다는 사실을 미국 플로리다 대학교수 제리 버틀러가 밝혀냈다. 보통 운동을 하고 땀을 흘릴 때 땀 속에 젖산이라는 성분이 나온다. 모기는 젖산에 강하게 반응해 이끌리는데 땀 속의 젖산을 통해 모기가 사람을 알아볼 수 있는 것이다. 이 때문에 땀을 많이 흘리는 사람이 모기에 잘 물리게 되며, 모기는 20m 떨어져 있는 사람의 땀 냄새도 맡을 수 있다.

Q4

정답 (1) 바 (2) 세 (3) 바

해설 (1), (3) 바이러스는 독자적인 효소가 없어 스스로 물질대사를 하지 못하며, 돌연변이가 일어나 다양한 종류로 진화한다.

Q5

예시 · 모기 유충의 천적인 미꾸라지를 유충이 있는 고인 물에 풀어 놓는다.
· 주변에 물이 고인 웅덩이를 메워서 살 수 있는 터전을 없앤다.

해설 미꾸라지 한 마리가 약 1㎡ 넓이의 공간에서 하루에 1,000마리 정도의 모기 유충를 먹어 치운다. 모기의 천적은 미꾸라지만이 아니다. 강가나 하천 주위에 사는 잠자리 애벌레나 물땡땡이, 깨알물방개 같은 곤충 역시 장구벌레를 잡아먹는다. 모기의 가장 강력한 천적은 박쥐이다. 박쥐는 하룻밤에 최대 3,000마리의 모기를 먹어치우기도 한다. 박쥐가 친환경 모기 해결사로 알려지면서 이탈리아에서는 모기를 잡기 위해 박쥐가 살 수 있는 나무집 설치도 유행하고 있다고 한다.

탐구 주제 찾기

p.146

Q1

예시 · 모기도 싫어하는 냄새가 있구나.
· 사람이 좋아하는 향기를 보통 모기는 싫어하는구나.
· 매년 인간을 가장 많이 죽이는 생물이 모기라니 모기에 물리지 않도록 조심해야겠다.
· 계피나 레몬 향과 같은 천연향과 모기 살충용 스프레이 중 어느 것이 더 효과가 좋을까?
· 모기를 가장 효율적으로 쫓을 수 있는 방법은 무엇이 있을까?
· 모기 유충을 가장 효율적으로 없앨 수 있는 방법은 무엇이 있을까?

· 모기에 물렸을 때 가려움증을 가장 빨리(또는 가장 쉽게) 없앨 수 있는 방법은 무엇일까?
· 모기가 활발하게 자랄 수 있는(또는 활동할 수 있는) 환경은 어떤 곳일까?
· 모기가 가장 좋아하는 색(또는 빛의 색)은 무엇일까?
· 내 방에는 모기약을 얼마나 뿌려야 아침까지 잠을 푹 잘 수 있을까?

Q2 예시 · 창문의 방충망을 꼼꼼히 점검한다.
· 자기 직전 깨끗이 샤워를 한다.
· 지나치게 향이 강한 화장품을 사용하지 않는다.
· 모기가 싫어하는 향이 나는 과일이나 꽃, 식물들을 침대 주위에 놓는다.

Q3 예시 · 모기 성충이 잘 자랄 수 있는 조건을 조사한다.
· 모기 성충을 사육할 수 있는 방법을 구상하고 설계해 본다.
· 대조군과 실험군으로 사용한 실험 상자를 구상하고 설계해 본다.
· 모기가 싫어하는 향을 두었을 때 모기의 활동성을 비교해 본다.
· 모기가 싫어하는 향 속에 함유된 공통적인 성분을 분석해 본다.
· 모기가 싫어하는 향을 이용하여 모기 기피제로 활용할 수 있는 방안을 탐구해 본다.

Q4 예시 · 시중에 판매되고 있는 다양한 모기 기피제를 이용하여 식물이나 동물, 미생물에 미치는 영향을 탐구해 본다면 증명할 수 있을 것이다.
· 가장 자주 사용되는 스프레이형 모기 기피제를 이용하여 양을 변화시켜가면서 동식물의 상태 변화를 탐구해 본다면 유해성을 증명할 수 있을 것이다.

Q5 예시 · 천연향을 이용한 모기 기피 방향제
· 천연 추출물을 이용한 모기 기피 스프레이

Q6 예시 천연 모기 기피제의 효과 탐구 활용 방안 탐구

p.148

모기를 주제로 한 실제 제출된 또래 친구의 탐구 보고서

탐구주제

주변에서 쉽게 구할 수 있는 천연 모기 기피제의 효과 실험

탐구동기

매년 여름마다 모기 때문에 잠에서 깬 경험은 다들 1·2번 씩은 있을 것이다. 여름에는 잠자기 전에 모기 훈증제 등을 켜놓고 자야지만 모기에 물리지 않고 잘 수 있고, 야외 활동을 할 때는 기피제를 바르거나 몸에 지녀야만 모기 걱정 없이 자유롭게

활동할 수 있었다. 그러나 시중에서 구입할 수 있는 대부분의 모기기피제에는 많은 화학약품들이 들어있고, 그 중 디에칠톨루아미드(DEET) 같은 성분들은 많은 양을 사용할 때, 인체에 독성이 있다는 뉴스를 본 적이 있었다. 그래서 우리는 이번 기회에 여름마다 우리를 귀찮게 하고 힘들게 하는 모기와 독성이 없는 천연 기피제에 대해 알아보기로 하였다.

탐구계획

기간	탐구 내용
2000. X. XX. ~ 2000. X. XX.	실험 계획 및 설계도 만들기
2000. X. XX. ~ 2000. X. XX.	모기 채집 방법 탐구
2000. X. XX. ~ 2000. X. XX.	모기 실험방 만들기
2000. X. XX. ~ 2000. X. XX.	설문조사지 만든 후 설문조사하기
2000. X. XX. ~ 2000. X. XX.	예비 실험하기
2000. X. XX. ~ 2000. X. XX.	본실험 후 보고서 쓰기

탐구하고자 하는 내용

· 설문조사 : 우리는 주변 사람들에게 "모기에 대한 인식"과 선호하는 모기기피제의 성격에 대하여 조사해 보기로 하였다.
· 천연모기기피제 실험 : 설문조사와 사전조사 결과에 따라 주변에서 쉽게 구할 수 있는 천연 모기기피제를 만들어 모기를 가지고 기피 효과를 실험해 보기로 하였다.

준비물

모기 100 마리 이상 (실험 1세트당 20마리 * 5 세트) · 장구벌레 200 마리 이상 구입
모기사육 재료 : 장구벌레가 살 수 있는 물통, 모기먹이(흑설탕물), 모기사육통 7개, 모기장 7개, 고무줄
모기실험방 만들기 위한 재료 : 두께 5mm 우드락 2절지 10개, 커터칼, 박스테이프, 자, 글루건,
천연 모기기피제 : 구문초(허브), 오렌지 껍질 말린 것, 계피, 토마토즙, 에프킬라(시중에 있는 살충제)

실험 과정

1. 다음 문항에 대한 설문조사

(1) 올해 여름에 모기 때문에 짜증났던 적이 있으십니까?
(2) 지금 있는 아파트에 모기가 많습니까?
(3) 모기가 아파트로 유입되는 주된 원인이 무엇이라고 생각하십니까?
(4) 엘리베이터를 이용하실 때 모기를 자주 발견하셨습니까?
(5) 엘리베이터에 모기 퇴치기가 있다면 어느 정도 효과가 있을 것으로 예상합니까?
(6) 엘리베이터에 설치 가능한 모기 퇴치 방법이 무엇이라고 생각합니까?
(7) 모기 기피를 위해 어떤 노력을 하십니까?

(8) 천연 모기 기피제 중 어느 방법을 선호하는지 골라주세요.

2. 모기 사육하기

모기 사육 조건

- 실험실에서 모기들은 온도 26~28℃, 습도 65~75% 조건으로 사육함
- 장구벌레(모기유충)는 1령에서 4령까지를 거쳐 번데기로 우화됨.
- 번데기에서 나온 모기 성충들은 10% 설탕물을 공급하여 성충이 잘 유지될 수 있도록 하였음.

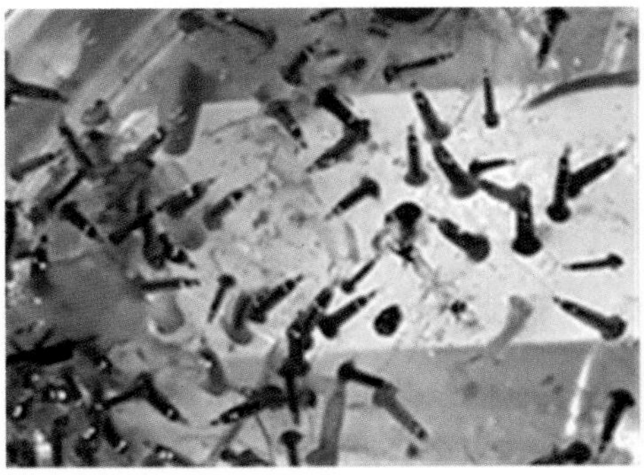

3. 모기 실험방 만들기

모기실험방 만들기

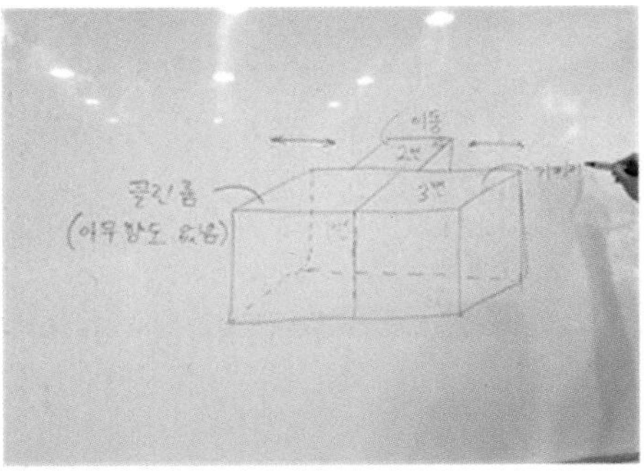

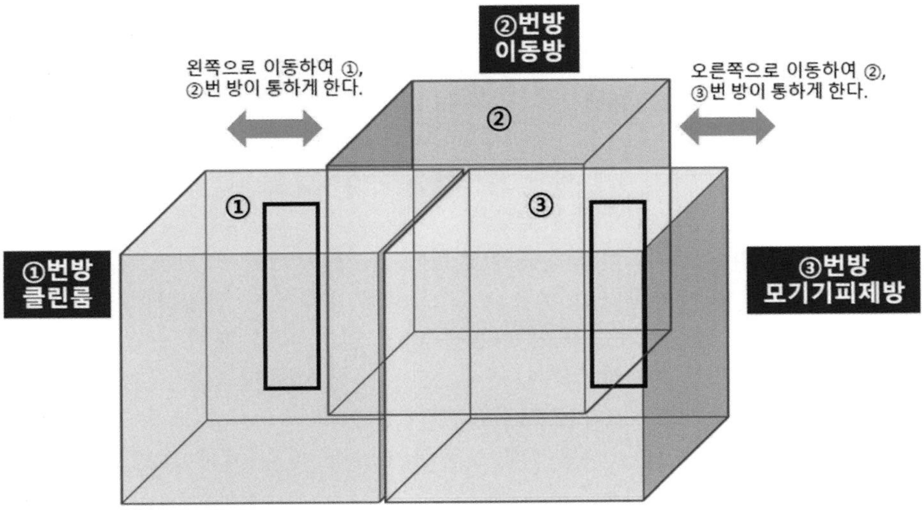

① 방을 3개로 나눔 - 1번 방, 이동방(2번), 3번 방

② 1번과 3번은 서로 연결되어 있지 않고 나란하게 만든다.

③ 이동방(2 번)은 모기를 이동시키기 위하여 만들었다. 이동시키면서 사이의 틈으로 못 빠져나오고, 한쪽 방에 들어간 모기가 못 빠져나오도록 사이에 판을 끼워 붙였다. 두 방의 양 끝에 고정대를 붙여놔서 이동방이 너무 멀리 나가지 못하고, 문이 완벽하게 나올 수 있도록 하였다.

④ 사육한 모기를 1번 방에 풀어넣고, 이동방을 움직여서 1번 방과 이동방(2번 방)이 통하게 하여 모기가 움직이는 것을 관찰할 수 있게 한다.

⑤ 모기 기피제를 3번 방에 넣어두고(모기는 시각보다 후각이 뛰어남), 모기가 2번 방과 3번 방을 날아다니고 기피제가 있으면 이동하지 않는가를 관찰한다.

⑥ 실험이 끝나면 모기를 이동방으로 몰아서 기피제가 없었던 1번방으로 다시 옮긴다.

⑦ 각 방의 윗면에는 투명한 OHP필름을 붙여 윗면에서 모기의 움직임을 관찰하게 하였다.

4. 예비 실험

살아있는 모기를 가지고 하는 실험이어서 본 실험을 하기 전에 예비실험을 해보기로 하였다.
예비실험은 모기실험방에 모기 10마리를 풀어 넣고, 기피제가 없는 상태와 약한 모기기피제(토마토즙)가 있는 상황에서 모기의 움직임을 관찰하기로 하였다.

- 기피제가 없는 상태에서 1번 방과 2번 방을 연결하였을 때, 원래 계획했던 것보다 모기가 2번 방으로 움직이지 않았다.
- 1번방과 2번방의 통로가 아래쪽에 있었는데, 실제 모기들은 거의 위쪽 벽에 붙어 있고, 위쪽에서 날아다니는 것을 보고 통로를 위쪽까지 연결하여 뚫어주었다.
- 통로가 윗쪽까지 뚫렸는데도 거의 이동을 하지 않고 벽에 붙어 있었다.
- 논문을 찾아보니 모기는 실험하기 전에 12시간 전부터 금식을 시켜야 먹이활동을 위하여 활발하게 움직인다는 사실을 알게 되었다.
- 다음 실험은 실험 전 모기 사육장에 있는 설탕물을 다 제거하고 12시간 후에 다시 실험하기로 하였다.

5. 모기 기피제 실험

① 다음과 같이 4개의 다른 기피제와 살충제를 가지고 동일 조건으로 실험한다.

비교군	아무 것도 넣지 않고 실험한다. 모기가 자유롭게 날아다니는 것을 관찰한다.
모기유인제	흑설탕 물에 이스트를 넣어 이산화탄소를 발생시켜 모기를 유인한다.
1. 토마토즙	토마토를 갈아서 즙으로 만든다.
2. 계피	계피를 끓여서 계피차로 만들어 사용한다.
4. 오렌지 껍질	오렌지는 껍질만 잘라서 말려서 사용한다.
4. 구문초	모기기피제로 알려져 있는 구문초 잎을 사용한다.
5. 에프킬라	살충제인 에프킬라를 뿌려 관찰한다.

② 모기실험방 1번방에 모기 20마리를 넣는다.
③ 2번방에는 모기유인제(흙설탕물+이스트)을 넣는다.
④ 2번방을 움직여 1번과 2번방을 통하게 하여, 10분 동안 1번방과 2번방을 자유로이 날아다니는 것을 관찰한다.
⑤ 모기들을 2번 방으로 몰아 넣은 후 이동시켜 1번 방과 2번 방을 격리시킨다.
⑥ 2번방을 이동하여 2번, 3번방을 통하게 한 후 모기를 3번 방으로 몰아 넣는다.

⑦ 3번방에 모기기피제 등을 넣어 둔 후 총 10분 동안 모기가 이동하는 것을 관찰한다. 모기가 기피제를 피해 2번 방으로 이동한 모기의 총 수를 기록한다.

⑧ 다음 기피제 실험을 위하여 실험에 사용한 모기는 다 죽이고, 3번 방에 있는 모기 기피제를 치우고, 잔향이 남아있지 않게 환기시키고 마른 걸레로 잘 닦아준 후 30분 뒤에 다음 실험을 계속했다..

⑨ 다음 기피제 실험은 새로운 모기 20마리를 가지고 ②번부터 실험을 반복한다.

실험 결과

1. 설문 조사

설문조사는 주변의 지인을 대상으로 다음과 같은 질문지를 가지고 수행하였다. (1은 가장 적은 경우에서 5는 가장 많은 경우)

올해 여름에 모기때문에 짜증났던 적이 있으십니까?

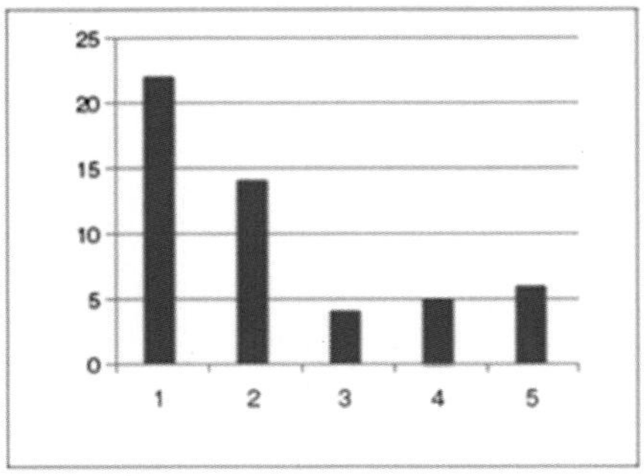

1	22	43%
2	14	27%
3	4	7%
4	5	9%
5	6	11%

지금 있는 아파트에 모기가 많습니까

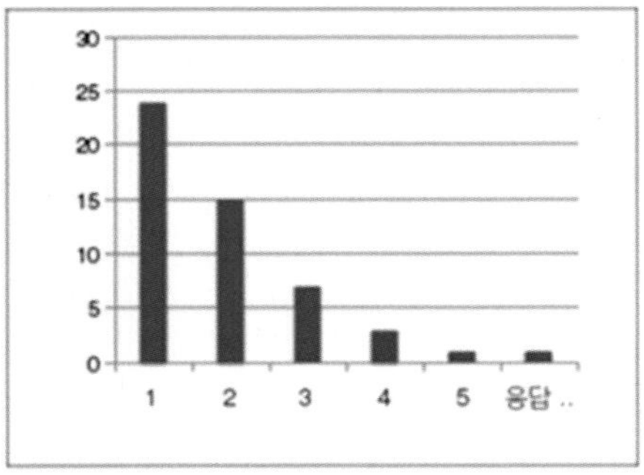

1	24	47%
2	15	29%
3	7	13%
4	3	5%
5	1	1%
응답 없음	1	1%

모기가 아파트로 유입되는 주된 원인이 무엇이라고 생각하십니까

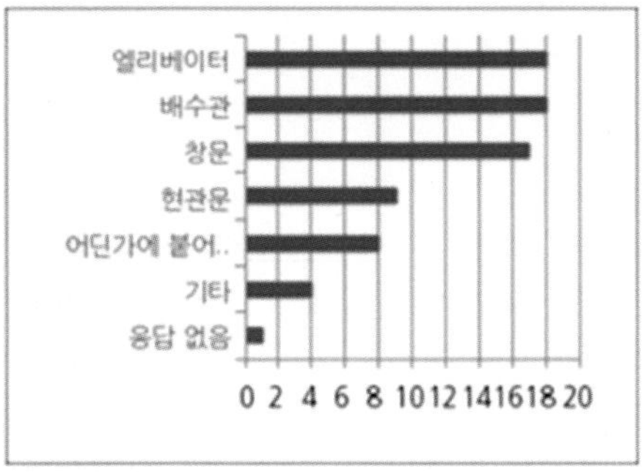

엘리베이터	18	35%
배수관	18	35%
창문	17	33%
현관문	9	17%
어딘가에 붙어서(사람, 물건 등)	8	15%
기타	4	7%
응답 없음	1	1%

엘리베이터를 이용하실 때 모기를 자주 발견 하셨습니까?

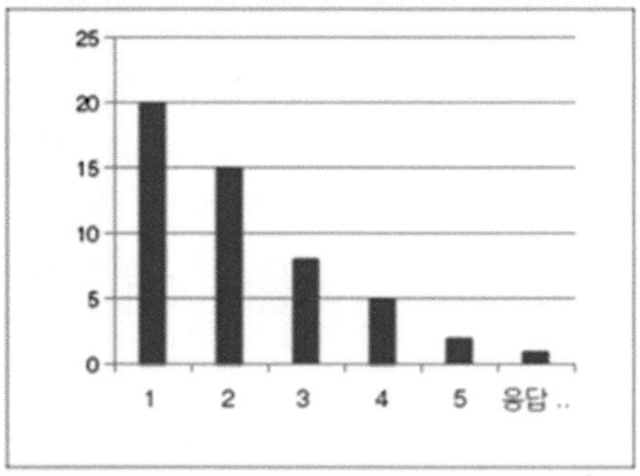

1	20	39%
2	15	29%
3	8	15%
4	5	9%
5	2	3%
응답 없음	1	1%

엘리베이터에 모기퇴치기가 있다면 어느정도 효과가 있을것으로 예상합니까

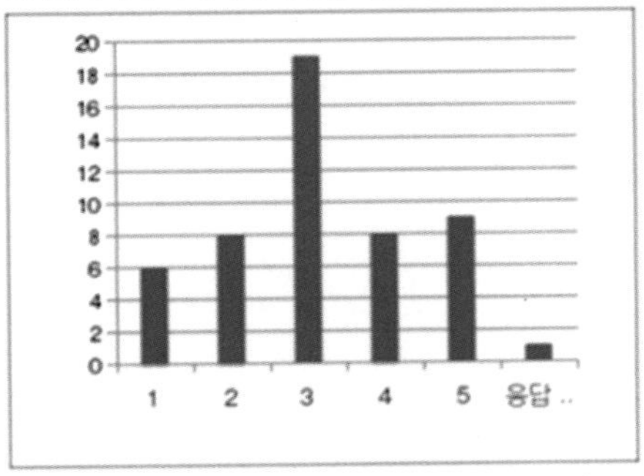

1	6	11%
2	8	15%
3	19	37%
4	8	15%
5	9	17%
응답 없음	1	1%

엘리베이터에 설치 가능한 모기퇴치방법이 무엇이라고 생각합니까

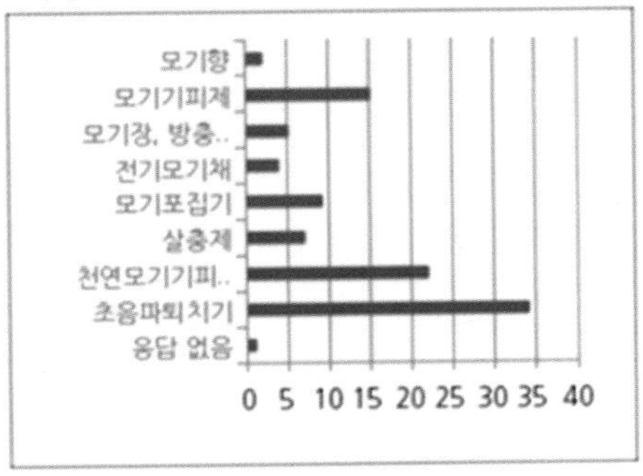

모기향	2	3%
모기기피제	15	29%
모기장, 방충망	5	9%
전기모기채	4	7%
모기포집기	9	17%
살충제	7	13%
천연모기기피향	22	43%
초음파퇴치기	34	66%
응답 없음	1	1%

모기 기피를 위해 어떤 노력을 하십니까

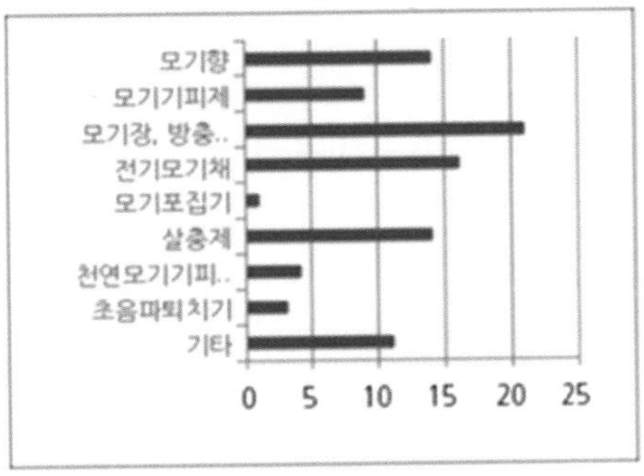

모기향	14	27%
모기기피제	9	17%
모기장, 방충망	21	41%
전기모기채	16	31%
모기포집기	1	1%
살충제	14	27%
천연모기기피향	4	7%
초음파퇴치기	3	5%
기타	11	21%

천연 모기 기피제 중 어느 방법을 선호하는지 골라주세요

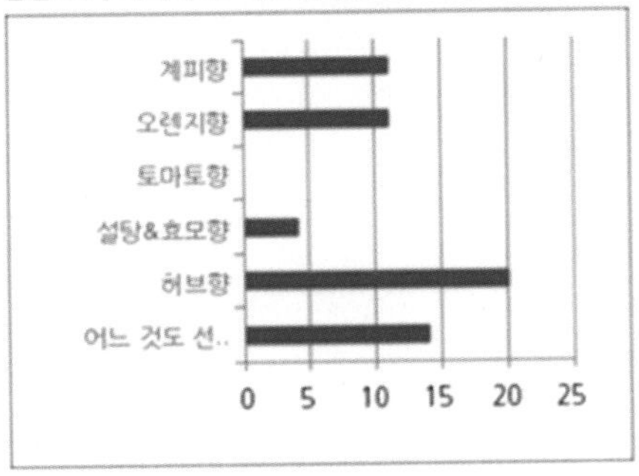

계피향	11	21%
오렌지향	11	21%
토마토향	0	0%
설탕&효모향	4	7%
허브향	20	39%
어느 것도 선호하지 않음	14	27%

5. 모기 기피제 실험

실험을 하기 12시간 전에 모기사육장에 있는 흑설탕을 제거하여 12시간 금식하게 하였다. 12시간 금식을 한 모기를 모기 실험방에 옮겨 놓고 모기의 움직임을 관찰하니 확실히 모기가 활발하게 날아다니며 움직였다.
사전 자료 조사와 토론을 통하여 우리는 4가지 모기 기피제의 강한 정도를 다음과 같이 예측하였다.
토마토즙 〈 계피액 〈 오렌지껍질향 〈 구문초 〈〈〈 살충제(에프킬라)

모기 실험방의 실험도 위의 순서대로 하였다.

매 실험에는 새로운 모기를 사용하였고, 1번 방과 2번 방을 날아다니는 것을 관찰하면서 활동적이지 않고 잘 날지 못하는 모기는 활발한 모기로 대체하였다. 모기 유충에서 우화된 모기 중 일부는 유충이 있었던 물이 담긴 컵을 빠져나오지 못해 날개에 물이 젖어 죽은 채로 발견되기도 하였는데, 빠져나와 날아다니는 모기 중 일부에서도 물에 약간 묻어있는지 날아다니는 것이 불편해 보였다.
이런 모기들은 기피제가 있어도 제대로 날아서 도망치지 못할 것이기 때문에 실험 세트에서 제거되었다.

1) 토마토 즙

토마토즙을 3번 방에 넣고 나서도 모기들은 벽에 붙은 채 잘 움직이지 않았다. 모기가 있는 주변의 벽을 쳐서 모기가 움직이게 하니까 5 마리가 2번 방으로 이동하였다. 기피제를 넣고 나서 모기 주변 벽을 쳐서 모기가 움직이게 하는 것은 모든 실험에서 똑같이 하였다.

2) 계피 액

계피액을 스프레이로 뿌리면 모기의 날개가 젖고 모기 실험방이 오염될 것이기 때문에, 토마토즙과 마찬가지로 계피액을 담은 작은 컵을 3번 방 중앙에 놓아놓고 관찰하였다. 마찬가지고 모기를 움직이게 하니까 2 마리가 2번 방으로 이동하였다.

3) 오렌지 향

오렌지 껍질을 말린 것에 불을 붙여 오렌지 향이 나게 하였다. 10 조각 정도에 향이 나게 하는 것을 페트리접시에 담아서 3번 방에 두고 모기의 움직임을 관찰하였다. 오렌지 연기를 넣자마자 7 마리는 2번 방으로 도망쳤다.
동일하게 모기를 움직이게 하니 나머지 모두가 2번 방으로 이동하였다.

4) 구문초

실험방보다 작은 구문초 화분을 3번 방에 두고 관찰하였다. 모기를 움직이게 하니 총 16 마리가 2번 방으로 이동하였다.

5) 살충제 (에프킬라)

모기 기피제 실험이 모두 끝난 후 3번 방에 에프킬라를 뿌렸다. 에프킬라를 직통으로 맞은 모기들은 날다가 추락하여 죽었다. 벽에 있던 모기들은 2번 방으로 도망을 쳤지만 결국 시간이 지나서 에프킬라 향을 맡고 죽었다.

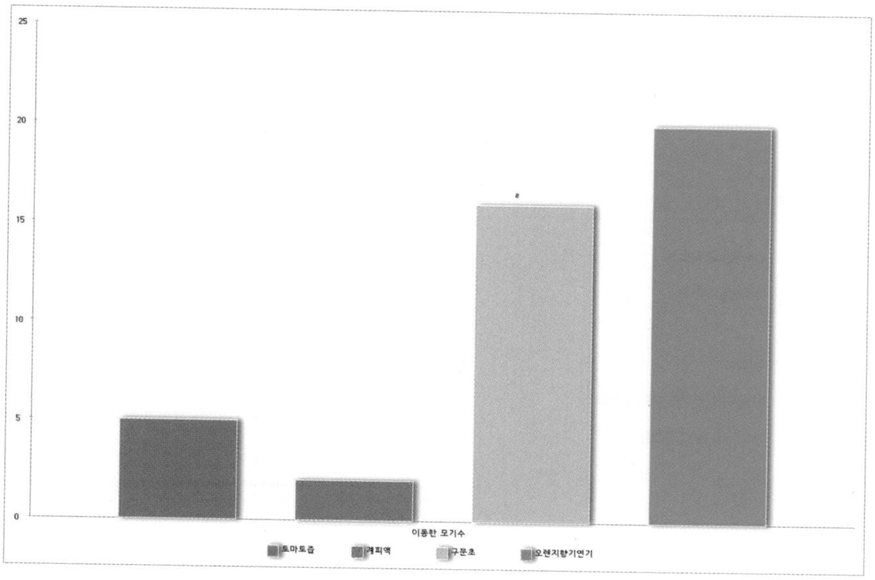

분석 및 결론

1. 모기 사육하기

모기 유충에서 모기가 우화되는 데에 걸리는 시간은 약 3~7일이었다. 구입한 모기 유충이 번데기가 섞여있어서 여러 단계의 번데기가 있었던 것으로 생각된다.

처음에는 너무 더워서 모기로 우화되지 않으면 어떻게 하나 걱정이 많았는데, 다행히 사전 조사한 논문에 있는 데로 온도(실내에 에어컨을 틀어서 33도를 넘지는 않게함)를 맞춰주니 예상대로 1주일 이내에 실험에 사용할 충분한 양의 모기가 우화되었다.

2. 모기 활동 관찰하기

모기는 주로 채집통 위 모기장에 붙어있었다.

모기 실험방에 옮기고 나서도 주로 위쪽을 날아다니고 윗 벽면에 붙어있었다.

그래서 자유로운 이동을 위하여 모기 실험방의 통로를 위쪽까지 연결해 주어야 했다.

그리고 모기는 먹이 활동을 하면 잘 날아다니지 않고 벽에 붙어 있기를 좋아한다는 것을 알게 되었다. 예비실험에서 모기가 잘 날아다니지 않아 기피제 실험이 힘들었는데, 모기에 대한 논문을 찾아보니 모기 살충제 및 기피제 실험을 하기 12시간 전에 모기 사육장에서 모기 먹이를 빼서 금식을 시킨다는 것을 알게 되었다.

본 실험은 12시간 금식을 한 모기를 사용하였는데, 확실히 모기가 훨씬 더 활동적으로 날아다니는 것을 관찰할 수 있었다.

3. 모기 기피제 실험

우리가 준비한 재료들의 기피제로서의 성적이 토마토즙 〈 계피액 〈 오렌지향 연기 〈 구문초 순서일 것이라고 예측하였는데, 실험 결과는 달랐다.

실제 실험을 해서 모기가 기피제방에서 2번 방으로 이동한 마리 수로 봤을 때, 모기 기피제 효과는 계피액 〈 토마토즙 〈〈〈 구문초 〈 오렌지 향 연기 순서였다.

오렌지 껍질을 말린 것을 살짝 태워서 그 향기를 맡게 하였더니 몇 마리의 모기는 빠르게 2번 방으로 도망치는 것도 관찰될 정도로 기피 효과가 컸다.

실제 우리가 맡아봤을 때는 그 향기가 구문초가 훨씬 강해서 구문초의 효과가 강할 것이라고 예측하였는데, 오렌지 향에 대한 모기의 반응이 훨씬 더 컸다.

탐구를 마치며

처음에 모기 기피제에 대한 실험을 하기로 한 이유는 우리 모두 가족들 중에 모기에 잘 물리고, 한번 물리면 그 부위가 크게 부어오르고 진물까지 나는 등 여름마다 모기 때문에 큰 고통을 겪었기 때문이었다. 그러나 올해는 폭염이 빨리 시작되고 그 기간이 길어져서 모기가 거의 없었다.

그리고 원래 계획은 모기를 채집해서 그 모기를 가지고 실험을 하는 것이었는데, 한번 모기를 잡으면 5 마리도 못 잡았고, 또 한번 잡은 모기는 며칠을 못 살았다.

한번 실험하는데, 각 세트에 20 마리가 필요했고, 총 5 세트를 실험해야 했으니까 총 100 마리 이상이 필요했다.

모기의 생애 주기가 너무 짧아서 한번 실험하는 데 100 마리 이상이 필요했지만, 그 모기들을 구하기 힘들었다.

그래서 직접 채집해서 실험하기는 힘들다고 생각하여 모기 유충인 장구벌레를 구매하기로 결정했는데, 이것도 날씨가 더워서 판매하는 곳에 전화해 보니 거의 대부분 판매하지 않는다는 답변만 받았다. 어렵게 장구벌레를 판매하는 한 곳을 찾았는데, 택배로 받기에 너무 더워서 오다가 장구벌레가 죽을 수도 있다고 하여 직접 농장에 찾아가 구매하였다.

모기 사육장을 만들어 모기 유충이 모기로 우화되는 과정을 알아보았다.

모기 유충들은 1령에서 4령까지를 거쳐 번데기로 우화되고, 모기 유충에서 번데기로 우화되는 기간은 약 2 주가 소요되며 번데기에서 1 ~ 2 일이 지나면 모기 성충으로 우화된다고 한다. 우리가 구입한 모기 유충은 번데기와 섞여 있어서 실제로 2일 후부터 모기로 우화되었고, 1주일이 지나자 실험을 할 정도의 충분한 양의 모기가 우화되었다. 그러나 우화된 모기는 최장 1달 간 생존할 수 있다고 하는데, 우리가 만든 사육장이 작아서인지 우화된 모기가 자꾸 물이나 흑설탕물에 빠져 죽었다.

이렇게 살아있는 생물을 가지고 실험하는 것이 얼마나 어려운지 실감하였다.

그리고 모기를 모기 사육장에서 모기 실험장으로 기는 것도 여러 방법들을 생각해서 시도해 보았는데, 결국 물릴 것을 감안하고 손으로 하는 것이 가장 빠르고 정확하였다. 이번 실험을 하는 동안 모두 팔에 여러 군데 모기에 물린 자국이 있었다.

모기 실험장을 만드는 것도 쉽지는 않았다. 설계도를 그리고 2번방을 틈새없이 이동시키기 위해 1,3번 방 위아래에 고정틀을 만들어 2번 방을 거기에 끼워서 밀어서 이동시키게 디자인하였다. 실제로 도안을 그리고 도안대로 잘라서 만드는데 많은 실패가 있었고, 많은 시간을 투자하여 만들었다.

기피제 실험을 할 때 한 마리의 모기도 빠져나가지 않고, 1, 2, 3 번방으로 실험 계획한대로 잘 옮겨질 수 있게 잘 만든 것 같아서 뿌듯했다.

살아있는 모기를 가지고 한 실험이어서 본 실험을 하기 전에 예비실험을 해보았는데, 예비실험을 했기 때문에 모기를 실험하기 전에 12시간 이상 금식시켜야 한다는 사실도 알게 되었고, 모기가 주로 윗 쪽에서 날아다니므로 모기 통로를 실험장의 위쪽까지 연결하여 본 실험에서는 모기가 잘 이동하게 할 수 있었다.

계피액의 경우 계피향으로 했으면 더 기피 효과가 크지 않았을까? 모기 실험방 어디에 기피제를 놓는 것이 가장 빨리 고르게 기피향이 확산될까? 모기가 벽에 붙지 않고 실험하는 동안에는 항상 날아다니게 할 수 있는 방법은 없을까? 모기에 물리지 않고 모기를 놓치지 않으면서 모기를 이동시킬 수 있는 좋은 방법이 없을까? 등 실험을 하면서 처음에는 생각하지 못했던 많은 질문들이 생각났다. 다음번 또 실험을 하게 되면 이런 질문들에 대한 답을 좀 더 많이 검색해서 찾아서 실험하면 더 좋은 실험 결과를 얻을 수 있을 것 같다.

실험을 하다 보니 처음에 모든 것을 다 계획하고 준비했다고 생각했지만, 중간에 변경한 것도 있고, 예비실험을 통해서 실험에 부족한 것도 알게 되었다. 이론적으로 완벽하다고 느꼈던 가설이나 실험이 생각했던 데로 안 되고, 안 될 때마다 그 이유를 찾아서 해결해야 한다는 점에서 과학탐구가 어렵다는 것을 느꼈다. 그러나 결국 문제를 해결하고 실험을 마쳤을 때는 보람도 있고 실험이 재미있었다.

주제4 이끼

Q1

p.154

해설 이끼가 자라는 데는 빛의 양과 습도, 온도가 중요하다. 이끼는 음지식물이므로 양지식물에서처럼 빛이 많고 온도가 높으면 대기 중 습도가 낮아지므로 이끼가 살기에 좋지 못한 환경이 된다. 또한 강하게 내리쬐는 햇빛은 물을 증발시켜 이끼가 말라죽을 수 있기 때문에 이끼는 그늘지고 서늘하며 습한 곳을 선호한다.

Q2

p.154

예시 생김새와 서식 환경이 비슷하기 때문에 외형만을 보고 이끼라고 이름 붙였을 것 같다.

해설 이끼가 아닌 식물들에게 '이끼'라는 이름이 붙여진 것에는 뚜렷한 근거가 없다. 비슷한 생김새와 서식 환경에서 자라는 식물에 이끼라는 이름이 붙여진 뒤 식물을 연구한 결과 이끼와 같은 선태 식물이 아니라고 밝혀진 것으로 추측할 뿐이다.

p.159

주제 깊이 알기

Q1

정답 ㄱ, ㄴ, ㄹ

해설 선태식물이란 선류와 태류, 각태류를 포함하여 약 2만 3000여종으로 이루어진 최초로 육상생활에 적응한 식물군으로 흔히 이끼식물이라고 한다.

ㄱ. 솔이끼는 선류의 대표적인 예이다.

ㄴ. 우산이끼는 태류의 대표적인 예이다.

ㄷ. 물이끼는 이끼류가 아니라 녹조류에 속한다.

ㄹ. 뿔이끼는 각태류의 대표적인 예이다.

ㅁ. 리트머스이끼는 지의류이다.

Q2

정답 (1) O (2) X (3) O (4) X

해설 (2) 선태식물은 몇 종류는 담수 속에서 자라지만, 대부분 육상에서 생육한다. 습한 땅, 바위 위, 썩은 나무, 나무줄기 등에 착생한다. 또 활엽수의 잎에 착생하는 특수한 것도 있으며, 높은 산꼭대기부터 극지(極地)의 얼음 사이에 모습을 드러낸 바위 등에서도 생육한다. 열대의 강우림 속에서는 특히 많은 종류를 볼 수 있고, 한국에서도 흔히 볼 수 있다. 그럼에도 이끼류가 정말로 살 수 없는 곳은 추운 곳, 건조한 곳도 아닌 인간에 의해 심하게 오염된 지역이다.

(4) 선태식물의 뿌리는 헛뿌리로 몸을 지지하는 역할만 한다.

Q3

해설 이끼는 원시적인 식물이라 꽃이 피지 않고 뿌리와 줄기, 잎의 구별이 뚜렷하지 않다. 뿌리는 헛뿌리로 몸을 지지하는 역할만 하고, 관다발도 발달하지 않아 물과 영양분을 온몸으로 흡수해야 한다. 그래서 대부분의 이끼는 크게 자라지 않고 1~10cm 정도로 키가 작다. 하지만 엽록체를 가지고 있어 햇빛을 이용해 광합성을 할 수 있는 녹색식물로 분류된다.

Q4

해설 작용스펙트럼을 처음으로 실험한 사람은 엥겔으로 이 실험을 엥겔만의 실험이라고 한다. 엥겔만은 프리즘을 사용하여 햇빛을 무지개 빛으로 분산시켜 수생 조류에 비추고, 수조에 호산소세균 군집을 집어넣었다. 호산소 세균은 산소가 많이 발생한 곳으로 모이게 되고, 광합성 작용에는 산소가 생성된다. 따라서 광합성을 활발히 한 조류에는 산소가 많이 발생하므로 이을 통해 어느 파장의 빛을 비춘 조류가 광합성을 많이 했는가를 알 수 있다.

식물이 광합성을 하는 엽록소가 광합성을 많이 하려면 650·680nm의 빨간색 빛과 430·460nm의 보라·파란색 빛을 사용하는 것이 가장 효율적이다. 이를 통해 빨강과 보라·파랑색의 빛이 광합성에 주로 쓰인다는 것을 알 수 있다.

식물은 광합성 하는데 빨강색, 보라·파랑색의 빛을 사용하므로 광합성을 하기 위해서 보라·파랑색의 빛을 흡수하고 초록색은 반사하기 때문에 식물은 초록색으로 보이게 된다. 따라서 빨간색, 파란색, 초록색의 빛 중에서 흡수하지 않고 반사를 많이 하는 초록색 빛이 광합성이 가장 잘 안 된다고 볼 수 있다.

Q5

예시
- 미세먼지를 흡수하고, 공기 중 습도 조절 능력도 뛰어나므로 천연 이끼를 인테리어 소품(액자, 그림 등)이나 가구 등에 활용한다.
- 물을 저장하는 능력을 활용하여 현관 입구에 놓는 매트를 만들면 좋을 것 같다.
- 옥상에 이끼로 만든 타일을 깔아주면 여름철 건물 내부로 흡수되는 열을 최소화할 수 있을 것 같다.
- 건물 외벽을 이끼로 만든 벽돌을 이용하면 외벽이 외부 열을 직접 받을 때보다 열 차단이 잘 될 것 같다.

해설 일본에서 최근 옥상이나 지붕에 이끼를 심어 에너지를 절약하는 시스템이 상품화됐다. 세로 60㎝, 가로 30㎝, 두께 1.7㎝의 인조 잔디 내장 패널을 지붕에 설치하여 이끼의 단열 보온 효과를 이용한 것이다. 이 패널에 주로 심는 이끼는 햇빛을 좋아하고 건조해도 시들지 않는 '모래이끼'이다.

소형 지의류의 일종인 모래이끼는 토양이 필요 없을 뿐만 아니라 물주기, 제초, 방충, 손질 등의 유지보수 작업도 필요가 없으므로 최근 주목받고 있는 녹화 건자재 중 하나이다. 또 길이 20~25㎜까지 성장하는 데 3~4년이 걸릴 만큼 성장 속도가 느리며, 식물 자체의 방열 냉각 효과가 크다는 장점이 있다. 더구나 모래이끼는 옥상이나 지붕 외에 벽면이나 좁은 부분 등 어떤 장소에도 시공할 수 있다.

이끼를 심는 옥상녹화 효과 중 하나는 단열인데, 햇볕이 쨍쨍 내리쬐는 여름철에 건물 내부로 흡수되는 열을 최소화하여 실내 냉방에 드는 에너지를 줄일 수 있다. 옥상을 녹지로 만든 옥상녹화 건물의 경우 여름철 실내 온도가 바깥보다 3~4℃ 낮게 유지되며, 겨울에는 반대로 실내온도를 높여줘 6.4~13.3%의 난방에너지 절감 효과를 거둘 수 있다.

녹지로 된 토지 비율이 높을수록 도시의 지표면 온도도 낮아지는 것으로 알려져 있다. 실제로 일본 도쿄에서는 건물 옥상 면적 83%를 녹화한 결과, 기온이 0.2~1.4℃ 떨어졌다는 연구보고가 있다. 또 대기 상태를 시뮬레이션 한 연구 조사에 의하면, 캐나다 토론토 시내 건물 옥상의 50%를 녹화할 경우 여름철에 도시의 1/3 지역에서 기온이 2℃ 가량 낮아지는 것으로 나타나기도 했다.

탐구 주제 찾기

p.161

Q1

예시
- 쓸모없어 보이는 이끼도 활용도가 참 다양하다.
- 극한 환경에서도 살아남는 이끼가 오염된 환경에서는 자랄 수 없다고 하니 환경이 더 이상 오염되지 않도록 해야겠다.
- 우리 집 주위에서 관찰할 수 있는 이끼는 어떤 종류가 있을까?
- 이끼는 주로 습하고 그늘진 환경에서 자라지만, 양지바른 곳에서 잘 자라는 이끼는 없을까? (서리이끼)
- 내륙에서 자라는 이끼와 섬에서 자라는 이끼의 종류는 다를까?
- 이끼의 생장에 가장 큰 영향을 주는 요인은 무엇일까?

Q2 예시 이끼는 대부분 그늘지고 서늘하며 습한 곳에서 잘 자란다.

Q3 예시 · 우리 주변에서 찾을 수 있는 이끼를 관찰하고, 주변 환경에 대하여 조사한다.
· 같은 이끼를 서로 상반된 조건(음지 vs 양지, 건조한 곳 vs 습한 곳)에 놓은 후 자라는 것을 비교·관찰한다.
· 온도만 달리하여 이끼가 자라는 것을 비교·관찰한다.
· 빛의 파장에 따라 이끼가 자라는 것을 비교·관찰한다.

Q4 예시 [이끼의 수분 저장 능력 확인]
· 동일한 화분에 한 쪽에는 흙만, 다른 한쪽에는 이끼와 흙을 넣은 후, 빠져나오는 물의 양을 비교한다.
[이끼의 정화 능력 확인]
· 이끼 타일을 제작 후, 오염된 공기를 통과시켜 정화 정도를 확인한다.

Q5 예시 · 이끼 생장을 억제하는 어항
· 옥상 녹화 작업에 쓰일 이끼를 이용한 타일
· 공기 정화 이끼 타일

Q6 예시 빛의 파장을 이용한 이끼 생장 억제 탐구

p.163

이끼를 주제로 한 실제 제출된 또래 친구의 탐구 보고서

탐구주제

빛의 파장을 이용한 이끼 생장 억제 연구

탐구동기

우리 집에서는 물고기를 기르고 있는데 물고기가 사는 어항에는 이끼가 자주 낀다. 이끼가 끼면 어항에서 좋지 않은 냄새가 나기도 하고 어항이 지저분해져서 물고기가 잘 살기 힘들기 때문에 주기적으로 청소를 해 이끼를 없애 주어야 한다. 어머니께서 어항을 세척할 때마다 힘들어 하시고 나중에는 이끼가 자주 끼어 매번 번거롭게 어항을 세척해야 하는 어려움이 있다 보니 어항에 이끼가 잘 자라지 않도록 하는 방법에 대해 생각해보게 되었다. 그 중 어항을 햇빛이 잘 들지 않는 곳에 놓으면 이끼가 잘 자라지 않는다는 글을 보고 이끼도 식물이다보니 식물이 가지는 특징을 공유하므로 이끼의 성장이 빛에 민감하게 반응할 것 이라고 생각하였다. 교과서에 나왔던 식물에게 서로 다른 파장의 빛을 쪼여주는 실험처럼 이끼도 어항에 비추는 빛의 파장을 다르게 한다면 자라는 정도가 달라진다고 추측하였다. 따라서 어항에 비치는 빛의 파장(색깔)을 조절하여 어항 생태계에 큰 영향을 미치지 않으면서도 이끼가 잘 자라지 않도록 하는 방법이 있는지 탐구해 보게 되었다.

탐구하고자 하는 내용

1. 어항에 붙일 셀로판지를 통과한 빛의 성질을 알아보기 위한 분광 광도계 실험
2. 빛의 파장에 따른 이끼의 생장 변화 관찰

준비물

1. 분광 광도계 실험
· 플라스틱 큐벳, 셀로판지, 스카치테이프, 가위, 분광 광도계(Scinco, S·4100, range 190~1100nm)
2. 빛의 파장에 따른 이끼의 생장 변화 관찰
· 아크릴 수조(6칸), 수초, 물고기(옐로우 저먼 구피), 작은 자갈, 물, 셀로판지(빨강, 노랑, 초록. 파랑), 검은 도화지, 온도계, pH 종이

실험 과정

1. 분광 광도계 실험

어항에 붙일 셀로판지를 통과한 빛의 성질을 알아보기 위한 도구로는 분광광도계를 사용하였다. 분광광도계를 쓰기 위해 실험실을 알아보던 중 서울특별시교육청과학전시관에 있는 개방형 실험실을 알게 되었다. 그리 되어 인터넷으로 서울특별시교육청과학전시관 사이트에 접속을 해서 예약을 한 후, 관계자와 통화를 해서 실험을 조율하였다. 다만 학교에서 공문을 보내야 허가가 나온다고 해서, 우리 학교에 있는 OOO 선생님께 공문을 보내달라고 요청하여 실험 허가를 받았다.

위 실험에서 어항에 비추는 빛의 파장에 차이를 주기 위하여 셀로판지를 사용하였는데, 셀로판지를 통과한 빛의 파장을 정확하게 알아내기 위해 분광광도계를 사용하여 셀로판지의 파장대별 투광도를 측정하였다.

먼저 셀로판지를 스카치테이프 등을 이용하여 큐벳 한쪽 벽면에 붙인다. 이 때 셀로판지가 큐벳에 간격을 남기지 않고 달라붙도록 하며, 큐벳에 지문 등이 묻어 측정에 방해가 되지 않도록 주의한다. 셀로판지를 붙인 큐벳을 분광광도계에 넣고 가시광선 영역(약 400~700nm)에서 파장별 투광도(Transmittance)를 측정하여 그래프로 만들었다. 실험의 신뢰성을 높이기 위해 3회 반복 측정하여 동일한 그래프가 얻어지는 것을 확인한 후 각각의 셀로판지를 대상으로 한 그래프를 만들었다.

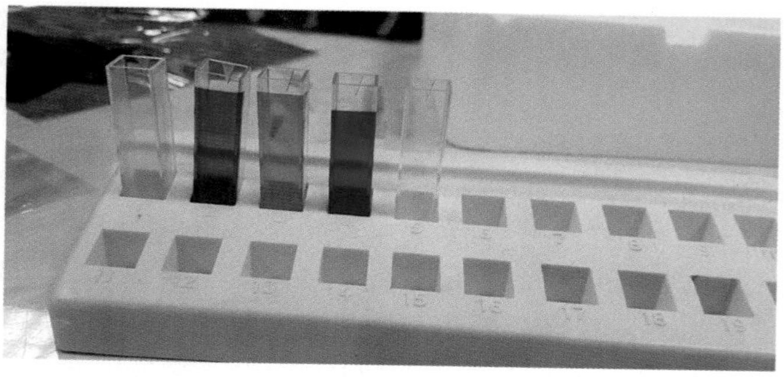

<그림2> 셀로판지를 붙인 큐벳

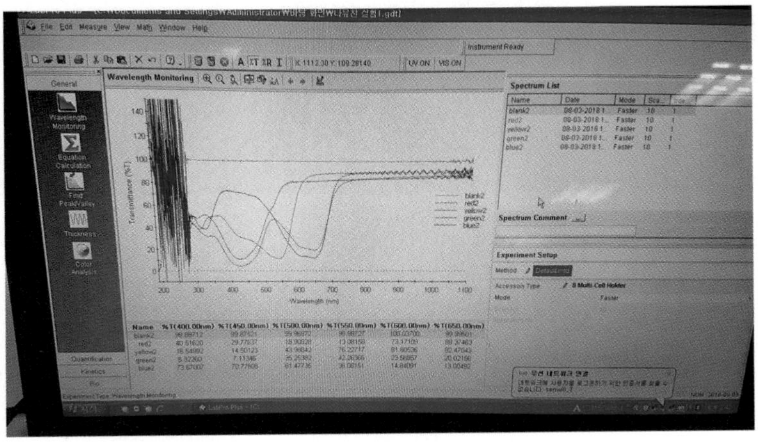

<그림3> 그래프를 만드는 모습

2. 어항 생태계 구성

어항에서 빛의 파장에 따른 이끼의 생장 변화를 관찰하기 위해 어항의 환경과 유사한 인공 수중 생태계를 구성하였다. 인공 생태계의 구성 요소로는 물고기, 수초 등의 생물 요소와 더불어 돌, 물, 온도, pH 등의 비생물 요소를 고려하여 빛의 파장 외에는 동일하게 조정하려고 노력하였다. 또한 이전 실험에서 밝힌 이끼가 잘 자라는 조건을 참고하여 (온도 등) 실험에 적당한 환경을 조성하였다.

실험을 위해 제작한 6칸짜리 아크릴 수조에 수초, 물고기 등의 생물과 더불어 작은 자갈, 돌 등을 넣어주었으며, 같은 수온과 pH의 물을 넣어주었다. 각 실험군마다 빨간색 셀로판지, 노란색 셀로판지, 초록색 셀로판지, 파랑색 셀로판지, 검은색 도화지, 그리고 아무것도 붙이지 않았다. 또한 사전 실험에서 물과 햇빛만으로는 이끼가 자라기 힘들다고 판단되어 원래 물고기를 기르던 어항의 물을 조금씩 넣어주었다. 실험은 집 베란다에서 7일간 진행하였으며 (8/4~8/10), 이끼가 잘 자라도록 하기 위해 온도가 비교적 높고 햇빛이 직접 들지는 않지만 간접적으로 빛이 잘 드는 환경을 조성하였다.

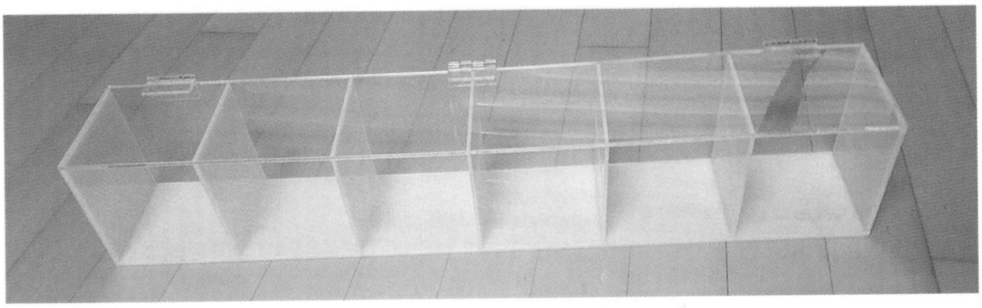

<그림4> 아크릴 수조

<그림6~8> 어항 내부의 모습

3. 어항 생태계 관찰

매일 수조의 환경과 물고기, 이끼의 생장 상태를 대략적으로 관찰하여 기록하였으며, 실험이 종료된 후에는 전체 이끼의 양과 함께 간단한 수질 검사와 물고기의 상태를 관찰하여 빛이 인공 생태계에 미치는 영향을 조사하였다.
1일 1회로 먼저 수온과 pH를 기록하였으며, 물의 탁한 정도를 사진을 찍고, 눈으로 관찰하여 기록하고, 물고기에게 먹이를 줄 때 먹이를 먹고 활동하는 정도를 1분간 영상으로 찍어서 기록하였으며 이끼의 양을 대략적으로 파악하여 기록하였다.

실험 결과

1. 분광 광도계 실험

먼저 빨간색 셀로판지의 경우 약 550nm 근처에서 낮은 투광도를 보였으며, 300~400nm, 650nm~ 영역에서는 높은 투광도를 보였다. 노란색 셀로판지의 경우 약 400~450nm에서 낮은 투광도를 보였으며 500nm~ 영역부터는 높은 투광도를 보였다. 초록색 셀로판지의 경우 400~450nm, 600~650nm 두 영역에서 낮은 투광도를 보였으며, 550nm 부근, 700nm이후에서 높은 투광도를 보였다. 마지막으로 파란색 셀로판지의 경우 600~700nm에서 낮은 투광도를 보였으며, 400~550nm에서 높은 투광도를 보였다. 높은 투광도와 낮은 투광도의 차이는 약 80%와 약 20%로 꽤 많은 차이를 보인다고 할 수 있다. 또한 공통적으로 자외선 영역에서는 그래프가 잘 그려지지 않았고 높은 투광도를 보였다. 기기에서 측정한 그래프를 그래프 1~4에 나타냈다.

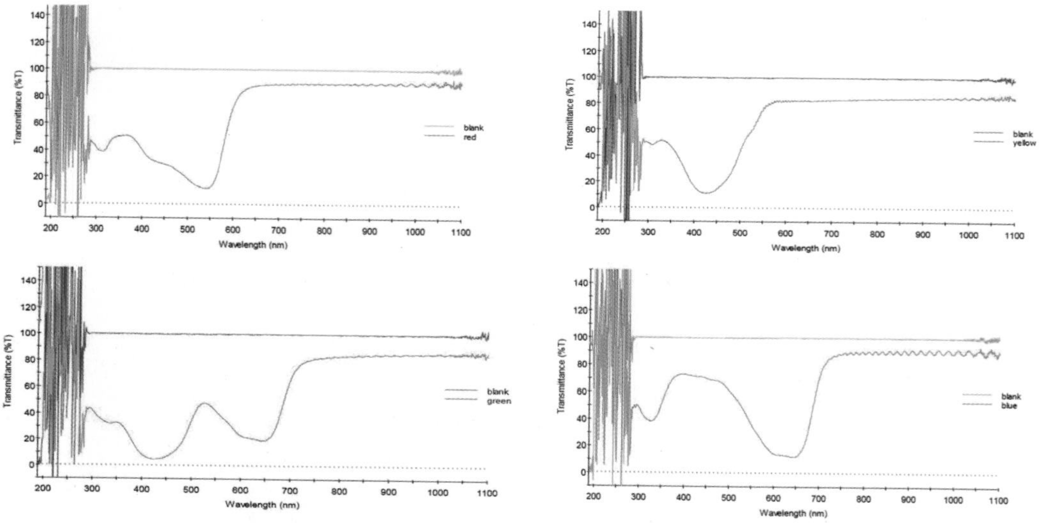

<그래프 1~4> 빨강, 노랑, 초록, 파랑색 셀로판지의 투광도

2. 어항 생태계 실험

〈물의 온도 및 pH 변화, 이끼가 낀 정도, 물의 탁도, 물고기의 활동성 표〉

어항의 온도와 pH는 칸마다 차이가 없이 동일하였으며 표1에서처럼 나타났다. 또한 이끼가 낀 정도, 물의 탁도, 물고기의 활동성을 육안으로 측정하여 그 정도를 1부터 5의 숫자로 표2~4에 나타내었다. (1에 가까울수록 이끼가 적고, 물이 맑고 활동량이 적으며, 5에 가까울수록 이끼가 많고 물이 탁하며 활동량이 많다.)

날짜	8/4	8/5	8/6	8/7	8/8	8/9	8/10
온도(℃)	16	21	21	20	19	18	19
pH	6	7	7	7	7	7	7

<표1> 날짜별 물의 온도 및 pH

날짜	8/4	8/5	8/6	8/7	8/8	8/9	8/10
빨간색	1	1	2	2	2	2	3
노란색	1	1	1	1	1	1	1
초록색	1	1	1	2	3	3	4
파란색	1	1	2	2	2	2	3
검은색 도화지	1	1	2	2	2	2	3
아무것도 X	1	1	1	1	1	1	1

<표2> 이끼가 낀 정도

날짜	8/4	8/5	8/6	8/7	8/8	8/9	8/10
빨간색	1	1	2	2	2	2	3
노란색	1	1	1	1	2	2	2
초록색	1	1	1	2	3	3	4
파란색	1	1	2	2	2	2	3
검은색 도화지	1	1	2	2	2	2	3
아무것도 X	1	1	1	1	1	1	1

<표3> 물의 탁도

날짜	8/4	8/5	8/6	8/7	8/8	8/9	8/10
빨간색	5	3	2	2	1	1	1
노란색	5	3	2	2	1	1	1
초록색	5	3	2	2	1	1	1
파란색	5	3	2	2	1	1	1
검은색 도화지	5	3	2	2	1	1	1
아무것도 X	5	4	4	4	4	3	3

<표4> 물고기의 활동량

<날짜별 관찰 결과>

1일차: 물고기들이 매우 활발하였다. 물고기를 옮길 때 물고기가 많이 움직여서 물고기를 잡기 힘들었을 정도로 엄청난 활발함을 보였다. 또한 먹이를 주었을 때도 먹이를 주자 바로 달려들어서 다 먹을 정도의 식욕을 보이고 원래 기르던 물고기들처럼 물고기들의 전형적인 모습을 띄었다. 수초의 경우도 옮겨 심은 지 얼마 되지 않아 싱싱하다.

<그림9> 1일차 어항의 모습

2일차: 물고기들의 활동이 전날보다 줄어들었고, 자극을 주어도 많이 움직이지 않는 모습을 보였다. 또한 먹이를 주었을 때 먹기는 했으나, 먹이를 남기기도 하는 등 전반적으로 전날에 보였던 물고기의 활동적인 모습은 볼 수가 없었다. 다만 아무것도 붙이지 않은 칸의 물고기는 상대적으로 다른 칸의 물고기들에 비해 활발하고 먹이도 더 먹었다. 아직까지 수초나 물에는 큰 변화가 없다.

<그림10> 2일차 어항의 모습

3일차: 물고기들의 활동량이 1일차, 2일차에 비해 눈에 띄게 많이 줄어들었으며, 아무것도 붙이지 않은 칸의 물고기만 2일차와 같이 활발하게 움직였다. 또한 아무것도 붙이지 않은 칸의 물고기를 제외하고는 먹이를 주어도 많이 남기고 거의 먹지 않았다. 수초도 녹색 셀로판지와 검은색도화지를 붙인 칸을 시작으로 해서 점차 시들어가고 있다. 물도 빨간색, 파란색, 검은색 도화지를 붙인 칸은 약간 탁해지고 있다.

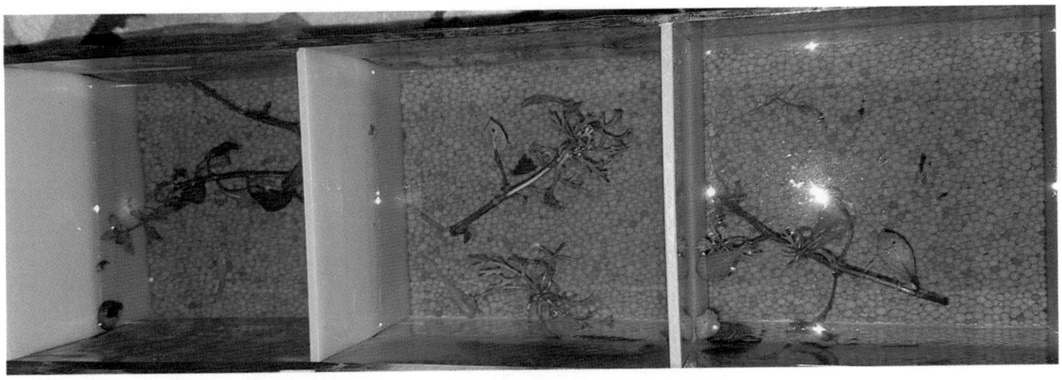

<그림13> 3일차 어항의 모습

4일차: 빨간색과 파란색 셀로판지, 검은색 도화지를 붙인 칸에서 이끼가 잘 보이기 시작했고, 초록색 셀로판지를 붙인 칸도 이끼가 생기고 물이 탁해지기 시작했다. 3일차와 마찬가지로 아무것도 붙이지 않은 칸을 제외한 물고기들은 활동을 거의 하지 않으며 먹이를 남겼다. 수초는 큰 변화는 없지만 이전처럼 싱싱해 보이지는 않는다.

<그림14> 4일차 어항의 모습

5일차: 아무것도 붙이지 않은 칸을 제외한 물고기들의 활동량이 아예 없는 것에 가까워졌으며, 초록색 셀로판지를 붙인 칸의 물고기는 머리를 수조에 박는 등 이상행동이 관측되었다. 빨간색, 파란색 셀로판지를 붙인 칸의 수초는 약간 시들었으며 초록색 셀로판지를 붙인 칸은 수초가 완전히 시들고 물이 혼탁해졌다.

<그림 15> 5일차 어항의 모습

6일차: 5일차와 동일하게 물고기의 활동량이 아예 없고, 특히 초록색 칸의 물고기 상태는 여전히 매우 이상하여 죽을 징조를 보였다. 이끼는 아무것도 붙이지 않은 칸과 노란색 칸을 제외하고 4일차에 비해서 전체적으로 더 증가한 모습을 보였다. 수초도 아무것도 붙이지 않은 칸을 제외하고 전체적으로 시들시들해졌다.

<그림16> 6일차 어항의 모습

7일차: 초록색 칸의 물고기가 죽고, 셀로판지를 붙이거나 검은색 도화지를 붙인 칸의 물고기도 점차 먼저 죽은 초록색 칸의 물고기처럼 죽을 징조를 보이기 시작했다. 아무것도 붙이지 않은 칸의 물고기만 처음 상태와 거의 동일하게 활발하고 먹이를 잘 먹었다. 녹색 셀로판지와 검은색 도화지를 붙인 칸의 수초는 완전히 시들었으며 아무것도 붙이지 않은 칸만 멀쩡했다. 물 역시 전체적으로 탁한 정도가 심해졌으며 특히 녹색 셀로판지를 붙인 칸이 물이 가장 탁하고 이끼도 많았다.

<그림 17> 7일차 어항의 모습

[최종 관찰 결과]

실험이 종료된 다음 날, 물고기들의 상태를 확인하려고 어항을 열어보니 아무것도 붙이지 않은 칸의 물고기만 빼고 모든 칸의 물고기가 다 죽어서 썩은 상태였다. 물은 죽은 물고기들로 인해 오염이 많이 되고 냄새도 많이 났다. 이끼의 경우 정확한 양을 측정하기는 어려웠지만 1부터 5의 척도로 나타내었을 때 빨간색, 노란색, 초록색, 파란색, 검은 도화지, 아무것도 붙이지 않은 칸 순으로 3/2/4/3/3/1 정도로 나타났다. 함께 넣어준 식물의 경우 초록색 셀로판지를 붙인 칸과 검은색 도화지를 붙인 칸은 식물이 시들어 죽은 것을 확인하였다. 노란색 셀로판지와 빨간색 셀로판지, 파란색 셀로판지를 붙인 칸의 수초는 아직 죽지는 않았지만 육안으로 보기에도 상태가 좋지 않았으며, 아무것도 붙이지 않은 칸만 잘 살아있었다. 물의 오염도를 직접 측정하지는 않았지만 전체적으로 물이 혼탁해졌으며 탁도의 차이가 있기는 했지만 공통적으로 물고기의 시체와 남긴 먹이에 의해 물이 약간 오염되었음이 유추되었다.

분석 및 결론

먼저 분광 광도계 실험에서 알아낸 점은 셀로판지의 색깔에 따라 투과시키는 빛의 파장과 그 정도가 다르며, 기존 실험에서 밝힌 셀로판지의 파장 영역과도 대부분 일치하는 경향을 보인다고 할 수 있어 결과 분석의 척도로 사용하기 타당하다고 생각된다. 실험을 진행하는 동안 아무것도 붙이지 않은 칸 외의 다른 칸에서는 물고기와 수초가 약 2~3일차부터 이상을 나타내었으며, 오히려 예상과 달리 셀로판지를 붙이거나 도화지를 붙인 칸에서 이끼가 더 잘 자라는 현상이 관찰되었다. 또한 실험 막바지에는 수초와 물고기가 죽는 현상도 관찰되었는데, 온도와 pH가 동일한 것을 보면 겉으로 보기에는 크게 변화가 없는 것으로 생각되지만 빛의 파장이나 세기 등이 물고기와 식물의 생장 또는 생존에 영향을 미쳤다고 유추한다. 만약 실험 도중 2일차~3일차 정도에 물고기의 행동이 줄어들 때 정확한 수질을 파악할 수 있다면 물고기의 죽음에 있어 빛의 영향이 큰지 아닌지를 알 수 있을 것이라고 생각하였다. 또한 빛이 드는 곳에 놓은 어항에서 이끼가 잘 자란다는 내용의 경우 실험에서 사실이 아님이 밝혀졌으며, 특정 파장의 빛을 막아 해결한다는 처음의 생각이 실제와 맞지 않음을 알아냈다. 또한 노란색 셀로판지와 아무것도 붙이지 않은 칸에서 이끼가 덜 자라는 것을 보아 500nm 이상의 강한 빛이 이끼의 생장을 억제하는 것으로 추측된다. 또한 초록색 셀로판지에서 특히 이끼가 많이 자라는 것으로 보아 600~700nm 파장의 빛이 억제되었을 때 이끼가 더 잘 자란다고 추측된다. 이전에 조사에서 엽록소 A가 흡수하는 빛의 파장이 670nm 정도라고 조사했는데, 이와 상반된 결과를 보이는 것으로 보아 이끼의 생장이 빛에 영향을 크게 받지 않거나 또는 일반적인 식물과는 다른 엽록소 특성을 가져 생장 양상이 달라진다고 유추할 수 있다. 식물의 경우 초록색 셀로판지를 붙였을 때 성장이 현저히 감소함을 관찰하여 기존 문헌과 일치하는 결과를 얻었다. 물고기의 경우 빛의 파장을 조절하거나 빛이 들지 않게 할 경우 물고기의 생체 리듬이 깨져 활동이 급격히 감소하거나 죽는 것으로 생각된다. 따라서 이끼의 생장 억제를 위해 빛을 조절한다는 생각은 이끼의 생장억제에 큰 도움이 되지 않았으며, 오히려 이끼의 생장이 더 빠르게 진행되었다. 이를 통해 이끼는 독립영양생물이기는 하지만 빛보다는 기타 주위 환경에 더 민감하므로 광합성보다는 외부에서 영양소를 얻는 비율이 더 커서 영양염류나 미생물 등의 외부 환경에 더 민감한 것이라고 유추할 수 있다. 따라서 햇빛이 들지 않는 곳에 어항을 놓으면 이끼가 잘 끼지 않는다는 내용은 사실이 아니었으며 오히려 이끼가 더 잘 자라게 하는 환경이 될 수도 있다. 또한 어항에서 이끼가 잘 자라지 못하게 하려면 적정량의 먹이를 주고, 필터 등을 설치하여 부유물이 없도록 하며 산소공급기를 설치하거나 물을 자주 더 부어주거나 갈아주는 것이 좋다. 마지막으로 수중생태계에 악영향을 미칠 위험이 있어 어항을 꾸미거나 할 때 특정 파장의 조명을 설치하는 등의 행동은 바람직하지 않아 보인다.

PART Ⅳ
발명품 대회

해설 및 예시 답안

01 발명을 위한 창의력 향상

Q1 (예시답안) - 개인적인 경험을 떠올려 보고 서술하도록 하자.

p.169

- 나는 과학수업 시간에 다른 애들과 다른 실험방법을 써서 평가 점수를 높게 맞을 수 있었다. (독창성)
- 나는 수학문제를 풀 때 수식에만 의존하지 않고 실생활과 관련지어 문제를 해결하였다.(융통성)
- 나는 물로켓 멀리 날리기를 할 때 페트병이 없어서 고무병을 따로 제작하여 높은 점수를 얻었다.(융통성)
- 나는 탐구활동을 할 때 여러 가지 방법을 동원하여 개미의 생활을 연구하였다.(융통성, 정교성, 독창성, 민감성)

Q2 (정답) - 16개

p.169

Q3 (예시답안) - 몇명이 브레인스토밍을 하여 다양한 답을 써 보자.

p.170

- 코끼리를 창고형 대형 냉장고에 넣는다.
- 새끼 코끼리를 냉장고에 넣는다.
- 냉장고의 안과 밖을 바꾸면 밖에 있는 코끼리가 냉장고 안에 있게 된다. (추운 겨울 밖에 따뜻한 창고를 설치하고, 코끼리를 밖에 두면 코끼리는 냉장고 안에 있는 것과 마찬가지이다.
- 냉장고에 거울을 넣은 후 거울에 코끼리를 비춘다.
- 홀로그램으로 냉장고를 크게 확대하여 코끼리를 비춘다.
- 볼록 렌즈를 사용하여 코끼리의 상이 냉장고 안에 생기도록 한다.

Q4 (예시답안) - '지진' 을 중심으로 핵심적인 생각으로부터 가지를 쳐서 세부적인 생각들을 적어 보자.

p.171

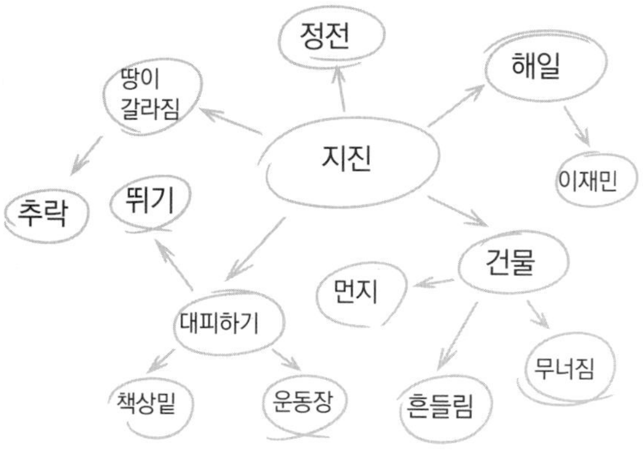

Q5 (예시답안) - PMI 기법은 제안된 아이디어 중 무엇이 최선인지를 파악하여 결정하는 데 필요한 기법이다.

p.171

- P : 플라스틱 쓰레기가 발생하지 않는다. 빨대를 만들면서 나오는 이산화 탄소를 줄일 수 있다. 바나나 껍질을 재활용할 수 있다.

- M : 기존 플라스틱 처럼 잘 구부러지지 않는다. 재질이 약해서 잘 부러진다. 탄산 음료에 변형될 우려가 있다.
- I : 쓸데없는 바나나껍질을 활용할 수 있다. 천연 제품이므로 온실가스가 발생하지 않는다. 플라스틱 절감 운동의 하나이다. 쓰레기 때문에 오염되는 바다 걱정을 할 필요가 없다.

Q6 (예시답안) – 각자 모자색을 정해서 쓰고 역할을 분담하여 이야기해 보자.

p.172

- 나는 노란색 모자를 쓸 것이다. 왜냐하면 나는 긍정적인 사고를 하기를 좋아하고 긍정적으로 생각했을 때 창의적인 아이디어가 떠오르기 때문이다. 그렇게 되면 어떤 사안에 대해 무엇이 타당한지 금방 파악할 수 있다.
- 나는 하얀 모자를 쓸 것이다. 왜냐하면 나는 논리를 잘 따지므로 어떤 사안에 대해 불필요한 점이나 부족한 점을 잘 찾아내는 편이기 때문이다.

Q7

p.173

'누빠콘'의 기능과 적용된 스캠퍼 기법
- 누빠콘의 기능 : 플러그를 콘센트에 꽂아 두면 자연적인 전력 소모가 된다. 그런데 어린이나 노약자가 플러그를 콘센트로부터 분리하기는 쉽지 않다. 그래서 옆에 누름 단추를 두어 단추를 누르기만 하면 쉽게 플러그가 콘센트로부터 분리될 수 있게 되어 있다.
- 적용된 스캠퍼 기법 : ① 결합하기 – 누르는 것과 빼는 것을 결합했다. ② 적용하기 – 누르는 것을 빼는 것에 적용하였다. ③ 제거하기 – 힘들게 빼는 기능을 제거했다. ④ 재배치하기 – 꽂는 부분과 누르는 부분을 재배치했다.

Q8 (예시답안) - 각자 스펀치와 양초를 강제결합하여 우리 생활에 유익한 물건을 생각해 보자.

p.173

- 양초도우미 : 스펀치애 구멍을 내어 양초를 세우는 촛대로 사용한다.
- 양초목욕 : 향초를 켜고 샤워 스펀지를 사용하여 하는 목욕 세트 상품
- 촛농받이 : 스펀지를 초에 감아 흘러내리는 촛농을 흡수하도록 한다.

Q9

p.174

(예시답안) - 각자 모순을 해결하기 위한 아이디어를 떠올려 보자. 유모차는 아이를 태우고 다니면서 돌볼 때는 유용한 것이지만 너무 커서 집에 보관하기가 어렵다.

- 유모차를 접이식으로 만든다.
- 유모차를 바퀴, 몸체, 손잡이를 쉽게 분리할 수 있게하여 조립식으로 만든다.
- 유모차를 바람을 넣는 튜브식으로 만들어 아이를 태울 때에는 바람을 불어넣어 태우고 보관할 때에는 바람을 빼서 보관한다.

Q10 (예시답안) - 각자 창의적으로 문제를 해결하는 방법 중 1개를 선택해서 모순을 해결해 보자.

p.175

- 해결책
- 7. 포개기 , 3. 전체에서 일부를 다르게 하기 기법을 이용하면 말뚝의 끝을 뾰족하게 만들되 끝이 나사를 따라 펴지면서 열리게 만들어서 말뚝을 다 박은 후에 나사를 위에서 돌리면 말뚝의 끝에서 금속이 펴지면서 땅속에 단단하게 고정된다.
- 5. 합치기 29. 공기나 유압을 이용하기 기법을 이용하면 말뚝의 중간 중간에 사방으로 펴질 수 있는 날개같은 것을 합쳐놓고 유압이나 공기압을 이용해 강한 힘으로 펴질 수 있게 하면 말뚝을 박은 후 날개 부분을 펴서 단단히 고정될 수 있게 한다.

02 창의력 개발 훈련

p.176

Q1

문항 분석 및 **평가표**

◆ 문항 분석 : 서로 다른 두 그림을 보고 공통적으로 생각나는 것을 최대한 많이 찾음으로써 유창성, 융통성, 독창성을 평가하는 문제이다.

◆ 평가표

3개 미만 쓴 경우	2점
3개 이상 5개 미만 쓴 경우	3점
5개 이상 쓴 경우	5점

출제자 **예시 답안**

- 흐름(시간의 흐름, 음악의 흐름)
- 좌우(0시부터 6시와 6시부터 12시, 왼손 악보와 오른손 악보)
- 짝꿍(시침과 분침, 음표의 동그라미와 직선)
- 리듬, 박자(똑딱똑딱, 음악 소리 및 3/4박자)
- 높고 낮음(시침과 분침의 길이, 높은음자리표와 낮은음자리표)

Q2

문항 분석 및 **평가표**

◆ 문항 분석 : 주어진 서로 다른 낱말을 골라 문장을 만듦으로써 융통성, 독창성을 평가하는 문제이다.

◆ 평가표

제시어 중 세 개의 단어가 포함되지 않았거나 문맥이 맞지 않은 경우	3점
세 개의 단어가 들어가고, 문맥이 맞는 경우	5점

출제자 **예시 답안**

- 나의 장래희망은 의사 또는 축구선수이다.
- 수박 껍데기는 일반 쓰레기통에 버리면 안된다고 친구가 말해줬다.
- 비가 내려 친구와의 축구 시합이 취소되었다.
- 올해는 비가 많이 내렸지만 수박 농사가 잘 되기를 희망한다.
- 의사 선생님께서 수박을 많이 먹으면 화장실을 비 오듯 갈 거라고 하셨다.
- 축구는 나의 친구이자 희망이다.
- 내 친구가 걱정 따위 쓰레기통에 버리고, 희망적인 생각을 하라고 충고해 주었다.
- 친구와 함께 쓰레기통의 축구공 삼아 축구를 하였다.
- 비 오는 날 친구와 함께 수박을 먹으며 희망을 이야기했다.
- 의사인 내 친구가 집에 오는 날이면 이상하게도 비가 내린다.

Q3

문항 분석 및 **평가표**

◆ 문항 분석 : 서로 다른 두 물체를 함께 사용하여 새로운 물건을 만드는 방법을 최대한 많이 찾음으로써 유창성, 융통성, 독창성을 평가하는 문제이다.

◆ 평가표

3개 미만 쓴 경우	2점
3개 이상 5개 미만 쓴 경우	3점
5개 이상 쓴 경우	5점

출제자 예시 답안

이름	용도
양초 도우미	스펀지에 구멍을 뚫고 초를 꽂아 촛대로 사용한다.
향초 목욕	향초를 켜고 샤워 스펀지를 사용하여 하는 목욕 세트 상품
촛농 받이	스펀지를 초에 감아 흘러내리는 촛농을 흡수하도록 한다.
촛농 아트	색깔 초를 사용하여 스펀지에 촛농을 떨어뜨려 색을 입힌 스펀지 장식품

Q4

문항 분석 및 평가표

◆ 문항 분석 : 독창적인 아이디어를 평가하는 문제이다.

◆ 평가표

직접 글을 써야만 가능한 기능이 아닌 경우	1점
재미있거나 신기한 기능을 탑재한 경우	5점

출제자 예시 답안

➩ 마우스 연필 (마우스를 잡는 형식으로 된 연필을 만들어 마우스를 움직이면 글씨가 써지도록 한다.)
➩ 조아 연필 (학생이 좋아하는 캐릭터 모형이 달린 연필)
➩ 트윙클 연필 (글을 쓸때마다 플래시가 나오도록 한다.)
➩ 다 듣다 연필 (쓰는 글씨가 녹음되는 기능을 갖는 연필)
➩ 글만이 (연필로 된 특수 펜으로만 글을 인식하는 태블릿 PC)

Q5

문항 분석 및 평가표

◆ 문항 분석 : 서로 다른 두 그림을 보고 공통적으로 생각나는 것을 최대한 많이 찾음으로써 유창성, 융통성, 독창성을 평가하는 문제이다.

◆ 평가표

공통점 1개 작성	1점	공통점 3 ~ 4개 작성	4점
2개 작성	3점	5개 이상 작성	5점

출제자 예시 답안

수박과 축구	① 수박과 축구에 사용되는 공은 모두 동그란 모양이다.(수박과 축구에 사용되는 공은 모두 껍질이 있다, 수박과 축구에 사용되는 공은 모두 무늬가 있다.) ② 좋아하는 사람도 있지만 싫어하는 사람도 있다. ③ 'ㄱ' 받침을 갖고 있다.(2글자이다, 'ㅜ' 가 들어가는 단어이다.) ④ 초록색과 관련이 있다. (수박의 바탕색은 초록색, 축구 필드도 초록색)
의사와 비	① 꼭 필요한 존재이다. ② 늘 만나고 싶은 것은 아니다. ③ 받침이 없는 단어로 되어 있다.
수박과 비	① 갈증을 해소시켜 준다.(시원하게 해준다.) ② 물이 주요성분이다. ③ 주로 여름에 많이 만난다. ④ 먹을 수 있다. ⑤ 좋아하는 사람도 있지만 싫어하는 사람도 있다. ⑥ 'ㅂ' 이 들어가는 단어이다.

수박과 의사	① 초록색과 관련이 있다(수박의 겉면은 초록색, 의사의 수술복도 초록색). ② 다루기 어렵다(수박은 떨어뜨리면 깨질 염려가 있으며, 의술은 매우 신중히 다뤄야 한다).
의사와 축구	① 전문가가 있다.(직업이 된다.) ② 유니폼을 입는 경우가 많다. ③ 사람들에게 무언가를 준다. (의사는 도움, 축구는 재미) ④ 결과가 있다. ⑤ 바로 실전에 투입될 수 없다. ⑥ 꾸준한 연습과 실력이 필요하다.

Q6

문항 분석 및 평가표

◆ 문항 분석 : 서로 관계가 없어 보이는 물건들을 이용하여 최대한 실현 가능한 방법을 다양하게 설명하는 것이 중요하다. 이때 주어진 물건을 본래 용도와 다르게 활용한다면 좋은 점수를 얻을 수 있다.

◆ 평가표

1개	2개	3개	4 ~ 5개	5개 이상 창의적인 질문
1점	2점	3점	4점	5점

출제자 예시 답안

① 늦잠을 잘 때마다 통장에 벌금을 넣게 한다.
② 매일 운동화를 신고 조깅을 하거나 규칙적인 운동을 하여 일찍 잠자리에 들 수 있도록 한다.
③ 책상 위에 알람 시계를 5개 이상 놓고 5분 간격으로 울리도록 한다.
④ 지각하지 않을 때마다 통장에 용돈을 넣어준 후 지각을 극복하면 원하는 것을 사준다고 한다.
⑤ 신발을 이용한 골드버그 장치를 만들어 자명종이 울리면 머리 위에 신발이 떨어지도록 한다

Q7

문항 분석 및 평가표

◆ 문항 분석 : 평소에 물건에 대한 특성을 생각해 보고, '좀 더 좋게 만들기 위해 어떻게 하면 좋을까?' 라는 희망 사항을 적어 보는 습관이 문제 해결에 도움이 된다.

◆ 평가표

(1) 채점 기준

1 ~ 2가지 작성	1점
3가지 이상 작성	2점

(2) 채점 기준(추가점수)

(1)의 불편한 점에 대한 개선을 모두 작성	1점
동전에 넣고 싶은 도안만 작성	
개선점과 도안에 대한 설명을 모두 작성	2점
자세한 개선점과 창의적인 도안에 대한 설명을 모두 작성	3점

출제자 예시 답안

(1) ① 동전이 많이 모이면 무거워 들고 다니기 불편하고, 부딪치면 소리가 난다.
② 크기가 제각각이라서 휴대하기 불편하다.
③ 동그랗고 납작하여 떨어뜨리면 굴러가서 잃어버리거나 줍기가 불편하다.
④ 작고 동그랗다 보니 아이들이 입에 넣을 위험이 있다.

(2) [불편한 점을 개선한 동전]
① 더 가벼운 소재를 이용하여 동전을 만든다.
② 10원, 50원, 100원, 500원짜리 동전을 같은 크기로 만든다.
③ 동전을 네모난 모양, 자석에 붙는 소재를 이용하여 만들면 굴러가지도 않고 떨어뜨려도 자석을 이용하여 쉽게 주울 수 있도록 한다.

[도안] 우리나라 국기인 태극기나 국화인 무궁화를 넣고 싶다. 다른 나라들과 같이 유명한 위인들과 대표적인 건축물들은 이미 화폐 도안으로 쓰이고 있다. 하지만 나라를 상징하는 국기와 국화는 아직 사용하고 있지 않기 때문에 나라를 상징하는 의미로 동전에 도안으로 넣고 싶다.

Q8

문항 분석 및 **평가표**

◆ 문항 분석 : 일상생활 속에서 쉽게 접할 수 있는 물건들을 다양하게 떠올려 보고, 이들이 각각 어떻게 구성되어 있는지를 생각해 본다면 답을 구하기 쉽다.

◆ 평가표

조건에 알맞은 물체를 2가지 이하로 서술한 경우	1점
조건에 알맞은 물체를 3 ~ 4가지 서술한 경우	3점
조건에 알맞은 물체를 5가지 이상 서술한 경우	5점

출제자 **예시 답안**

① 창문틀 + 창문
② 반찬통 뚜껑 + 유리 반찬통
③ 음료수 병 라벨 + 음료수 병
④ 전구, 안경, 주사기, 볼펜
⑤ 아동용 우산의 투명 창
⑥ 음료수 병 뚜껑 + 음료수 병
⑦ 바닥이 뚫린 해상 케이블 카
⑧ 테이크 아웃 컵에 세겨진 커피숍 로고 + 테이크 아웃 컵

Q9

문항 분석 및 **평가표**

◆ 문항 분석 : 해파리의 피해 및 퇴치 방법에 대한 다양한 방법을 제시함으로써 유창성과 융통성을 평가하는 문제이다.

◆ 평가표

㉠, ㉡ : 3개 미만 쓴 경우	각각 1점
㉠, ㉡ : 3개 이상 쓴 경우	각각 2점
㉠, ㉡ 둘다 3개 이상 쓴 경우	plus 1점

출제자 **예시 답안**

㉠ ● 물고기의 먹이인 소형 플랑크톤을 잡아먹어 물고기의 생존을 위협하기 때문에 해양생태계 먹이사슬을 파괴한다.
● 해안가로 밀려온 해파리들은 사람을 쏘아 혈압을 떨어뜨리고 알레르기를 일으키며, 심한 경우 사망에 이르게 한다.
● 해파리가 그물에 대량으로 걸려 올라오면 어획량이 감소한다. → 조업에 지장을 초래한다.
● 원자력발전소에서는 원자로의 열을 식히는 냉각수로 해수를 이용하는데, 해파리가 원자력발전소의 취수구(강, 호수 등에서 상수도, 발전용수로 등으로 물을 끌어들이는 입구)를 틀어막으면 원자력발전소의 가동이 멈춰야 하는 상황이 발생하여 막대한 손실이 발생한다. → 이물질 유입을 막기 위해 취수로에 쳐 놓은 망에 해파리들이 달라붙어 냉각수 유입을 가로 막아 냉각수가 원활히 유입되지 못하면서 원전 가동이 중단되는 사태까지 벌어져 원전정지와 발전량 감소 등 엄청난 손실이 발생했다.

㉡ ● 쥐치, 개복치, 거북이, 연어, 고등어, 병어, 상어, 참치 등과 같은 해파리의 천적을 방류한다.
● 해파리는 지구 온난화로 인해 수온이 상승할 때 증가하므로 해수 온도가 상승하는 시간에 해파리가 상습적으로 나타나는 곳에 집중적으로 그물 또는 망을 이용하여 해파리 수거 작업을 진행한다.
● 해파리의 위치를 파악할 수 있는 드론과 같은 무인 비행선, 해파리가 많이 모일 수 있도록 대형 그물로 유인하는 로봇 등을 이용하여 그물로 해파리 떼로 몰고 지나가면, 부드러운 외피를 갖는 해파리는 그물에 걸리거나 스치면서 조직이 찢어져 죽는다.

Q10

문항 분석 및 **평가표**

◆ 문항 분석 : 일상생활 속에서 감각기관을 대체하고 있는 기구를 최대한 많이 찾아서 답하는 문제로서 유창성, 융통성을 평가하는 문항이다.

◆ 평가표

1 ~ 2가지를 바르게 서술한 경우	1점
3 ~ 4가지를 바르게 서술한 경우	3점
5가지 이상 서술한 경우	5점

출제자 예시 답안

현미경, 안경, 내시경, X-ray, 보청기, 청진기, 온도계 등

해설 시각 - 눈
① 현미경 - 눈으로 볼 수 없는 미시 세계 관찰
② 안경 - 시력이 나쁜 눈을 정상 시력으로 만들어 줌
③ 내시경(X-ray) - 신체 내부를 볼 수 있게 됨

청각 - 귀
① 보청기 - 소리를 증폭시켜 줌
② 청진기 - 신체 내부의 소리를 듣게 됨

촉각 - 피부
① 온도계 - 물체의 온도를 정밀하게 측정

Q11

문항 분석 및 평가표

◆ 문항 분석 : 자전거의 불편한 점과 그 해결책을 쓰는 문제로써 유창성, 융통성, 독창성을 평가한다.

◆ 평가표

편리한 점과 불편한 점 그리고 그 해결책을 3개 미만 쓴 경우	2점
편리한 점과 불편한 점 그리고 그 해결책을 3개 모두 쓴 경우	5점

출제자 예시 답안

	편리한 점	불편한 점과 그 해결책
1	연료가 필요없다. (환경 친화적)	계단 이동이 불편하다. 해결 방법 ⇨ 계단에서는 접어서 들 수 있도록 만든다.
2	간편한 이동 수단이다. (걷는 것보다 빠름)	잠금 장치가 없으면 잃어버리기 쉽다. 해결 방법 ⇨ 자전거에 GPS를 설치한다.
3	전신운동이 된다.	비나 눈이 올 때 사용하기 곤란하다. 해결 방법 ⇨ 자동차의 썬루프처럼 자전저 안장 뒤쪽에서 우산처럼 펴지는 썬루프를 설치한다.

Q12

문항 분석 및 평가표

◆ 문항 분석 : 빨대의 용도를 다양하게 묻는 문제로 융통성, 독창성을 평가한다.

◆ 평가표

1개 쓴 경우	2 점
서로 다른 용도로 2개 이상 쓴 경우	5 점

출제자 예시 답안

빨대	본래 용도 이외 사용 방법
1	1 ~ 2cm씩 잘라 쿠션에 솜 대신 넣어 사용한다.
2	빨대를 세로로 칼집을 내어 전선을 고정시키는 데 사용한다.
3	빨대를 실로 연결하여 깔개 또는 쿠션으로 사용한다.

Q13

문항 분석 및 평가표

◆ 문항 분석 : 일상 생활의 계절 변화에서 불편했던 점을 떠올리고 그 해결 방안을 떠올림으로써 주변 환경에 대한 민감성과 그 해결 능력을 평가한다.

◆ 평가표

계절의 불편한 점 그리고 그에 대한 해결책을 쓴 경우	3점
계절의 불편한 점 그리고 그에 대한 흥미로운 해결책을 쓴 경우	5점

출제자 **예시 답안**

(1) 봄 ① 황사, 미세먼지 : 마스크를 낀다.
② 꽃샘추위 : 겉옷을 들고 다닌다.
(2) 여름 ① 자외선 : 선크림을 바른다.
② 더위 : 지하도에 들어간다.
③ 모기 : 모기장을 치고 잔다.
(3) 가을 ① 낙엽 : 나무 밑에 그물을 깔고 떨어진 낙엽을 수거한다.
② 산불 : 산에서 불을 쓰지 않는다.
(4) 겨울 ① 추위 : 옷을 두껍게 입는다.
② 빙판길 : 소금이나 모래를 뿌린다.

Q14

문항 분석 및 **평가표**

◆ 문항 분석 : • 알코올 램프의 불편하고 위험한 점을 골라내고, 이를 해결할 새로운 램프를 구상할 수 있는지를 평가하는 문항이다.
• 평소에 물건의 특성을 생각해 보고 좀 더 좋게 만들기 위해 어떻게 하면 좋을지 생각해 보는 연습이 이러한 문제 해결에 도움이 된다.

◆ 평가표

1~2가지의 불편함을 해결할 새로운 알코올 램프를 구상했을 경우	3점
모든 불편함을 해결할 새로운 알코올 램프를 구상했을 경우	5점

출제자 **예시 답안**

넘어뜨렸을 때 알코올이 쏟아지지 않기 위해 뚜껑을 돌려서 여는 별도의 투입구를 만든다. 그러면 램프의 불을 사용하고 있는 도중에도 알코올을 보충해줄 수 있다.
알코올 램프의 심지를 3개를 설치한다. 필요할 때 여러 개의 불을 켜면 불의 세기를 조절할 수 있으므로 심지를 올리고 내릴 수고를 덜 수 있다.

Q15

문항 분석 및 **평가표**

◆ 문항 분석 : • 손전등을 목적에 맞게 개량하는 아이디어를 산출하는 문제이다.
• 정해진 주제에 대해 PMI 기법에 해당하는 장점(Plus), 단점(Minus), 흥미로운점(Interesting)을 집중탐구하여 다양한 아이디어를 산출해 본다.

◆ 평가표

손전등의 바뀌었으면 하는 부분을 서술한 경우	3점
손전등의 바뀌었으면 하는 부분을 서술하고 이를 활용한 개량 발명 아이디어를 제시한 경우	5점

출제자 **예시 답안**

① 양손으로 작업하고 싶을 때 한 손으로 손전등을 들어야 해서 불편하다 : 줄을 연결하여 목에 걸거나, 허리띠나 옷 넥라인 등에 고정시킬 수 있는 손전등

② 장소에 따라 빛의 세기가 너무 강하거나 부족해진다 : 빛의 세기를 필요에 따라 조절할 수 있는 손전등

③ 빛을 비추는 기능 외에 다른 기능을 할 수 있으면 좋겠다 : 빛을 비추는 것 뿐만 아니라 드라이버, 집게 등의 기능을 할 수 있는 부분이 장착된 손전등

Q16

문항 분석 및 평가표

◆ 문항 분석 : • 고무 바퀴와 나무 바퀴의 차이를 다양한 관점에서 찾고(융통성), 이를 정교하게 설명할 수 있는지를 평가하는 문항이다.
• 평소에 물건의 특성을 생각해 보고 좀 더 좋게 만들기 위해 어떻게 하면 좋을지 생각해 보는 연습이 이러한 문제 해결에 도움이 된다.

◆ 평가표

이유만 설명한 경우	3점
과학적 원리를 들어 이유를 설명하고, 장점을 바르게 서술한 경우	5점

출제자 예시 답안

나무로 된 바퀴는 거친 길에서 부서지기가 쉽고, 바퀴 테두리가 쉽게 닳는 단점이 있다. 이를 보완하기 위해 바퀴 테두리를 짐승 가죽이나 금속 등으로 씌워 보호하기 시작하였고, 고무가 발명되면서 고무 재질로 대체되었다. 고무는 나무나 금속처럼 땅에서 잘 미끄러지지 않았고, 차체에 충격도 덜 전달하는 장점이 있다.

Q17

문항 분석 및 평가표

◆ 문항 분석 : • 정답이 있는 문제는 아니지만, 과거와 현재의 다양한 발명품 중 생활을 가장 많이 변화시킨 발명품과 그 이유 사이에 분명한 연결 관계가 존재해야 한다.
• 생활용품, 교통수단 등 다양한 범주에서 찾아본다.

◆ 평가표

타당한 발명품을 제시한 경우	3점
타당한 발명품을 제시하고 그 이유를 잘 설명한 경우	5점

출제자 예시 답안

① 나는 비행기가 인류의 생활을 변하게 한 가장 창의적인 발명품이라고 생각한다. 비행기가 없었다면 전 세계가 교류하는 데 시간이 그만큼 오래 걸리기 때문에 정보를 교환하고, 물자를 교환해 가면서 발전하기가 어려웠을 것이다.
② 나는 바퀴가 인류의 생활을 변하게 한 가장 창의적인 발명품이라고 생각한다. 바퀴가 없었다면 무거운 물건을 운반하는 것이 매우 어렵고, 운송 수단이 발달할 수 없기 때문에 지금과 같은 건축물들이 생길 수 없었을 것이다.
③ 나는 컴퓨터가 인류의 생활을 변하게 한 가장 창의적인 발명품이라고 생각한다. 그 이유는 컴퓨터를 통해 모든 정보를 빠르고 쉽게 접할 수 있게 되었으며, 더욱 많은 사람을 만나고 의견을 교환할 수 있게 되었기 때문이다.

Q18

문항 분석 및 평가표

◆ 문항 분석 : • 주어진 시간 안에 재활용품을 활용한 적절한 아이디어를 얼마나 생각해 낼 수 있는지, 경험에 제약을 받지 않고 고정관념을 탈피하여 아이디어를 낼 수 있는지를 통해 유창성과 독창성을 평가하는 문항이다.
• 재활용품이 각각 어떤 특성이 있는지 정리해 보고, 그 특성을 어떻게 활용하면 좋을지 생각해 본 후, 각각에 살을 붙여 아이디어를 다듬는 것이 좋다.

◆ 평가표

단순하게 재사용하는 방법만 설명한 경우	1점
둘 중에 하나만을 활용한 방법만 그림 또는 글을 이용하여 설명한 경우	2점
그림만을 이용하여 각각의 활용법을 설명한 경우	3점
구체적인 방법을 논리적인 글로 각각 설명한 경우	4점
구체적인 방법을 그림과 글을 이용하여 창의적으로 각각 2가지 이상 서술한 경우	5점

출제자 **예시 답안**

① 플라스틱 물병을 반으로 자른 후 밑에 물빠짐 구멍을 뚫어 작은 화초를 기를 수 있는 화분으로 이용한다.
② 철사로 된 옷걸이를 잘라서 작품(인테리어 소품)을 만든다.
③ 철사로 된 옷걸이를 구부리거나 잘라서 신발 걸이, 핸드폰 거치대로 이용한다.

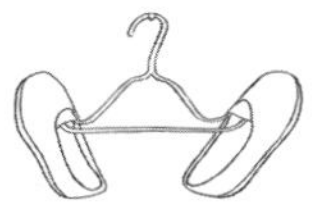

Q19

문항 분석 및 **평가표**

◆ 문항 분석 : 옛날부터 지금까지 비슷한 용도로 사용하고 있는 물건을 최대한 많이 찾음으로써 유창성을 평가하는 문제이다.

◆ 평가표

3개 미만 쓴 경우	2점
3개 이상 5개 미만 쓴 경우	3점
5개 이상 쓴 경우	5점

출제자 **예시 답안**

옛날 물건	현재의 물건
화로	전기난로
인두와 다듬이	전기다리미, 스팀다리미
가마솥	전기밥솥, 즉석밥
김치보관 항아리(김칫독)	김치냉장고
호롱불	전등

Q20

문항 분석 및 **평가표**

◆ 문항 분석 : • 현재 사용하고 있는 물건을 대체할 수 있는 과거의 물건들을 떠올려보면 답을 구하기 쉽다.
• 단순히 '기술이 발달하기 때문에' 와 같은 답변은 좋은 점수를 받을 수 없다.

◆ 평가표

1 ~ 2개	2점
3개 이상	3점
각각의 이유를 논리적으로 서술	5점

출제자 **예시 답안**

① 종이가 사라질 것이다.
☞ 책은 점차 전자책으로 대체되고 있으며, 현금 또한 전자 지불 시스템 등으로 바뀌고, 도서관도 컴퓨터를 통한 정보의 습득으로 사라지게 되어 종이가 점차 사라질 것이다.
② 도로표지판과 내비게이션이 사라질 것이다.
☞ GPS 를 통해 운전하는 무인 자동차가 활성화되면 표지판이나 내비게이션은 사라지게 될 것이다.
③ 상점(가게)들이 사라질 것이다.
☞ 점차 온라인 구매가 확대되면서 오프라인 매장은 사라지게 될 것이다.

점수에 따른 **성취도 등급**

총점 100점

등급	1등급	2등급	3등급	4등급	5등급
점수	90점 이상	70점 이상 ~ 89점 이하	50점 이상 ~ 69점 이하	30점 이상 ~ 49점 이하	29점 이하
성취도	창의력이 뛰어난 영재	창의력이 매우 우수한 준영재	창의력이 우수한 학생	잠재적인 창의력을 가지고 있는 학생	노력하면 창의력을 발전시킬 수 있음

03 발명품 대회 주제 찾기

A. 발명 아이디어 연습하기

예시 01 세척할 때 떼고 붙이기 불편한 냄비뚜껑 손잡이

p.187

Q1 (예시 답안) - 자유롭게 써 보자.

· 야외에서 친구들과 야영할 때 국을 끓이다 보면 뚜껑 연결 부위에 양념 등이 많이 낀다.
· 분리해서 설겆이하면 깨끗하게 설겆이 할 수 있겠다.
· 분리해서 설겆이해서 말리고 다시 조립하고 하는 것은 매번 그렇게 하기에 귀찮은 일이다.

Q2 (예시 답안) - 다양한 해결책을 제시해 보자.

방법1) 냄비뚜껑 안쪽 고정 부분과 바깥쪽 손잡이 부분에 자석을 부착하여 붙이고 뗄 때에는 자석 떼는 도구를 이용하여 떼고, 설겆이 후 다시 붙인다. 자석 떼는 도구는 싱크대에 항상 비치해 둔다. 옷가게 에서 자석을 옷에 붙여 놓고 팔리면 자석을 떼내어 주는 원리를 이용한다. 자석은 네오디뮴 자석 등을 이용한다.

방법2) 냄비뚜껑 안쪽 고정 부분과 바깥쪽 손잡이 부분을 홈을 내어 손잡이를 돌려서 꼭 끼게 하는 방법으로 고정시키고 분리할 때에는 손잡이를 돌려서 손쉽게 빼내서 설겆이한다.

예시 02 빨대! 환경과 위생과 편리함을 한번에?!

p.188

Q3 (예시 답안) - 자유롭게 써 보자.

· 빨대는 플라스틱 쓰레기이고 분해되는데 수백 년 걸린다.
· 길거리에 플라스틱 음료수 통에 빨대가 그대로 꽂혀서 아무렇게나 버려진 것이 많이 있다.
· 누구나 거리에서 커피통에 빨대를 꽂아서 먹는다.
· 플라스틱 빨대를 쓰지 않는 업체가 생기고 있다.

Q4 (예시 답안) - 다양한 해결책을 제시해 보자.

방법1) 쓸데없이 버려지는 바나나껍질을 개량하여 빨대를 만든다. 쉽게 분해되므로 플라스틱 오남용의 걱정이 없을 것이고, 길이와 굵기를 다양하게 하여 세트로 진열하여 놓는다. 필요한 사람이 선택하여 뽑을 수 있게 하되, 다른 것을 잘 만질 수 없도록 진열통에 뚜껑을 만들어 놓는다.

방법2) 빨대를 녹말 성분으로 만들고 길이와 굵기를 다양하게 하여 뚜껑이 있는 통에 진열해 놓는다. 주름을 넣어 쉽게 길이를 조절할 수 있도록 한다.

예시 03 들고 다닐 수 있는 카트가 필요해!

p.189

Q5 (예시 답안) - 자유롭게 써 보자.

· 마트에서 물건을 살 때 일일이 카트를 챙기기는 불편하다.
· 마트에서 물건을 살 때는 주로 배달을 시키는데 배달이 늦거나 배달을 안 해주는 마트도 많다.
· 여행용 캐리어를 출장 때마다 들고 다니기는 좀 그렇다.
· 휴대하기 편하면서도 바로 펼쳐서 짐을 운반할 수 있는 카트가 있다면 나도 바로 구입해야 겠다.
· 멀리 여행갈 때 짐이 많은 경우 캐리어가 너무 많은데, 캐리어를 한꺼번에 간단히 실을 수 있으면 좋겠다.

Q6 (예시 답안) - 다양한 해결책을 제시해 보자.

방법1) 몸체를 금속 지지대 부분과 천 부분으로 나누어서 금속 지지대 부분은 카메라 삼각대 처럼 길이를 줄였다 뺐다 할 수 있는 방법으로 잘 접히게 하여 전체적으로 접었을 때 작은 가방 모양이 되게 한다.

방법2) 공기의 힘을 이용하는 수륙양용차 호버크래프트의 원리를 이용해 바람을 집어넣으면 공중에 뜰 수 있는 장치를 개발해 평상시엔 바람을 빼서 가지고 다니다가 무거운 짐을 실을 때는 바람을 넣어서 짐을 싣고 지면에 살짝 뜬 상태에서 밀고 다닌다. 펼치는 순간 자동으로 바람이 들어가 호버크래프트의 모양으로 변하는 장치도 가능하다.

예시 04 헤라 없이 편하게 신발을 신을 수는 없을까?

p.190

Q7 (예시 답안) - 자유롭게 써 보자.

· 운동화를 신을 때 바쁘면 운동화를 그냥 구겨 신는다.
· 운동화도 뒤축이 높아서 헤라가 있으면 편하게 신을 수 있다.
· 딱 맞는 구두는 헤라가 없으면 잘 신을 수 없다.
· 헤라가 없어도 편하게 신을 수 있도록 신발 회사에서 신경을 써야겠다.

Q8 (예시 답안) - 다양한 해결책을 제시해 보자.

방법1) 신발 뒤축 부분을 개방형으로 만들고 스프링을 두어 신발을 신고 발뒤꿈치로 스프링을 누르면 스프링이 작동하여 신발 뒤축이 자동으로 발을 감싸게 한다. 신발을 벗을 때는 신발에 장치된 버튼을 누르면 신발 뒤축 스프링이 작동되어 뒤축이 발로부터 벗겨지며 밑창에 고정된다.

방법2) 신발을 슬리퍼 모양으로 만들고 보통 때는 슬리퍼처럼 신고 다니다가 운동화처럼 신고 싶을 때는 버튼을 눌러 자동으로 운동화 뒤축이 발을 감싸게 한다.

예시 05 이리 데굴, 저리 데굴, 잃어버리기 쉬운 연필 뚜껑

p.191

Q9 (예시 답안) - 자유롭게 써 보자.

· 연필뿐만 아니고 플러스펜이나 볼펜도 뚜껑을 잃어버리는 경우가 많다.
· 플러스펜이나 연필 뚜껑이 없어지는 경우 찾기가 무지 힘들다.
· 필통 속에 필기구가 너무 많으면 연필이나 플러스펜 뚜껑 때문에 필통이 너무 뚱뚱해진다.

Q10 (예시 답안) – 다양한 해결책을 제시해 보자.

(방법) ① 연필 뚜껑을 신축성 있는 고무 재질로 연필 끝 모양으로 얇게 만들어 연필에 꽂았을 때 표시가 잘 안나고 잡았을 때 손하고 밀착 정도가 좋아 끼우고 쓸 때 더 편하게 느낄 수 있도록 한다.

② 연필 뚜껑 앞 끝 가운데에 연필심이 나올 만한 구멍을 낸다.

③ 연필을 쓸 때에는 앞부분을 살짝 눌러서 연필심이 나오게 하여 쓰고, 안쓴 상태로 얼마 정도 시간이 흐르면 저절로 연필을 덮을 수 있도록 신축성 있는 고무 재질로 연필 뚜껑을 만든다.

예시 06 영미~ 영미~ 스위핑

p.192

Q11 (예시 답안) - 자유롭게 써 보자.

· 게임 중에 스톤이 하우스의 버튼 가운데에 정확히 멈추게 하는 것을 보면 연습량이 대단했던 것 같다.
· 열심히 스위핑을 하면 마찰력이 줄어 스톤이 더 멀리 진행할 것이다.
· 진행하는 스톤이 시계 방향으로 돌면 오른쪽으로 반시계 방향으로 회전하면 왼쪽으로 경로가 휜다.
· 제일 마지막에 던지는 스킵의 능력이 전 게임의 승패를 결정할 것 같다.
· 연습할 때 볼 수 있는 한발로 스케이팅하며 일렬로 가는 것은 보기에는 쉬울 것 같은데 매우 따라하기 어렵다고 한다.

Q12 (예시 답안) – 다양한 해결책을 제시해 보자.

방법1) 스톤 게임의 바닥에 돌기를 설치하고 돌기의 개수를 변화시킬 수 있게 하면 스위핑의 효과를 낼 수 있다. 바닥은 매우 매끄러운 재질로 하고, 군데군데 구멍을 내어 작은 돌기가 적당한 갯수만큼 바닥으로 올라올 수 있도록 하면 그 바닥에서 스톤이 미끄러지다가 돌기로 인해서 마찰력이 증가하며, 돌기가 많을수록 더 멀리 진행하지 못한다. 게임 시에는 스톤의 속도에 따라 돌기의 갯수를 조절할 수 있다.

방법2) 스톤에 아래쪽으로 바람을 내품는 장치를 장착하여 스톤의 가는 속력과 떠오르는 정도를 조절할 수 있게 한다음 게임을 진행한다. 스톤을 던지고 스톤의 속도에 따라 바람을 내품는 정도를 외부에서 조절하면서 게임을 한다.

예시 07 종이를 분리수거할 때 바로바로 끈으로 묶을 수 있었으면!

p.193

Q13 (예시 답안) - 자유롭게 써 보자.

· 종이에도 여러 가지가 있다. 책 종류, 종이 박스 종류, 스테이플러로 찍은 서류, 신문지 등 이런 것들을 종류별로 모아서 버리는 것이 중요하다.
· 책을 몇 권 놓으면 자동으로 묶여지는 기계(밴딩머신)도 있다.
· 책 종류는 그대로 분리수거하면 될 것이고, 스테이플러로 찍은 서류는 스테이플러 철핀을 제거해야 한다.
· 아파트만 아니면 종이는 밖에 날아가지 않게 내놓기만 하면 수거하는 사람들이 금방 수거해 간다.
· 보통 아파트 단지에서는 종이류를 분리수거하기 위해 큰 박스를 마련해 놓는다.
· 구겨진 종이 같은 것이 문제될 것 같다. 종이를 펴야 하나?

Q14 (예시 답안) – 다양한 해결책을 제시해 보자.

방법1) ① 두꺼운 책을 여러 권 병합해서 묶는 밴딩머신 원리를 응용한다.
② 대부분의 서류나 종이를 넣을 수 있는 넉넉한 크기의 종이 박스에 얇은 끈으로 종이를 묶는 간편 밴딩머신을 설치한다.
③ 종이가 박스에 어느 정도 높이로 쌓이면 손잡이를 돌려 밴딩한다.
④ 밴딩된 종이뭉치를 쓰레기 분리수거 장소에 갖다놓는다.

방법2) ① 종이류를 아무렇게나 넣었을 때 책 종류, 스테이플러로 찍은 서류 종류, 낱장 종이류, 종이박스류, 신문지류, 구겨진 종이류 등으로 분리할 수 있게 설계된 통을 제작한다.
② 책 종류는 책 종류대로, 스테이플러로 찍은 서류들은 스테이플러 철침을 제거하고, 구겨진 종이류는 펴서 각각 벤딩하는 과정을 거친다.
③ 이 분리통을 쓰레기 분리수거 장소에 설치하여 아파트 주민이 사용하도록 한다.

B. 주제 집중 탐구

주제1 욕실 발명 - 편하게 샤워하고파!

p.194

Q1 (예시 답안)

① 샤워기를 꽂는 곳의 높낮이가 조절가능하거나 아니면 샤워기 길이를 늘렸다 줄였다 할 수 있는 모양

② 한 곳에 고정된 샤워기

③ 물이 나오는 각도가 조절되는 샤워기, 샤워기는 한 곳에 고정되어 있다.

④ 샤워기 근처나 벽에 수납 공간이 만들어져 있다.

Q2 (예시 답안)

물을 펌프를 이용하여 위로 뽑아올릴 때는 해수면보다 약 10m 높이까지만 가능하다. 현재의 대기압이 1기압이라면 10m 물기둥의 아래에서 떠받치는 기압은 1기압이고, 물기둥 10m 가 밑면을 누르는 압력도 1기압이므로 물기둥은 10m 보다 높게 유지될 수 없다. 해수면보다 10m 높지 않은 곳이라도 수압이 낮게 형성된다. 각 가정에서 샤워 등을 하려면 수압이 있어야 하는데, 물통을 지붕 높은 곳에 설치하고 물통에 연결하여 물을 사용함으로써 이 문제를 해결한다.

집중 탐구 문제

p.197

01 정답 : 3기압

물속으로 10m 들어갈 때마다 물에 의한 압력은 1기압씩 증가한다. 따라서 물속 20m 지점에서는 대기압 1기압 + 물에 의한 압력 2기압 = 3기압이 된다.

02 정답 : 모두 같다.

물속에서의 압력은 모든 면에 수직으로 미치며 물의 깊이에만 관계한다. 네 관의 기준면은 대기압이 모두 같고, 깊이도 모두 같다.

03 정답 : 2 : 1

압력은 $\frac{\text{면을 누르는 힘}}{\text{힘을 받는 면적}}$ 이고, 유압장치 내부에서의 유체의 압력은 크기가 모두 같으며, 방향은 내부의 압력을 받는 면에 수직이다. 압력이 일정하게 유지되므로, 피스톤이 받는 힘과 면적은 비례하여 면적이 클수록 받는 힘이 커진다.

04 정답 : 2 m/s

유체의 흐름에 있어 압력과 높이에 관계하지 않는 원리로 '연속방정식'이 있다. 유체흐름관의 단면적과 흐름 속도는 반비례한다.

$A_1v_1 = A_2v_2$ = 일정이므로, $2\times5 = 5\times v$, $v = 2$ m/s

05 정답 : ㉡

㉡ 부분은 공과 공기와의 마찰에 의해 유체(공기)의 흐름이 느려지고 압력은 높아져 공은 진행 방향의 왼쪽으로 휜다.

발명 아이디어 정리

p.198

Q1 (예시 답안) - 각자 자유롭게 적어 보자.

· 샤워기의 이동이 자유스러워야 한다.
· 샤워기의 높이를 높게 해도 수압은 떨어지지 않는다. 우리집 배관도 건물 꼭대기의 물통에 연결되어 있기 때문이다.
· 샤워기의 높낮이 조정도 자유로와야 한다. 늘리면 늘린 상태로 유지되는 장치가 있지 않나? 그걸 이용하는 방법?
· 샤워기의 물뿌리는 부분을 쉽게 옮길 수 있어야 한다. 그래야 보조 샤워기를 사용하지 않고도 물을 자유롭게 뿌릴 수 있다.
· 비누 등을 놓는 거치대도 편리한 곳에 설치되면 좋겠다.
· 물은 머리 위에 뿌려지도록 하는 것이 좋겠다.

Q2 (예시 답안) - 각자 자유롭게 아이디어를 떠올려 보자.

방안1) 샤워기의 물뿌리는 곳을 고정식으로 머리 위에 설치한다.

방안2) 천장에 고정되어 있는 자바라 아래 부분에 물뿌리는 부분을 연결한다. 이동이 가능하도록 천장과 자바라가 연결된 부분을 개조한다.

방안3) 비누 등을 놓는 거치대를 편리한 곳에 설치하여 세제와 물건 등을 수납할 수 있도록 한다.

(방안2)
참고 그림

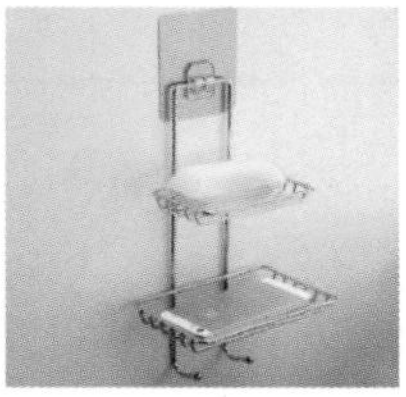

(방안3)
참고 그림

Q3 (예시 답안) - 욕실 샤워기의 실현 가능성을 서술해 보자.

욕실 샤워기를 개선하는 아이디어는 시중에 이미 제품으로 나와 있는 것에서도 응용할 수가 있다. 높이 조절이라든지 위치 이동을 자유롭게 한다든지 하는 것들은 시중 제품에 적용되지 않고 있다. 이런 점을 적용하여 욕실 샤워기를 고안한다면 충분히 실현 가능성이 있을 뿐만 아니라 발명품으로서 가치가 있을 것이다.

Q4 (예시 답안) - 각자 유용한 점을 서술해 보자.

유용한 점1. 높이 조절이 자유로워서 키가 큰 사람이나 키가 작은 사람이 모두 편리하게 사용할 수 있다.

유용한 점2. 샤워기의 이동이 자유로워서 사람이 이동하여 샤워하는 불편을 없앨 수 있다.

유용한 점3. 비누 받침대가 가까이 있어 눈에 비누질이 되어 있어도 비누 등을 편리하게 찾아 쓸 수 있다.

Q5 (예시 답안) - 각자 개량된 샤워기의 특징을 서술해 보자.

① 샤워기를 손으로 쥐고 물을 뿌리는 불편을 없앴다.
② 물이 뿌려지는 곳을 자유롭게 옮길 수 있다.
③ 거치대가 가까이 있어 세제 등을 편리하게 쓸 수 있다.

발명계획서 작성해 보기 (예시)

p.200

발명 주제

편리하게 샤워할 수 있는 개량된 샤워기

발명 동기 및 목적

발명 동기 : 일반적으로 샤워실에서 샤워를 할 때 샤워기를 고정시키는 부분이 일정하여 키가 큰 사람이나 작은 사람이 각자 샤워하기가 불편하였고, 샤워기를 들고 샤워를 하는 불편이 따랐다. 또한 비누 등을 놓는 거치대가 떨어져 있어서 비누를 떨어뜨리는 등 불편하였다. 이러한 불편을 개선할 수 없을까 하여 아이디어를 내보았다.

발명 목적 : 키가 큰 사람이나 작은 사람이나 모두 편리하게 샤워를 할 수 있고, 비누 등을 놓는 거치대가 가까이 있는 개량된 샤워기를 발명해 볼 것이다.

발명품 설명

① 샤워기의 물이 위에서 쏟아지도록 했다.

② 샤워기를 천장에 고정하되 아래까지 내려올 수 있도록 자바라를 사용하여 개량했다.

③ 천장과 자바라가 연결된 부분은 모든 방향으로 이동이 가능하도록 장치를 고안했다.

④ 가까운 곳에 거치대를 두어 비누 등을 놓고 편리하게 쓸 수 있도록 했다.

발명품 제작 과정 (예시)

p.201

준비물

① 높이조절 자바라

② 천장 부착 위치 이동 레일

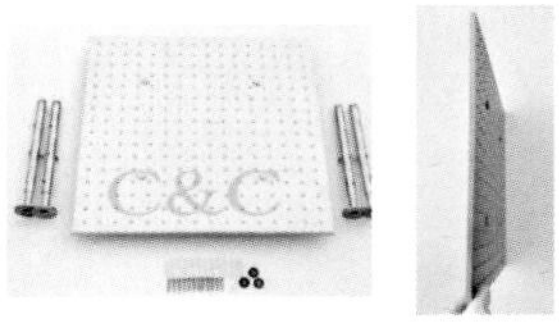

③ 샤워기 헤드

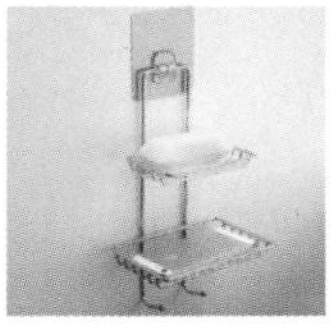

④ 받침대

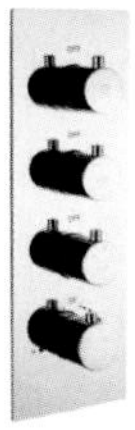

⑤ 수도꼭지 밸브

⑥ 스텐 주름관

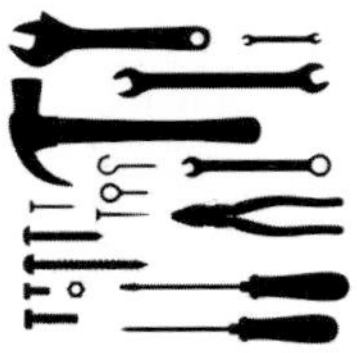

⑦ 각종 연장 도구

제작 과정

① 적당한 크기의 모형 샤워실을 만든다.

② 모형 샤워실의 천장에 이동 레일을 설치하고 탄성력이 적당한 자바라 1개를 매단 후 위치 이동이 자유스러운지 점검한다.

③ 자바라 아래 끝에 샤워기 헤드를 설치한다. 자바라로 높이 조절이 가능한지 점검한다.

④ 모형 샤워실의 벽 속으로 스텐 주름관을 천장-자바라를 통해서 샤워기 헤드에 연결한다.

⑤ 수도꼭지 밸브를 모형 샤워실에서 샤워하는 사람의 예상 위치에 가장 가깝게 설치한다.

⑥ 스텐 주름관을 벽 속으로 수도꼭지 밸브에 연결하고 물을 공급하여 샤워기 헤드에서 물이 잘 나오는지 수도꼭지 밸브가 잘 작동되는지 확인한다.

⑦ 거치대를 수도꼭지 밸브 옆에 설치한다.

⑧ 샤워기 헤드에 손잡이를 설치하여 샤워하는 사람이 손잡이를 잡고 샤워기 헤드를 끌어내리거나 위치 이동을 할 수 있게 한다.

⑨ 수도꼭지 밸브를 사용하여 물을 틀어 샤워기를 작동시키고, 물이 나오는 상태에서 샤워기 헤드를 올리고 내릴 수 있는지, 자유롭게 위치 이동이 가능한지 최종 점검한다.

발명품의 효과, 활용성과 전망

① 불편했던 욕실 샤워를 편리하게 하는 장치와 구조이다.

② 모든 가정에서 이 장치와 구조를 활용할 수 있다.

③ 물절약 시스템을 도입하면 샤워를 편리하게 하면서 물도 절약할 수 있다.

주제2 가방 안에 뭐가 들었나?

p.202

Q1 (예시 답안)

얼마 전 버스에서 어떤 아주머니가 지갑이 없어서 요금 패드에 터치를 못하고 있는 모습을 보았다. 아이도 있었는데 정신이 없었는지 가방 속을 여러 번 뒤졌는데도 교통카드가 든 지갑을 찾지 못하고 쩔쩔맸다. 그때 기사 아저씨가 그냥 내리라고 해서 버스가 출발할 수 있었다.

Q2 (예시 답안)

지퍼가 달려 있다. 보통 여러 개의 보조 주머니가 달려 있다. 가방 뚜껑을 열어야 내용물을 볼 수 있다. 등

집중 탐구 문제

p.205

01 정답 : 포케(poque)

이 소형 가방의 이름이 남자들의 주머니인 '포켓'으로 발전하였고, 여성의 경우 핸드백의 시초가 되었다. 대부분의 여성은 아직 포켓이 없는 옷을 입으며, 별도의 가방을 휴대하고 다닌다.

02 정답 : ㉠, ㉡, ㉢, ㉤

물체까지의 거리를 재는 센서로는 적외선 센서, 초음파 센서, 레이저 센서 등이 있다. 동작감지 센서는 다양한 기능이 한꺼번에 작동한다.

03 정답 : ㉠, ㉣

우리 몸의 귀는 가청주파수 내의 소리를 듣는 기능, 회전 감지 기능, 평형 감지 기능을 갖는다. 동작감지 센서는 동작을 감지하기 위해서 적외선 센서, 가속도 센서, 압력 센서 등을 가지고 있다. 가속도 센서는 관성을 이용하여 물체의 운동속도의 변화나 회전을 감지하는데, 우리 몸의 귀가 갖고 있는 기능과 흡사하다.

04 정답 : 생체모방 촉각센서

생체를 모방하여 촉각을 느끼는 센서이다. 로봇팔에 적용하고 있으며, 인공피부, 외과 수술용 로봇, 가상현실, 인공지능 로봇, 산업로봇 등에 응용하고 있다.

05 정답 : ㉡, ㉢, ㉣

㉡ 적외선 센서는 적외선을 발사하고 반사 정도를 감지해 물체의 위치와 온도를 감지하고, ㉢ 초음파 센서로 물체까지의 거리 변화를 이용하여 움직이는 방향을 감지하며, ㉣ 가속도 센서로 물체의 속도 변화 등을 감지할 수 있다. 동작을 감지하고 제어하는 기능이 뛰어난 센서들이 속속 개발되고 있다.

발명 아이디어 정리

p.206

Q1 (예시 답안) - 각자 자유롭게 적어 보자.

· 가방 속의 물건을 밤에 잘 찾을 수 없을 때 센서를 이용하는 방법이 있을 것 같다.
· 남자 바지의 주머니를 포켓이라고 부르는 이유를 알게 되었다.
· 여성들의 핸드백의 유래를 알게 되어 재밌다.
· 가방과 센서를 어떻게 결합시킬까? 가방을 열면 센서가 작동하면 될 것 같다.
· 가방은 각양각색 모두 다른데, 센서를 각 가방에 어떻게 적용시키나?
· 휴대전화와 연동시켜 불을 켜고 내용물도 볼 수 있는 기능이 있는 디지털 가방이 나올 수도 있다.

Q2 (예시 답안) - 각자 자유롭게 아이디어를 떠올려 보자.

방법1) 가방을 열면 동작감지 센서 또는 터치 센서(압력 센서)가 작동해 LED 전등이 켜지게 하여 가방 안을 볼 수 있게 한다.

방법2) 메고 다니는 가방이라면 가방을 벗고 가방을 열기가 번거로우므로, 휴대폰과 연동해 내부의 LED 등이 켜지면서 가방 안에 설치되어 있는 작은 카메라로 휴대전화로 내용물을 볼 수 있게 한다.

Q3 (예시 답안)

방법1 처럼 가방을 열면 동작감지 센서 또는 터치 센서(압력 센서)가 작동하여 LED 전구가 켜지게 하는 방법이다. 각 아파트의 현관에 사람의 움직임을 감지하여 불이 켜지는 장치가 있는데, 이와 비슷한 원리이다. 응용한다면 실현가능성이 매우 크다.

Q4 (예시 답안) - 각자 발명품의 유용성을 서술해 보자.

· 핸드백처럼 작은 가방 속의 내용물도 어두운 곳에서는 찾기가 애매하다. 가방 입구를 커다랗게 벌리고 물건을 찾는 경우가 많은데 이런 장치가 있다면 핸드백 내용물을 모두 쏟아서 찾는 불편을 없앨 수 있다.
· 방이 나누어져 여러 가지 물품이 골고루 들어간 캐리어 가방은 각 방을 열 때마다 작은 LED 전구가 켜지게 하면 된다. 물건을 찾느라 낭비되는 시간을 줄일 수 있다.
· 학생들 책가방에도 LED 전구를 설치해 가방 안의 책이 많은 경우 원하는 책을 금방 찾아 꺼낼 수 있다.

Q5 (예시 답안) - 각자 문제점을 서술해 보자.

문제점1. 동작감지 센서 또는 터치 센서의 가격이 비싸 이런 장치를 설치할 경우 가방값이 오를 우려가 있다.

문제점2. 가방은 항상 움직이고 있기 때문에 원치 않을 때 동작감지 센서나 터치 센서(압력 센서)가 오작동해 LED 전구가 켜질 수 있다. 이런 경우 센서를 설치하는 지점과 설치 방법을 브레인스토밍해서 문제를 해결한다.

문제점3. 센서를 오랫동안 작동하기 위해서는 건전지를 갈아줘야 하는데, 가방 사용자 입장에서는 굳이 건전지까지 갈아끼워가며 이 장치를 사용하지 않으려 할 것이다. 건전지를 갈아끼우지 않고 반영구적으로 작동하는 동작감시 센서 또는 터치 센서가 요구된다.

발명계획서 작성해 보기 (예시)

p.208

발명 주제

어두운 곳에서 가방 안의 물건을 쉽게 찾게 하는 장치 만들기

발명 동기 및 목적

발명 동기 : 어두운 곳에서 가방 속의 지갑을 찾지 못해 버스를 놓친 적이 있다. 또, 가로등 아래에서 가방을 열고 물건을 찾느라 쩔쩔매는 사람을 본 적도 있다. 어두운 곳에서도 가방 안을 환히 밝혀 주는 전등이 있다면 좋겠다는 생각에 그런 기능을 하는 장치를 개발해 보기로 했다.

발명 목적 : 어두운 곳에서 쉽게 가방 안을 환하게 비출 수 있는 LED 전구를 터치 센서나 동작감지 센서가 작동하여 켜지게 하는 장치를 개발하여 시간도 절약하면서 편리하게 가방을 사용할 수 있게 하겠다.

발명품 설명

① 가방 뚜껑을 열 때마다 작은 LED 전구에 불이 들어야 내용물을 비출 수 있게 했다.

② 가방에 여러 개의 보조 주머니가 달린 경우도 필요하면 주머니마다 적절하게 불이 들어올 수 있게 하여 내용물을 쉽게 볼 수 있게 했다.

③ 가방을 닫고 다닐 때는 터치되지 않고 가방을 열 때 자연스럽게 터치할 수 있게 하여 LED 전등이 오작동되어 쓸데없이 켜지지 않도록 했다.

④ 작은 LED 전구를 여러 곳에 설치해 내용물이 잘 보이도록 했다.

발명품 제작 과정 (예시)

p.209

준비물

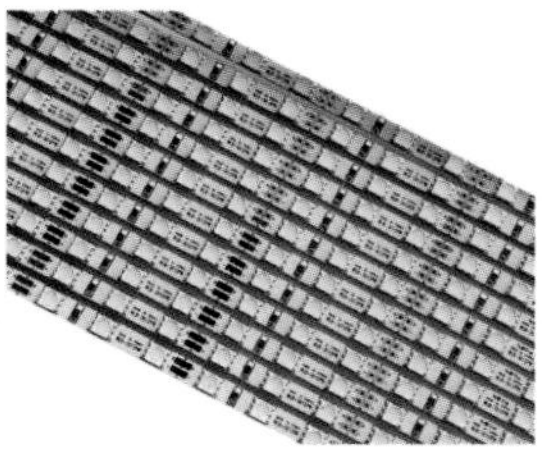
⑨ LED 바 (12V 용)

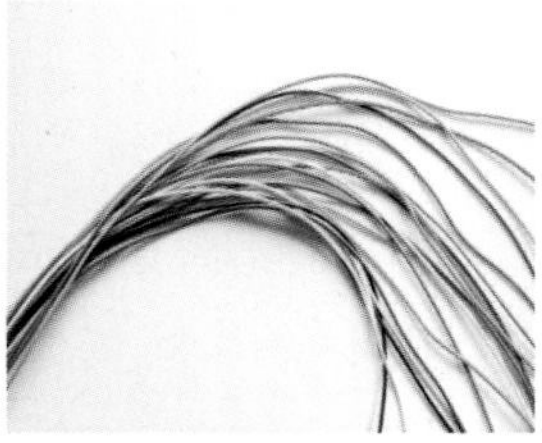
② LED 용 얇은 전선

③ 낚시줄

④ 6V 건전지 두개

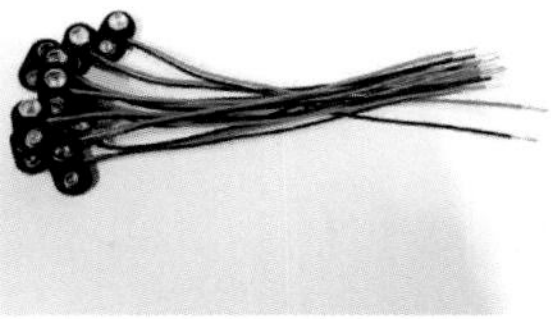
⑤ 건전지 스냅

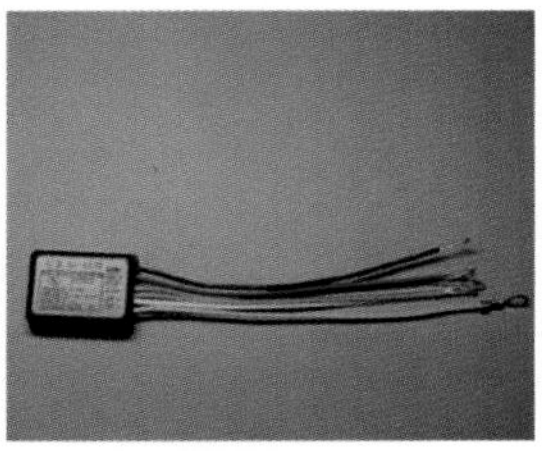
⑥ 터치식 스위치

⑦ 전선 커넥션

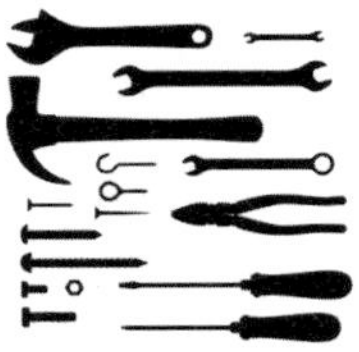
⑧ 각종 연장 도구

제작 과정

① 가방의 각 칸에 설치하기 위해서 적당한 길이의 LED 바를 칸 수 만큼 준비한다.

② 가방의 각 칸에 준비한 LED 바를 적당한 구멍을 뚫어 낚시줄로 단단히 고정한다.

③ 터치식 스위치를 가방 각 칸의 바로 안쪽에 두되 가장 손으로 터치하기 쉬운 위치에 고정한다.

④ 6V 건진지 두 개를 건전지 스냅을 사용하여 직렬로 연결하여 12V가 출력되게 한다.

⑤ 터치식 스위치, LED 바, 건전지를 전선, 와이어스트리퍼, 전선커넥션 등을 이용하여 연결한다.

⑥ 터치식 스위치에 손을 댔을 때 LED 바에 불이 들어오나 확인한다.

⑦ LED 바에 불이 들어오면 각 연결 전선을 가방의 안보이는 부분에 낚시줄 등으로 고정하여 마감처리한다.

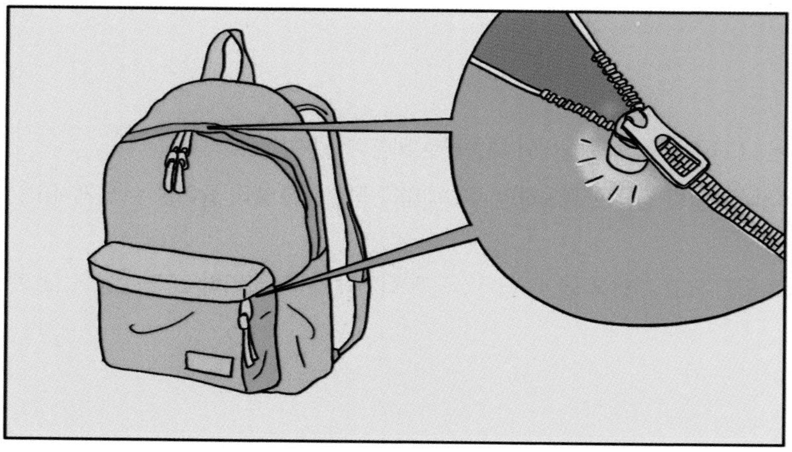

불 켜지는 가방 – 작은 LED 전구를 여러 개 사용할 수도 있고, LED 바도 사용 가능하다.

발명품의 효과, 활용성과 전망

① 어두운 곳에서 핸드백이나 가방에 든 물건을 손쉽게 찾을 수 있다.

② 휴대 전화로 연결하여 불을 켜고 끌 수 있게 하면 가방을 열지 않고도 가방의 내용물을 볼 수도 있다.

③ 가방 각 칸에 LED 전구가 설치된, 형태가 바뀐 가방이 새로이 등장할 수 있다.

④ 가방 값이 크게 차이 나지 않고, 불이 켜지는 가방이 등장한다면 많은 사람들이 선호할 것이다.

주제3 지진은 무서워!

p.210

Q1

(각자 작성해 보자.)

Q2 (예시 답안)

벽이 무너져 사람을 덮치거나, 천장의 물건이 떨어지거나, 벽장에 높게 위치해 있던 장식물이나 물건들이 쏟아지는 것이다.

Q3 (예시 답안)

지진의 규모는 지진 발생 시 나타나는 지진의 실제 에너지를 뜻한다. 지진의 진도는 관측소에서 관측되는 지진 진동의 정도이므로 멀리 떨어진 관측소일수록 작게 나타난다. 지진의 규모가 7 이상일지라도 멀리 떨어진 관측소에서는 그 지진의 진도는 Ⅰ이 될 수 있고, 이런 경우 사람이 느낄 수 없는 진도이다.

집중 탐구 문제

p.213

01 정답 : ③

지진의 종류로는 땅속 폭탄 폭발, 지하 핵실험에 의해 나타나는 인공 지진과 단층 생성, 화산 폭발, 지각 함몰에 의해 나타나는 자연 지진이 있다. 지각 구조의 급격한 변화가 생길 때 지진파가 발생한다.

02 정답 : ③

강진이 발생하면 내진 구조는 2차 피해로 이어질 수 있으며, 제진 구조는 제 역할을 못한다. 땅과 건물을 분리하는 면진 구조가 그중에서 가장 잘 견딜 수 있다.

03 정답 : ⑤

⑤ 는 백화점, 극장 등에 있을 때의 대처 방법이다. 집안에 있을 때는 물건들이 쏟아지거나 천장의 물건이 떨어질 우려가 크므로 책상 밑으로 가서 몸을 웅크린다거나 하여 물건에 의한 피해를 방지해야 한다.

04 정답 : 지진 A

지진의 규모에 관계없이 지진을 관측하는 곳에서 느껴지는 지진 진동의 정도가 진도이므로, 진도 Ⅵ 인 지진 A가 진도 Ⅴ 인 지진 B보다 관측 위치에서의 피해가 더 크다.

05 정답 : ㄱ, ㄴ, ㄷ

ㄱ. A, B 지역 모두 P파가 S파보다 먼저 도착했으므로 P파의 속도는 S파의 속도보다 빠르다.

ㄴ. A 지점이 B 지점보다 지진파의 진폭이 더 크므로 A지점의 지진의 진도가 더 크다. 따라서 A 지점의 피해가 더 크다.

ㄷ. 같은 지진을 A, B 지점에서 관측한 것이므로 지진의 규모는 같은 것이다.

발명 아이디어 정리

p.214

Q1 (예시 답안) - 각자 자유롭게 적어 보자.

· 일본처럼 우리나라에도 지진이 많이 발생하면 정말 큰일이다.

· 중국에서는 지진때문에 26만명이 사망이라니 엄청나다.

· 지하에서 핵실험을 하면 지진도 나지만 핵폐기물을 비롯한 방사능 물질은 영원히 지하에 갖혀 있는건가?

· 지진이 났을 때는 넓은 곳으로 피신해야 한다. 그래야 떨어지는 물건이나 건물이 무너져 내려서 입는 피해를 최소화 할 수 있다.

· 지진이 났을 때는 선반 위의 물건들이 대단히 위험하다.

Q2 (예시 답안) - 각자 자유롭게 아이디어를 떠올려 고안해 보자.

방법1) 집이나 건물이 어느 정도 이상 흔들리면 선반 맨 윗판이 열려 선반 위의 물건이 아래 칸으로 떨어지게 만든다. 선반 아래 칸은 앞쪽이 밀폐되어 있다.

방법2) 선반을 이중 판으로 하여 진동이 오면 〈그림1〉처럼 선반 윗판이 아래로 내려가 아랫판하고 겹치면서 뒤로 경사가 생기고 물건이나 책이 뒷부분으로 미끄러져 들어가 떨어지지 않게 할 수 있다.

방법3) 〈그림2〉의 면진 장치의 댐퍼를 소형으로 만들어 책상이나 책장 아래에 장치하여 지진의 진동이 책상이나 책장으로 전달됨을 최소화한다.

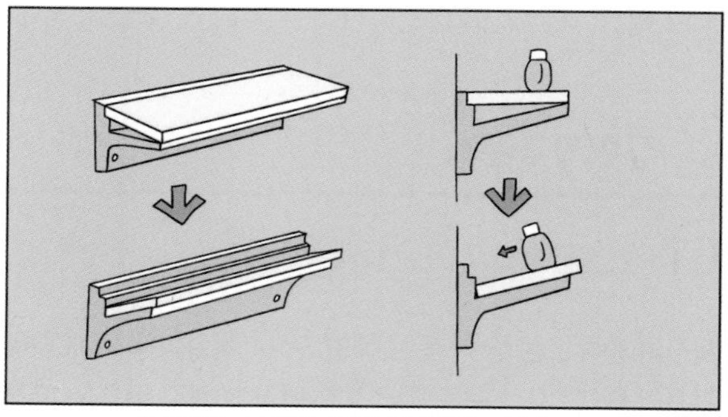

〈그림1〉 선반이 뒤로 접혀지는 모습

Q3 (예시 답안)

방법3) 방의 책상이나 선반, 책장을 놓을 곳에 댐퍼를 놓는다. 댐퍼는 내부의 상판과 하판을 분리하고 고무패드나 용수철로 연결해 놓기 때문에 방바닥이 지진의 진동으로 흔들리더라도 그 위의 책상, 선반, 책장 등은 방바닥과 분리되어 있으므로 진동이 최소화되어 책장의 책이나 선반 위의 물건이 떨어지지 않는다.

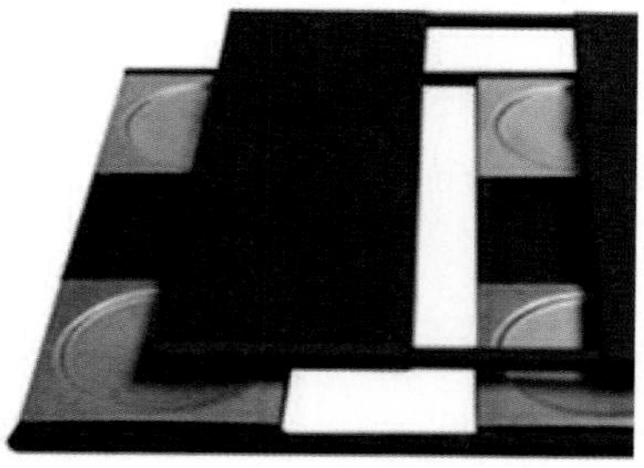

〈그림2〉 면진 장치의 댐퍼

Q4 (예시 답안) - 각자 유용한 점을 서술해 보자.

· 책장의 각 칸마다 설치할 필요없이 책장 1개당 1개씩만 댐퍼를 설치하면 되므로 설치하기가 편리하다.

· 댐퍼에 올려놓는 물건이 무엇이든 지진의 진동을 최소화할 수 있다.

· 건물을 면진하기 위한 대형 댐퍼는 시중에 있으나 소형 댐퍼는 없으므로 간단하게 설계된다면 많은 사람이 사용할 수 있다.

Q5 (예시 답안) - 각자 문제점을 서술해 보자.

문제점1. 댐퍼 위에 놓여지는 물건에 따라 스프링의 강도나 고무 패드의 두께 등이 달라야 한다. 그래야 적절하게 사용 가능하다.
문제점2. 제작 시 스프링의 강도나 고무 패드의 두께 등을 결정하기 위해 여러 번 모의 시험을 해야 한다.

발명계획서 작성해 보기 (예시)

p.216

발명 주제

지진이 발생했을 때 책장이나 선반에서 책이나 물건이 떨어지지 않게 하는 장치

발명 동기 및 목적

발명 동기 : 지진이 일어나면 방이나 건물 내부의 책장이나 선반에서 단단한 물건이 떨어져 머리를 다칠 우려가 있기 때문에 책상 밑에 들어가 머리를 감싸고 웅크려야 된다는 말을 듣고, 책상과 선반에서 물체가 떨어지지 않게 하는 장치를 개발해 보기로 하였다.

발명 목적 : 지진의 진동으로부터 보호하기 위해 책장, 선반 등의 밑바닥에 설치할 면진 장치인 소형 댐퍼를 개발한다.

발명품 설명

① 오른쪽 그림처럼 강화플라스틱 등으로 상판과 하판을 만들고 내부에 고무패드를 끼우고 상판과 하판을 고정하여 하판의 갑작스런 진동이 상판으로 전달되지 않게 한다.

② 내부에 상판과 하판이 연결되는 부분은 강력 용수철 등으로 고정하여 하판의 진동이 없을 때에는 상판이 최대한 고정되도록 한다.

③ 상판 위에 선반이나 책장을 올리면 방의 진동이 없을 때에는 상판과 하판이 고정되어 있다가 방의 진동이 있을 때는 하판만 진동하고 상판과 그 위의 물체는 진동하지 않게 된다.

④ 상판에 올려놓는 물체의 종류에 따라서 상판의 넓이, 용수철의 강도 등이 결정된다.

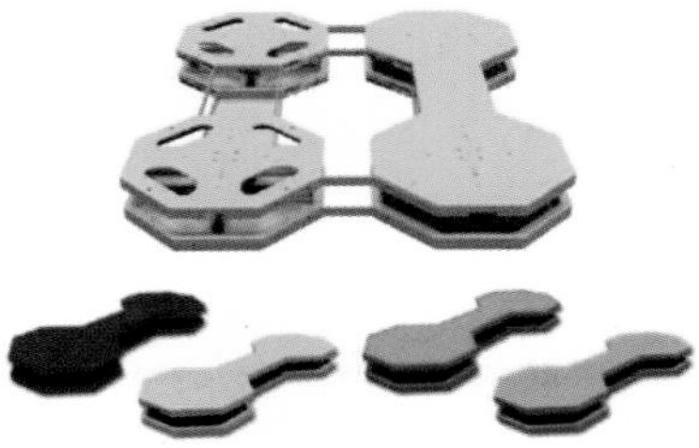

발명품 제작 과정 (예시)

p.216

준비물

ⓐ 강화 플라스틱 (두께 10mm × 가로 200mm × 세로 200mm) 1장, 같은 규격 (가로 150mm × 세로 150mm) 1장

ⓑ 용수철 (탄성계수 5×10^4 N/m) 5cm 4개

ⓒ 원형 강화 고무패드(두께 20mm, 가로 100mm × 세로 100mm) 1개

ⓓ 볼 롤러 (볼 직경 5mm, 전체 높이 10mm) 8개

ⓔ 드릴 ⓕ 글루건 ⓖ 나사못 ⓗ 전동 드라이버 ⓘ 접착제

〈그림 3〉 볼 롤러

제작 과정

① 강화 플라스틱(큰 것)에 드릴로 홈을 적당히 8개 파서 볼 롤러 8개를 함몰시켜 골고루 설치하고 글루건으로 고정하여 하판을 완성한다.

② 또다른 강화 플라스틱(작은 것)에 강화 고무패드를 접착제로 가운데에 붙여서 상판을 완성한다.

③ 상판을 하판에 올리고 하판의 4 꼭지점에 전동 드릴로 구멍을 파고, 나사못과 전동 드라이버로 용수철 4개를 각각 고정시킨다.

④ 4개의 용수철을 같은 방법으로 팽팽하게 당겨 상판에 연결한다.

⑤ 약 50kg 의 물체를 상판에 올려놓고, 하판을 빠르게 진동시켜 물체의 진동을 관찰한다.

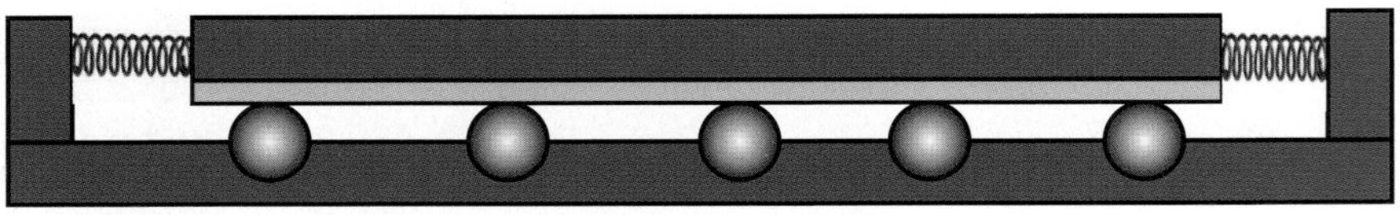

▲ 만들어진 발명품(소형 댐퍼) 측면도

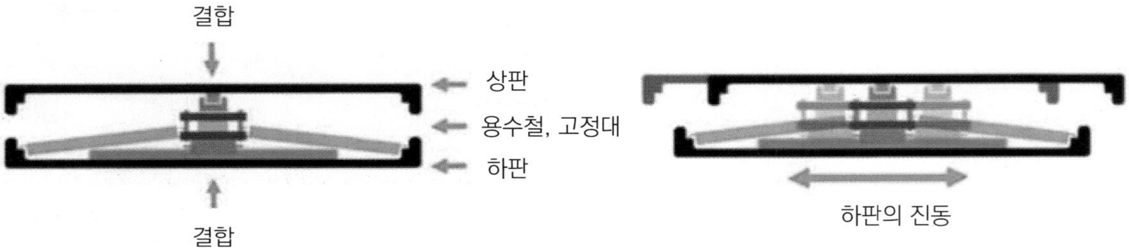

▲ 정교한 소형 댐퍼 구조와 작동

발명품의 효과, 활용성과 전망

① 지진이 발생했을 때 책장이나 선반 밑면에 설치하면 책장이나 선반의 진동이 최소화된다.

② 좀 더 정교하게 만든다면 지진 발생 시 진동때문에 피해가 우려되는 거의 모든 가전제품이나 설치물을 보호할 수 있다.

③ 값이 싸므로 누구나 손쉽게 구입할 수 있어서 많은 사람이 사용 가능하다.

i&i 아이앤아이 꾸러미 **과학대회**

과학토론대회 과학탐구산출물대회 발명품대회

Ⅰ. 각종 과학대회를 해부하였습니다. 참가하고 싶은 대회를 선별하세요.
Ⅱ. 과학토론대회 준비를 실전처럼 할 수 있습니다.
Ⅲ. 과학탐구 산출물대회를 스스로 준비할 수 있게 연습합니다.
Ⅳ. 발명품대회에 직접 참가할 수 있게 연습합니다.
Ⅴ. 또래들이 직접 작성하여 출품/입상한 작품을 해설편에서 만날 수 있습니다.
Ⅵ. 본문과 해설은 실제로 지도한 내용를 바탕으로 정밀하게 작성되었습니다.
Ⅶ. 과학논술 /서술 연습을 하면서 창의적 문제해결력을 극대화시킬 수 있습니다.

아이앤아이

누구나 마음속에

고래 한 마리가 살지

가끔은

마음 속에 살고 있는 고래를 위해서

밤 하늘의 별들을 바라보렴-

무한상상

http://cafe.naver.com/creativeini